微电子与集成电路设计系列规划教材

半导体器件
TCAD 设计与应用

韩 雁　丁扣宝　编著

电子工业出版社
Publishing House of Electronics Industry
北京·BEIJING

内 容 简 介

本书从实用性和先进性出发，全面地介绍半导体工艺仿真软件工具、半导体器件仿真软件工具及其使用。全书共 10 章，主要内容包括：半导体工艺及器件仿真工具 Sentaurus TCAD，工艺仿真工具 TSUPREM-4 及器件仿真工具 MEDICI，工艺及器件仿真工具 SILVACO-TCAD，工艺及器件仿真工具 ISE-TCAD，以及工艺仿真工具（DIOS）的优化使用，器件仿真工具（DESSIS）的模型分析，片上（芯片级）ESD 防护器件的性能评估，ESD 防护器件关键参数的仿真，VDMOSFET 的设计及仿真验证，IGBT 的设计及仿真验证。本书配套多媒体电子课件。

本书不仅能帮助高等学校微电子学、电子科学与技术或其他相关专业的研究生、高年级本科生和企业设计人员掌握 TCAD 技术，而且也可以作为从事功率器件和集成电路片上 ESD 防护设计领域的科技工作者的重要参考资料。

未经许可，不得以任何方式复制或抄袭本书之部分或全部内容。
版权所有，侵权必究。

图书在版编目 (CIP) 数据

半导体器件 TCAD 设计与应用 / 韩雁，丁扣宝编著. —北京：电子工业出版社，2013.3
微电子与集成电路设计系列规划教材
ISBN 978-7-121-19342-2

Ⅰ. ①半… Ⅱ. ①韩… ②丁… Ⅲ. ①半导体器件－计算机辅助设计－高等学校－教材 Ⅳ. ①TN302-39

中国版本图书馆 CIP 数据核字（2012）第 309801 号

策划编辑：王羽佳
责任编辑：王羽佳
印　　刷：北京盛通数码印刷有限公司
装　　订：北京盛通数码印刷有限公司
出版发行：电子工业出版社
　　　　　北京市海淀区万寿路 173 信箱　　邮编：100036
开　　本：787×1092　1/16　印张：17.75　字数：513 千字
版　　次：2013 年 3 月第 1 版
印　　次：2024 年 8 月第 9 次印刷
定　　价：45.00 元

凡所购买电子工业出版社图书有缺损问题，请向购买书店调换。若书店售缺，请与本社发行部联系，联系及邮购电话：(010)88254888，88258888。
质量投诉请发邮件至 zlts@phei.com.cn，盗版侵权举报请发邮件至 dbqq@phei.com.cn。
本书咨询联系方式：(010)88254535，wyj@phei.com.cn。

前　　言

随着微电子技术的发展，半导体工艺水平和器件性能不断提升，这其中半导体工艺和器件仿真软件 TCAD（Technology Computer Aided Design）的作用功不可没。TCAD 是建立在半导体物理基础之上的数值仿真工具，它可以对不同工艺条件进行仿真，取代或部分取代昂贵、费时的工艺实验；也可以对不同器件结构进行优化，获得理想的特性；还可以对电路性能及电缺陷等进行模拟。

技术进步伴随着设计复杂性的增加，导致了 TCAD 软件功能及其使用越来越复杂。作者结合多年的微电子器件设计和工艺设计的经验，尤其是在功率器件和集成电路片上 ESD（静电放电）防护器件设计方面所做的课题研究，编写了本书，以满足研究和设计工作所需。

本书内容主要分两部分：第一部分是主流 TCAD 软件及其使用介绍，第二部分是 TCAD 技术的相关模型分析、优化使用方法及在集成电路片上 ESD 防护器件设计和功率半导体器件设计中的应用。

通过学习本书，你可以：
- 利用数值模拟技术进行半导体工艺及器件性能仿真
- 熟悉工艺仿真工具的优化使用
- 设计集成电路片上 ESD 防护器件
- 设计功率半导体器件
- 在较短时间内以很小的代价设计出合乎要求的各种半导体器件

本书侧重于 TCAD 技术的应用，选取了主流 TCAD 软件，每部分的主体设计流程均经过了流片和测试验证，并已用于实际科研工作中，具有较强的代表性和实用性。

本书不仅能帮助高等学校微电子学、电子科学与技术或其他相关专业的研究生、高年级本科生和企业设计人员掌握 TCAD 技术，而且也可以作为从事功率器件和集成电路片上 ESD 防护设计领域的科技工作者的重要参考资料。

教学中，可以根据教学对象和学时等具体情况对书中的内容进行删减和组合，也可以进行适当扩展。为适应教学模式、教学方法和手段的改革，本书配套多媒体电子课件及相应的网络教学资源，请登录华信教育资源网（http://www.hxedu.com.cn）注册下载。

本书由浙江大学韩雁教授统筹及定稿，并负责其中第 1、2、3、4、7、9 和 10 章的编写，丁扣宝副教授负责第 5、6、8 章的编写。该书在编写过程中还得到了浙江大学微电子与光电子研究所多名师生的帮助，他们是：黄大海、张世峰、张斌、崔强、王洁、洪慧、胡佳贤、韩成功、彭洋洋、马飞和郑剑锋等。作者在编写的过程中也参考了其他有关文献资料，在此一并表示真诚的感谢。

由于作者学识和水平有限，加之 TCAD 的版本在不断更新发展，错漏之处敬请读者批评指正。

韩雁、丁扣宝
2013 年 1 月　于浙大求是园

目 录

第1章 半导体工艺及器件仿真工具 Sentaurus TCAD 1
1.1 集成工艺仿真系统 Sentaurus Process 1
- 1.1.1 Sentaurus Process 工艺仿真工具简介 1
- 1.1.2 Sentaurus Process 基本命令介绍 1
- 1.1.3 Sentaurus Process 中的小尺寸模型 4
- 1.1.4 Sentaurus Process 仿真实例 5

1.2 器件结构编辑工具 Sentaurus Structure Editor 9
- 1.2.1 Sentaurus Structure Editor（SDE）器件结构编辑工具简介 9
- 1.2.2 完成从 Sentaurus Process 到 SentaurusDevice 的接口转换 10
- 1.2.3 创建三维结构 13

1.3 器件仿真工具 Sentaurus Device 18
- 1.3.1 Sentaurus Device 器件仿真工具简介 18
- 1.3.2 Sentaurus Device 主要物理模型 18
- 1.3.3 Sentaurus Device 仿真实例 21

1.4 集成电路虚拟制造系统 SentaurusWorkbench 简介 25
- 1.4.1 Sentaurus Workbench（SWB）简介 25
- 1.4.2 创建和运行仿真项目 25

参考文献 28

第2章 工艺仿真工具 TSUPREM-4 及器件仿真工具 MEDICI 29
2.1 工艺仿真工具 TSUPREM-4 的模型介绍 29
- 2.1.1 扩散模型 29
- 2.1.2 离子注入模型 30
- 2.1.3 氧化模型 31
- 2.1.4 刻蚀模型 32

2.2 TSUPREM-4 基本命令介绍 32
- 2.2.1 符号及变量说明 32
- 2.2.2 命令类型 33
- 2.2.3 常用命令的基本格式与用法 33

2.3 双极晶体管结构的一维仿真示例 48
- 2.3.1 TSUPREM-4 输入文件的顺序 48
- 2.3.2 初始有源区仿真 49
- 2.3.3 网格生成 49
- 2.3.4 模型选择 50
- 2.3.5 工艺步骤 50
- 2.3.6 保存结构 51
- 2.3.7 绘制结果 51
- 2.3.8 打印层信息 52
- 2.3.9 完成有源区仿真 53
- 2.3.10 最终结果 54

2.4 器件仿真工具 MEDICI 简介 55

        2.4.1　MEDICI 的特性 ··· 55
        2.4.2　MEDICI 的使用 ··· 56
        2.4.3　MEDICI 的语法概览 ··· 57
    2.5　MEDICI 实例 1——NLDMOS 器件仿真 ·· 59
    2.6　MEDICI 实例 2——NPN 三极管仿真 ·· 64
    参考文献 ·· 71

第 3 章　工艺及器件仿真工具 SILVACO-TCAD ·· 72
    3.1　使用 ATHENA 的 NMOS 工艺仿真 ·· 72
        3.1.1　概述 ·· 72
        3.1.2　创建一个初始结构 ··· 72
        3.1.3　定义初始衬底 ·· 74
        3.1.4　运行 ATHENA 并绘图 ·· 74
        3.1.5　栅极氧化 ··· 76
        3.1.6　提取栅极氧化层的厚度 ·· 77
        3.1.7　栅氧厚度的最优化 ··· 77
        3.1.8　完成离子注入 ·· 80
        3.1.9　在 TonyPlot 中分析硼掺杂特性 ·· 81
        3.1.10　多晶硅栅的淀积 ·· 82
        3.1.11　简单几何刻蚀 ·· 84
        3.1.12　多晶硅氧化 ·· 85
        3.1.13　多晶硅掺杂 ·· 85
        3.1.14　隔离氧化层淀积 ·· 87
        3.1.15　侧墙氧化隔离的形成 ··· 87
        3.1.16　源/漏极注入和退火 ·· 88
        3.1.17　金属的淀积 ·· 90
        3.1.18　获取器件参数 ·· 92
        3.1.19　半个 NMOS 结构的镜像 ·· 93
        3.1.20　电极的确定 ·· 93
        3.1.21　保存 ATHENA 结构文件 ··· 94
    3.2　使用 ATLAS 的 NMOS 器件仿真 ··· 95
        3.2.1　ATLAS 概述 ··· 95
        3.2.2　NMOS 结构的 ATLAS 仿真 ·· 96
        3.2.3　创建 ATLAS 输入文档 ··· 96
        3.2.4　模型命令组 ·· 97
        3.2.5　数值求解方法命令组 ·· 98
        3.2.6　解决方案命令组 ·· 99
    参考文献 ·· 106

第 4 章　工艺及器件仿真工具 ISE-TCAD ·· 107
    4.1　工艺仿真工具 DIOS ··· 107
        4.1.1　关于 DIOS ·· 107
        4.1.2　各种命令说明 ·· 108
        4.1.3　实例说明 ··· 112
    4.2　器件描述工具 MDRAW ·· 117
        4.2.1　关于 MDRAW ·· 117
        4.2.2　MDRAW 的边界编辑 ··· 118

4.2.3 掺杂和优化编辑 ·· 129
　　4.2.4 MDRAW 软件基本使用流程 ·· 134
4.3 器件仿真工具 DESSIS ··· 138
　　4.3.1 关于 DESSIS ··· 138
　　4.3.2 设计实例 ·· 140
　　4.3.3 主要模型简介 ·· 146
　　4.3.4 小信号 AC（交流）分析 ·· 151
参考文献 ·· 153

第 5 章 工艺仿真工具（DIOS）的优化使用 ·· 154
5.1 网格定义 ··· 154
5.2 工艺流程模拟 ··· 156
　　5.2.1 淀积 ·· 157
　　5.2.2 刻蚀 ·· 158
　　5.2.3 离子注入 ·· 159
　　5.2.4 氧化 ·· 162
　　5.2.5 扩散 ·· 165
5.3 结构操作及保存输出 ··· 165
参考文献 ·· 166

第 6 章 器件仿真工具（DESSIS）的模型分析 ··· 167
6.1 传输方程模型 ··· 167
6.2 能带模型 ··· 168
6.3 迁移率模型 ··· 170
　　6.3.1 晶格散射引起的迁移率退化 ·· 170
　　6.3.2 电离杂质散射引起的迁移率退化 ·· 170
　　6.3.3 载流子间散射引起的迁移率退化 ·· 172
　　6.3.4 高场饱和引起的迁移率退化 ·· 173
　　6.3.5 表面散射引起的迁移率退化 ·· 174
6.4 雪崩离化模型 ··· 174
6.5 复合模型 ··· 176
参考文献 ·· 177

第 7 章 TCAD 工具仿真流程及在 ESD 防护器件性能评估方面的应用 ······ 178
7.1 工艺和器件 TCAD 仿真软件的发展历程 ·· 178
7.2 工艺和器件仿真的基本流程 ··· 179
7.3 TSUPREM-4/MEDICI 的仿真示例 ··· 181
　　7.3.1 半导体工艺级仿真流程 ·· 181
　　7.3.2 从工艺级仿真向器件级仿真的过渡流程 ·· 184
　　7.3.3 半导体器件级仿真的流程 ·· 185
7.4 ESD 防护器件设计要求及 TCAD 辅助设计的必要性 ······························· 187
7.5 利用瞬态仿真对 ESD 防护器件综合性能的定性评估 ······························· 188
　　7.5.1 TCAD 评估基本设置 ·· 189
　　7.5.2 有效性评估 ·· 189
　　7.5.3 敏捷性评估 ·· 189
　　7.5.4 鲁棒性评估 ·· 190
　　7.5.5 透明性评估 ·· 192

· VII ·

7.5.6　ESD 总体评估 ··· 193
参考文献 ··· 194

第 8 章　ESD 防护器件关键参数的仿真 ·· 196
8.1　ESD 仿真中的物理模型选择 ·· 196
8.2　热边界条件的设定 ·· 199
8.3　ESD 器件仿真中收敛性问题解决方案 ··· 200
8.4　模型参数对关键性能参数仿真结果的影响 ··· 204
8.5　二次击穿电流的仿真 ··· 207
8.5.1　现有方法的局限性 ··· 207
8.5.2　单脉冲 TLP 波形瞬态仿真方法介绍 ·· 208
8.5.3　多脉冲 TLP 波形仿真介绍 ··· 209
参考文献 ··· 211

第 9 章　VDMOSFET 的设计及仿真验证 ·· 212
9.1　VDMOSFET 概述 ··· 212
9.2　VDMOSFET 元胞设计 ··· 213
9.2.1　结构参数及工艺参数 ··· 213
9.2.2　工艺流程 ·· 213
9.2.3　工艺仿真 ·· 214
9.2.4　器件仿真 ·· 220
9.2.5　器件优化 ·· 229
9.3　VDMOSFET 终端结构的设计 ·· 232
9.3.1　结构参数设计 ·· 232
9.3.2　工艺仿真 ·· 232
9.3.3　器件仿真 ·· 237
9.3.4　参数优化 ·· 239
9.4　VDMOSFET ESD 防护结构设计 ··· 240
9.4.1　ESD 现象概述 ··· 240
9.4.2　VDMOSFET 中的 ESD 防护结构设计 ······································· 241
9.4.3　ESD 防护结构的参数仿真 ·· 242
参考文献 ··· 248

第 10 章　IGBT 的设计及仿真验证 ·· 250
10.1　IGBT 结构简介 ··· 250
10.2　IGBT 元胞结构设计 ··· 251
10.2.1　IGBT 的正向压降设计 ··· 251
10.2.2　IGBT 的正向阻断电压的设计 ·· 252
10.2.3　元胞几何图形的考虑 ··· 253
10.2.4　IGBT 元胞仿真实例 ·· 253
10.3　高压终端结构的设计 ·· 258
10.3.1　高压终端结构介绍 ·· 258
10.3.2　高压终端结构的仿真 ··· 260
10.4　IGBT 工艺流程设计 ·· 265
10.4.1　使用材料的选择 ··· 265
10.4.2　工艺参数及工艺流程 ··· 266
参考文献 ··· 276

第1章 半导体工艺及器件仿真工具 Sentaurus TCAD

Sentaurus TCAD 是由 Synopsys 公司开发的最新 DFM（面向制造的设计）软件。Sentaurus TCAD 全面继承了 TSUPREM-4、MEDICI 和 ISE TCAD 的特点和优势，它可以用来模拟集成器件的工艺制程、器件物理特性和互连线特性等。Sentaurus TCAD 提供了全面的产品套件，其中包括 Sentaurus Workbench、LIGAMENT、Sentaurus Process、Sentaurus Structure Editor、MESH、NOFFSET3D、Sentaurus Device、Tecplot SV、INSPECT、Advanced Calibration 等。

Sentaurus Process 和 Sentaurus Device 可以支持的仿真器件类型非常广泛，包括 CMOS、功率器件、存储器、图像传感器、太阳能电池和模拟/射频器件。此外，Sentaurus TCAD 还提供互连建模和参数提取工具，为优化芯片性能提供了关键的寄生参数信息。

本章介绍 Sentaurus TCAD 的主要分支：Sentaurus Process、Sentaurus Structure Editor、Sentaurus Device 和 Sentaurus Workbench。

1.1 集成工艺仿真系统 Sentaurus Process

1.1.1 Sentaurus Process 工艺仿真工具简介

Sentaurus Process 是当前最为先进的工艺仿真工具，它将一维、二维和三维仿真集成在同一平台中，并面向当代纳米级集成电路工艺制程，全面支持小尺寸效应的仿真与模拟。Sentaurus Process 在保留传统工艺仿真软件运行模式的基础上，还做了一些重要的改进：

（1）增加了模型参数数据库浏览器（PDB），为用户提供了修改模型参数和增加模型的方便途径；

（2）增加了一维模拟结果输出工具 Inspect 和二维、三维模拟结果输出工具（Tecplot SV）；

（3）增加了小尺寸模型，提高了工艺软件的仿真精度，适应了半导体工艺发展的需求。这些小尺寸模型主要有高精度刻蚀模型、基于蒙特卡罗的离子扩散模型、注入损伤模型和离子注入校准模型等。

1.1.2 Sentaurus Process 基本命令介绍

用户可以通过输入命令来指导 Sentaurus Process 的执行。这些命令可以通过命令文件或用户终端直接输入。*或#表示该行其后内容为注释，程序不执行该注释内容。命令语句对大小写不敏感。

1. 文件说明及控制语句

下面的语句用于控制 Sentaurus Process 的执行。

exit：用于终止 Sentaurus Process 的运行。
fbreak：使仿真进入交互模式。
fcontinue：重新执行输入文件。
fexec：执行系统命令文件。
interface：返回材料的边界位置。
load：从文件中导入数据信息并插入到当前网格。

logfile：将注释信息输出到屏幕及日志文件中。
mater：返回当前结构中的所有材料列表，或在原列表中增加新的材料。
mgoals：使用 MGOALS 引擎设置网格参数。
tclsel：选择预处理中的绘图变量。

2．器件结构说明语句

下面的语句用于描述器件结构。
init：设置初始网格和掺杂信息。
region：指定结构中特定区域的材料。
line：指定网格线的位置和间距。
grid：执行网格设置的命令。
substrate_profile：定义器件衬底的杂质分布。
polygon：描述多边形结构。
point：描述器件结构中的一个点。
doping：定义线性掺杂分布曲线。
profile：读取数据文件并重建数据区域。
refinebox：设置局部网格参数，并用 MGOALS 库进行细化。
bound：提取材料边界并返回坐标列表。
contact：设置电极信息。
transform：执行转换步骤。

3．工艺步骤说明语句

下面的语句用于模拟工艺步骤。
deposit：用于淀积一个新的层次。
diffuse：用于高温扩散和高温氧化。
etch：用于刻蚀。
implant：实现离子注入。
mask：用于定义掩膜版。
photo：淀积光刻胶。
strip：去除表面的介质层。
stress：用于计算应力。

4．模型和参数说明语句

下面的语句用于指定仿真模型和相关参数。
arrhenius：用于描述常规的指数分布模型。
beam：给出用于离子束刻蚀的模型参数。
equation：完成一个模型的测试和一个方程的求解。
gas_flow：设置扩散步骤中的气体氛围。
kmc：设定蒙特卡罗模型。
math：设置数字和矩阵参数。
mechdata：定义应力计算中的本征应力材料。

pdbDelayDouble：用于检索扩散过程中的双参数表达式。
pdbDopantLike：用于创建新的掺杂杂质。
pdbGet：用于提取数据库参数。
pdbNewMaterial：用于引入新的材料。
pdbSet：用于完成数据库参数的修改。
pdbUnSetString 和 pdbUnSetDouble：用于删除由 pdbSetDouble 和 pdbSetString 创建的参数。
SetDFISEList：设置以 DF-ISE 格式保存的文件中的求解列表。
SetDiosEquilibriumModelMode 和 SetDiosPairModelMode：将默认扩散模型设置为 Dios 平衡模型和 Dios 电子空穴对模型。
SetFastMode：忽略扩散和蒙特卡罗注入模型，加快仿真速度。
SetTDRList：设置文件中以 TDR 格式保存的求解列表。
SetTemp：设置温度。
SetTS4MechanicsMode：设置与 TSUPREM-4 相匹配的机械应力参数和氧化参数。
solution：求解或设置求解参数。
strain_profile：定义由掺杂引入的张力变化。
temp_ramp：定义扩散过程中的温度变化。
term：定义方程中使用的新表达式。
update_substrate：设置衬底中的杂质属性、张力和晶格常量等信息。
reaction：定义反应材料。

5. 输出说明语句

下面的语句用于打印和绘制仿真结果。
alias：用于设置和打印用户指定的命令缩写。
color：用于设定、填充被仿真的器件结构中某特定区域杂质浓度等值曲线的颜色。
contour：用于设置二维浓度剖面等值分布曲线的图形输出。
graphics：启动或更新 Sentaurus Process 已经设置的图形输出。
layers：用于打印器件结构材料的边界数据和相关数据。
print.1d：沿器件结构的某一维方向打印相关数据。
plot.1d：沿器件结构的某一维方向输出某些物理量之间的变化曲线。
plot.2d：输出器件结构中二维浓度剖面分布曲线。
plot.tec：启动或更新 Sentaurus Process–Tecplot SV 所输出的一维、二维和三维图形。
plot.xy：配置二维剖面绘图。
point.xy：在现有曲线中再添加一段曲线。
print.data：以 x、y、z 坐标的格式打印数据。
setPlxList：设置 WritePlx 中要保存的求解列表。
writePlx：设置输出一维掺杂数据文件。
select：确定后续工艺流程中需要输出的变量。
slice：基于二维、三维结构提取一维杂质分布数据。
struct：设置网格结构及求解信息。
sheetResistance：用于计算表面薄层电阻和 PN 结结深。

1.1.3 Sentaurus Process 中的小尺寸模型

1. 离子注入模型

在 Sentaurus Process 中，解析注入模型或蒙特卡罗（MC）注入模型可以用来计算离子注入的分布情况及仿真所造成的注入损伤程度。解析注入模型使用经典的高斯分布、泊松分布及近代的双泊松分布建模，来模拟离子注入掺杂的行为和过程。使用解析模型模拟注入后形成的损伤是根据 Hobler 模型进行估算的。蒙特卡罗注入模型使用统计方法来计算体内的注入离子的分布，注入损伤通过计算点缺陷浓度进行分析。

为满足现代集成工艺技术发展的需求，Sentaurus Process 添加了很多小尺寸模型，如掺杂剂量控制模型（Beam Dose Control）、杂质剖面改造模型（Profile Reshaping）、有效沟道抑制模型（Effective Channelling Suppression）和无定型靶预注入模型（Preamorphization Implants，PAI）等。

在掺杂剂量控制模型中，最后的注入剂量会随注入倾角和旋转角的改变而改变。有效沟道抑制模型和杂质剖面改造模型描述了短沟道效应和在器件特征尺寸缩小过程中所产生的次级效应。无定型靶预注入模型可以用来修正注入损伤所造成的沟道尾部效应。

2. 扩散模型

在集成电路制造工艺过程中，将杂质掺入到半导体材料中的方法有很多，如离子注入和高温扩散等方式。Sentaurus Process 仿真高温扩散的主要模型和依据有杂质激活模型、缺陷对杂质迁移的影响、表面介质的移动、掺杂对内部电场的影响等。

Sentaurus Process 给出的杂质选择性扩散模型和杂质激活模型，可以用来模拟杂质的扩散和迁移行为。杂质选择性扩散模型基于蒙特卡罗数值分析，适于模拟特征尺寸小于 100 nm 的扩散工艺。杂质选择性扩散模型引入了杂质活化效应对杂质迁移的影响，也间接地覆盖了热扩散工艺中产生的缺陷对杂质的影响。杂质激活模型主要是考虑了在掺杂过程中的缺陷、氧化空位及硅化物界面态所引发的杂质激活效应。杂质激活模型可以对由杂质激活效应引起的理论分布的偏差进行补偿或修改。此外，Sentaurus Process 通过点缺陷平衡浓度修正模型，可对应力引发的点缺陷浓度变化规律进行分析，从而更加精确地计算杂质迁移过程中点缺陷的影响，满足纳米器件对点缺陷激活杂质迁移的仿真要求。

3. 基于原子动力学的蒙特卡罗扩散模型

对于大尺寸器件而言，用连续性的扩散方程来描述杂质的传输及体内杂质剂量的守恒是有意义的。然而，对于特征尺寸小于 100 nm 的器件而言，则很难保持高的仿真精度。

基于扩散仿真的蒙特卡罗（MC）的数值算法提供了一个有价值的连续方法。蒙特卡罗仿真所需要的计算机资源随器件尺寸的减小而减少，因为它们与器件中的杂质和缺陷是成比例的。另一方面，连续仿真所需要的资源在增加，因为需要更多的、更复杂的、不平衡的现象来建模。因此，就所需要的计算机资源而言，这种趋势使基于原子动力学理论的蒙特卡罗扩散方法（KMC）在与现在最详细的连续扩散方法竞争时占有优势。

4. 对局部微机械应力变化计算的建模

器件结构内部机械应力的变化在器件制造工艺制程中起着非常重要的作用，它决定着器件结构在加工过程中是否能保持完整性、热加工工艺过程的效益、热加工工艺过程引发的载流子迁移率及扩散率的变化等。随着器件尺寸的进一步缩小，器件内部机械应力的变化还会使材料的禁带宽度发生变化，使得杂质扩散速率和氧化速率等也发生相应变化，从而使得局部热生长氧化层产生形状变异。

在现代工艺制程中，精确计算器件内部机械应力的变化是十分重要的。现在的一个趋势是在器件设计过程当中都会对器件结构施加一定的机械应力，这是因为合适的微机械应力可以有效地改善器件的性能。

Sentaurus Process 对机械应力计算的仿真基于以下 4 个步骤：①定义微机械力学平衡方程；②定义微机械力学平衡方程的边界条件；③定义微结构的材料特性；④定义驱动微机械应力变化的机制。

Sentaurus Process 包含了很多引起微机械应力变化的机制，包括热失配、晶格失配以及由材料淀积、刻蚀所引起的应力变化等。

1.1.4　Sentaurus Process 仿真实例

本节将结合功率器件 VDMOS 的工艺制程仿真来介绍 Sentaurus Process 的基本应用，主要包括命令文件的编写规则和常用工艺仿真语句。

1. 定义二维初始网格

二维初始网格定义语句如下：

```
line x  location = 0.00    spacing = 0.01    tag = SiTop
line x  location = 0.50    spacing = 0.01
line x  location = 0.90    spacing = 0.10
line x  location = 1.30    spacing = 0.25
line x  location = 4.00    spacing = 0.25
line x  location = 6.00    spacing = 0.50
line x  location = 10.0    spacing = 2.50
line x  location = 15.0    spacing = 5.00
line x  location = 44.0    spacing = 10.0    tag = SiBottom
line y  location = 0.00    spacing = 0.50    tag = Mid
line y  location = 7.75    spacing = 0.50    tag = Right
```

line 命令定义了网格线的位置和间距。对于二维仿真，网格线的方向一般是沿 x 轴和 y 轴的。网格间距由关键字 location 和 spacing 来定义。location 确定了某一网格点的起始位置，而 spacing 则定义了两条网格线之间的距离。其中位置和间距的默认单位为 μm。

通常，在仿真的初始阶段，不需要将网格定义太多的网格节点，否则会影响整体的仿真速度。

2. 开启二维输出结果调阅工具 Tecplot SV 界面

开启 Tecplot SV 界面语句如下：

```
graphics on
```

Sentaurus Process 工艺仿真生成的结构信息及二维或三维数据信息都可以通过 Tecplot SV 来调阅。

3. 激活校准模型

激活校准模型的语句如下：

```
Advancedalibration
```

这个命令包括了点缺陷的扩散、硼扩散、硼质聚类过程（激活和失活的硼）和表面捕获等模型的校准。

4. 开启自适应网格

开启自适应网格的语句如下:

```
pdbSet Grid Adaptive 1
```

在仿真过程中,自适应网格会自动添加网格点到器件结构中。

5. 定义仿真区域并对仿真区域进行初始化

```
region  silicon  xlo = SiTop  xhi = SiBottom  ylo = Mid  yhi = Right
init  field = As  resistivity = 14  wafer.orient = 100
```

对于二维仿真而言,初始仿真区域是通过指向 x 和 y 方向的标记符来定义的。这些标记符由前面的 line 命令语句定义。在本例中,定义衬底为砷掺杂,电阻率为 $14\,\Omega\cdot cm$。硅片的晶向为<100>。

6. 定义网格细化规则

网格细化规则的定义语句如下:

```
mgoals on  min.normal.size = 10<nm>  max.lateral.size = 2<um> \
normal.growth.ratio = 1.2  accuracy = 2e-5
```

第一行结尾处的"\"表示续行符。工艺制程中的氧化、淀积或刻蚀等步骤会改变原有的结构网格。在设置了网格辅助调整功能的前提下,系统将依据需要对网格进行重新设置。在 Sentaurus Process 中用 mgoals 命令在初始网格的基础上来重新定义网格。网格的调整只针对新的层或新生成的表面区域。mgoals 命令中的 min.normal.size 用来定义边界处的网格最小间距,离开表面后将按照 normal.growth.ratio 确定的速率变化。max.lateral.size 定义了边界处网格的最大横向间距,accuracy 为误差精度。

7. 在重要区域进一步优化网格

完成局部区域网格优化的语句如下:

```
refinebox min = {2.5 0} max = {3 1}     xrefine = {0.1}  yrefine = {0.1} all add
refinebox min = {2.5 1} max = {2 3}     xrefine = {0.1}  yrefine = {0.1} all add
refinebox min = {0 1.7} max = {0.2 2.9} xrefine = {0.1}  yrefine = {0.1} all add
refinebox min = {0 3}   max = {2.5 5}   xrefine = {0.1}  yrefine = {0.1} all add
```

min 参数和 max 参数用来定义网格优化的窗口。xrefine 参数和 yrefine 参数用来定义网格的间距。

8. 生长薄氧层

在离子注入之前,需要先生长一层薄氧,用来缓冲随后进行的离子注入,可有效避免注入损伤。

```
gas_flow name=O2_HCL pressure=1<atm> flows={O2=4.0<l/min> HCl=0.03<l/min>}
diffuse temperature = 950<C>  time = 25<min>  gas_flow = O2_HCL
```

gas_flow 命令用来定义气体的混合成分。其中,周围气压定义为一个大气压,而 O_2 和 HCl 的流量分别定义为 4.0l/minute 和 0.03l/minute。diffuse 命令用来定义热氧化步骤的时间、温度等参数。

9. JFET 注入

该工艺步骤可以有效减小器件的导通电阻,增加器件的驱动能力。该工艺步骤定义语句如下:

```
mask name = JFET_mask  left = 0<um>  right = 6.75<um>
implant Phosphorus  mask = JFET_mask  dose = 1.5e12  energy = 100<keV>
```

```
diffuse temp = 1150<C> time = 180<min>
mask clear
```

mask 命令用来定义掩膜版信息，在本例中，选用正性光刻胶（若用负性光刻胶，则用 negative 参数表示），0～6.75 μm 之间的光刻胶在曝光后会被留下作为掩膜版。implant 命令用来完成磷的注入，其中注入剂量为 $1.5×10^{12}\,cm^{-2}$，注入能量为 100 keV。diffuse 命令用来执行热退火过程，clear 将掩膜版去除。

10. 保存一维掺杂文件

保存一维掺杂文件的语句如下：

```
SetPlxList {AsTotal PTotal} WritePlx epi.plx y = 7 silicon
```

在 SetPlxList 命令中，将砷和磷的掺杂分布做了保存。在 WritePlx 命令中，指定保存 y = 7μm 处的掺杂分布曲线。最终保存的一维掺杂分布曲线如图 1.1 所示。

11. 生长栅氧化层

在生长栅氧化层之前，需要将之前使用的薄氧层去除，etch 命令用来完成这一工艺步骤。其中关键字 thickness 定义的厚度需要大于之前薄氧层生长的厚度，这样才能完全去除。而 gas_flow 和 diffuse 命令则定义了生长栅氧化层的工艺条件。生长栅氧化层的语句如下：

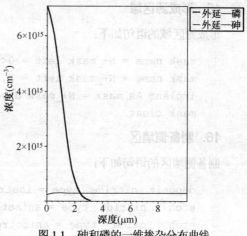

图 1.1 砷和磷的一维掺杂分布曲线

```
etch oxide type = anisotropic thickness = 0.5<um>
gas_flow name = O2_1_HCL_1_H2 pressure = 1<atm> flows =
        {O2 = 10.0<l/min>H2 = 5.0<l/ min>HCl = 0.03<l/min>}
diffuse temperature = 1000<C> time = 17<min> gas_flow = O2_1_HCL_1_H2
```

12. 制备多晶硅栅极

制备多晶硅栅极的语句如下：

```
deposit poly type = anisotropic thickness = 0.6<um>
mask name = gate_mask left = 2.75<um> right = 8<um>
etch poly type = anisotropic thickness = 0.7<um> mask = gate_mask
mask clear
```

首先，使用 deposit 命令淀积一层多晶硅，厚度为 0.6 μm。然后，使用 mask 命令定义刻蚀多晶硅栅的光刻版，即 0～2.75 μm 之间的多晶硅会被刻蚀掉。接着，使用 etch 命令完成刻蚀步骤，其中刻蚀类型定义为各向异性，即只在垂直方向进行刻蚀，最终将光刻版去除。

13. 形成 P-Body 区域

形成 P-Body 区域的语句如下：

```
implant Boron dose = 2.8e13  energy = 80<keV>
diffuse temp = 1150<C> time = 120<min>
```

P-Body 区的注入是通过穿透栅氧层实现的。先注入剂量为 2.8×10^{13} cm^{-2} 的硼，然后在 1150℃的高温条件下，进行 120 分钟的退火实现。

14. 形成 P+接触区域

形成 P+接触区域的语句如下：

```
mask name = P+_mask left = 0.85<um> right = 8<um>
implant Boron mask = P+_mask dose = 1e15 energy = 60<keV>
diffuse temp = 1100<C> time = 100<min>
mask clear
```

为了在 P-Body 区域形成良好的欧姆接触，P+注入剂量需要很高，一般为 1×10^{15} cm^{-2}。

15. 形成源区域

形成源区域的语句如下：

```
mask name = N+_mask left = 0<um>    right = 1.75<um>
mask name = N+_mask left = 2.75<um> right = 8<um>
implant As mask = N+_mask dose = 5e15  energy = 60<keV>
mask clear
```

16. 制备侧墙区

制备侧墙区的语句如下：

```
deposit nitride type = isotropic   thickness = 0.2<um>
etch    nitride type = anisotropic thickness = 0.25<um>
etch    oxide   type = anisotropic thickness = 100<nm>
diffuse temperature = 950<C> time = 25<min>
```

17. 制备铝电极

制备铝电极的语句如下：

```
deposit Aluminum type = isotropic thickness = 0.7<um>
mask name = contacts_mask left = 0<um> right = 2.5<um>
etch Aluminum type = anisotropic thickness = 2.5<um> mask = contacts_mask
mask clear
```

18. 定义电极

定义电极的语句如下：

```
contact name = Gate    x = -0.5 y = 5 replace point
contact name = Source  x = -0.5 y = 1 replace point
contact name = Drain   bottom
```

在上述语句中分别定义了栅电极、源电极和漏电极。其中，漏电极在器件结构的背面形成。

19. 保存完整的器件结构

保存完整器件结构的语句如下：

```
struct tdr = vdmos_final
struct smesh = 500vdmos_final
```

使用 struct 命令来保存完整的器件结构信息。使用 smesh 命令后，则已经完成了器件结构保存格式的转换，在已经定义电极的情况下，可以将 smesh 保存的文件直接导入 Sentaurus Device，进行器件物理特性的仿真。最终的器件结构图如图 1.2 所示。

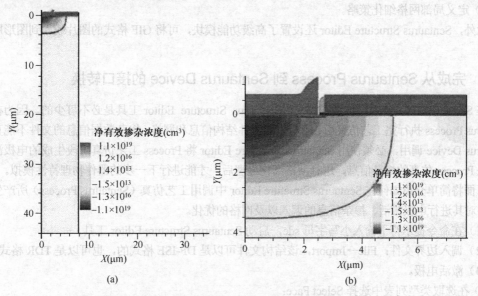

图 1.2 最终形成的 VDMOS 器件结构图

1.2 器件结构编辑工具 Sentaurus Structure Editor

1.2.1 Sentaurus Structure Editor（SDE）器件结构编辑工具简介

Sentaurus Structure Editor（也称 Sentaurus Device Editor，简称 SDE）是基于二维和三维器件结构编辑的集成环境，可生成或编辑二维和三维器件结构，用于与 Process 工艺仿真系统的结合。如果单独使用 Sentaurus Structure Editor，仅可实现三维器件的工艺级仿真。在 Sentaurus Structure Editor 中，用户可以通过图形用户界面（Graphical User Interface，GUI）来生成或编辑器件结构。同时，用户还可以根据需要定义器件的掺杂分布和网格优化策略。Sentaurus Structure Editor 可以产生网格引擎所需要的输入文件（DF-ISE 格式的边界文件或 TDR 格式的边界文件），并使用网格引擎产生 TDR 格式的器件网格及掺杂数据文件或 DF-ISE 格式的器件网格及掺杂数据文件.gdr 和.dat 文件。

（1）Sentaurus Structure Editor 提供以下工具模块。
① 二维器件编辑模块；
② 三维器件编辑模块；
③ Procem 三维工艺仿真制程模块。
（2）Sentaurus Structure Editor 具有以下特点。
① 具有优秀的几何建模内核，为创建可视化模型提供了保障；
② 拥有高质量的绘图引擎和图形用户界面；
③ 具有基于 Scheme 脚本语言的工具接口；
④ 共享 DF-ISE 和 TDR 输入及输出文件格式。
（3）二维和三维器件编辑模块提供了图形用户界面 GUI 和脚本语言的交互，支持以下功能。

① 产生器件的几何图形结构；
② 定义器件的电极区域；
③ 定义和设置外部因素产生的杂质分布；
④ 定义局部网格细化策略。

此外，Sentaurus Structure Editor 还设置了高级功能模块，可将 GIF 格式的图片载入到图形用户界面中。

1.2.2 完成从 Sentaurus Process 到 Sentaurus Device 的接口转换

在 Sentaurus TCAD 系列仿真工具中，Sentaurus Structure Editor 工具是必不可少的。因为在使用 Sentaurus Process 执行完工艺仿真后，所产生的器件结构信息和网格、掺杂数据信息的文件不能直接被 Sentaurus Device 调用，必须使用 Sentaurus Structure Editor 将 Process 工艺仿真阶段生成的电极激活，并调入 Process 仿真的掺杂信息，进行网格细化处理后，才能进行下一步的器件物理特性模拟。

下面将简单介绍如何在 Sentaurus Structure Editor 中调用工艺仿真（Sentaurus Process）所产生的文件，并对其进行电极激活、掺杂信息的调入以及网格的优化。

（1）在命令提示符下输入小写字母 sde，启动 Sentaurus Structure Editor 工具。
（2）调入边界文件：File→Import，该结构文件可以是 DF-ISE 格式的，也可以是 TDR 格式的。
（3）激活电极。
① 在选取类型列表中选择 Select Face；
② 在电极列表中选择需要激活的电极名；
③ 在器件结构中选择电极区域；
④ 在菜单中选择 Device→Contacts→Contact Sets，电极设置对话框如图 1.3 所示；
⑤ 在 Defined Contact Sets 中选择电极，同时可以设置电极颜色、边缘厚度和类型等信息；
⑥ 单击 Activate 按钮；
⑦ 单击 Close 按钮关闭对话框。

重复以上步骤，可以完成对其他电极的定义和激活。

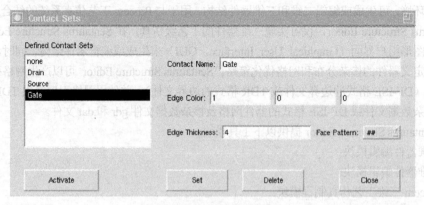

图 1.3 电极设置对话框

（4）保存设置。选择 File→Save Model 即可。
（5）载入掺杂数据信息。因为之前载入的边界结构文件中不包含工艺仿真后生成的掺杂信息，所以需要将掺杂信息重新载入到 Sentaurus Structure Editor 中，以便进行后续的处理。

载入方法为：Device→External Profile Placement。外部掺杂信息设置对话框如图 1.4 所示。在 Name

栏中输入 Doping。在 Geometry File 栏中载入工艺仿真后生成的网格数据文件（若保存格式为 DF-ISE，应选择.gds 文件；若保存格式为 TDR，应选择.tdr 文件）。在 Data Files 栏中单击 Browser 按钮并选择掺杂数据文件（若保存格式为 DF-ISE，应选择.dat 文件；若保存格式为 TDR，应选择.tdr 文件），单击 Add 按钮，载入掺杂数据文件。最后，单击 Add Placement 按钮关闭对话框。

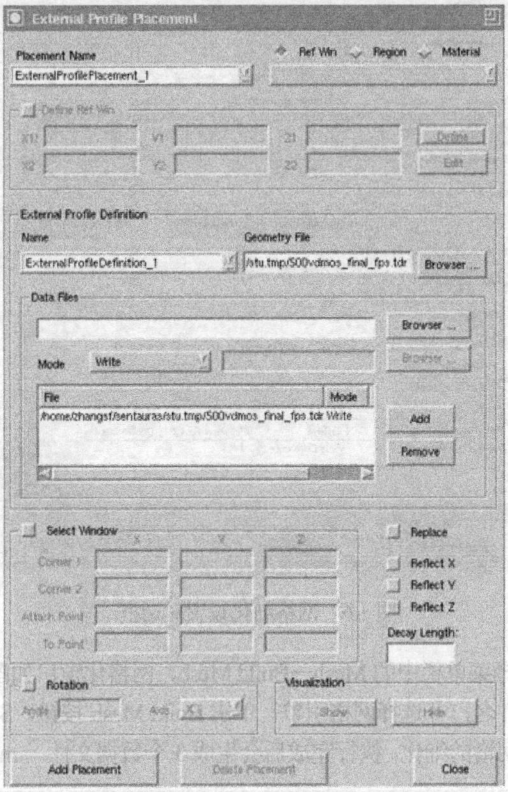

图1.4　外部掺杂信息设置对话框

（6）定义网格细化窗口。用户可以对重点研究区域进行网格的重新设置，以增加仿真精度和收敛性。操作如下：Mesh→Define Ref/Eval Window→Cuboid。网格细化窗口定义对话框如图1.5所示。

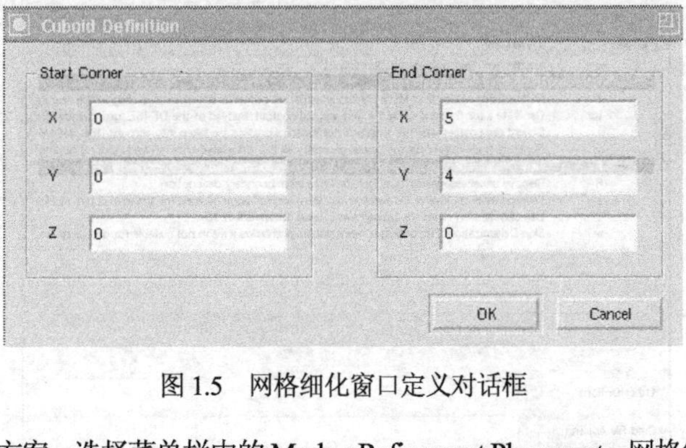

图1.5　网格细化窗口定义对话框

（7）定义网格细化方案。选择菜单栏中的 Mesh→Refinement Placement。网格细化设置对话框如图1.6所示。在对话框中，选择 Ref/Win 选项，并选择上一步定义的网格细化窗口。然后根据仿真精度要求，设置 Max Element Size 和 Min Element Size 参数。最后，单击 Change Placement 按钮关闭对话框。

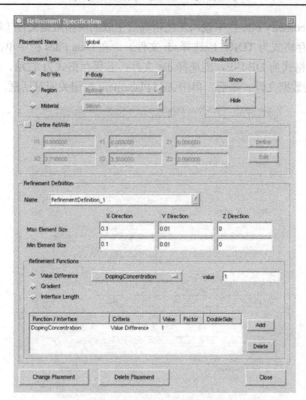

图 1.6 网格细化设置对话框

（8）执行设置方案。选择菜单栏中的 Mesh→Build Mesh，网格化窗口如图 1.7 所示。输入网格细化执行后保存的网格数据信息文件名，并选择网格引擎，单击 Build Mesh 按钮，Sentaurus Structure Editor 会根据设置的网格细化方案执行网格的细化，执行完成后会生成 3 个数据文件：_msh.grd、_msh.dat 和 _msh.log。

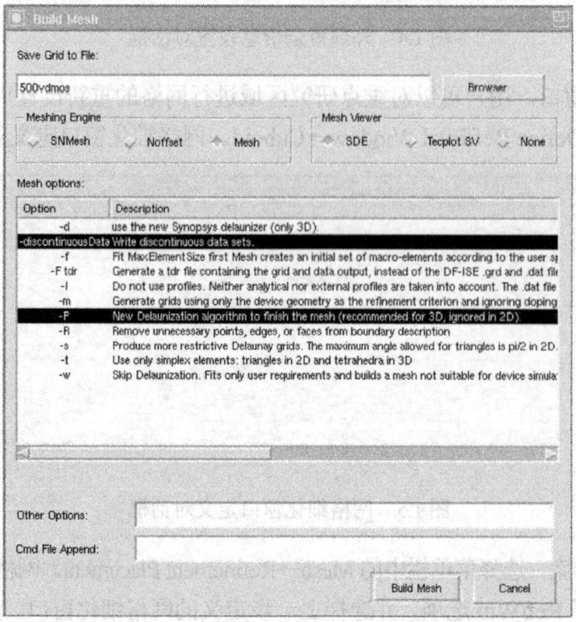

图 1.7 网格化窗口

1.2.3 创建三维结构

下面以三维 VDMOS 结构为例，介绍如何在 Sentaurus Structure Editor 中创建新的结构。

（1）Sentaurus Structure Editor 环境初始化

Sentaurus Structure Editor 环境初始化就是要清除已经定义过的所有设计内容。操作如下：File→New。

（2）设置精确坐标模式

在 Sentaurus Structure Editor 中，用户可以直接绘制器件的几何结构。但是，为了保证绘制的精确性，需要开启精确坐标模式。操作步骤如下：Draw→Exact Coordinates。

（3）选择器件材料

Sentaurus Structure Editor 所使用的材料都在 Material 列表中进行选择。

（4）选择默认的 Boolean 表达式

在菜单中选择 Draw→Overlap Behavior→New Replaces Old。

（5）关闭自动命名器件结构区域模式

因为用户习惯自己来定义新建器件结构区域的名称，所以需要关闭自动命名器件结构区域模式，操作方法如下：Draw→Auto Region Naming。

（6）创建立方体区域

① 选择 Isometric View（ISO），改为三维绘图模式；

② 在菜单栏中选择 Draw→Create 3D Region→Cuboid；

③ 在窗口中单击并拖动鼠标，将出现一个立方体区域的定义对话框，如图 1.8 所示。输入（0,0,0）和（7.75, 44, 3），然后单击 OK 按钮。

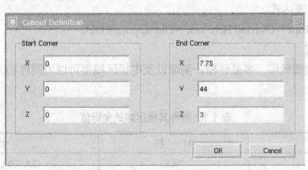

图 1.8 立方体结构定义对话框

④ 在 SDE 对话框中输入结构区域的名称 Epitaxy，如图 1.9 所示。单击 OK 按钮，则最初的立方体器件结构就形成了，如图 1.10 所示。

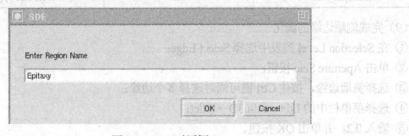

图 1.9 SDE 对话框

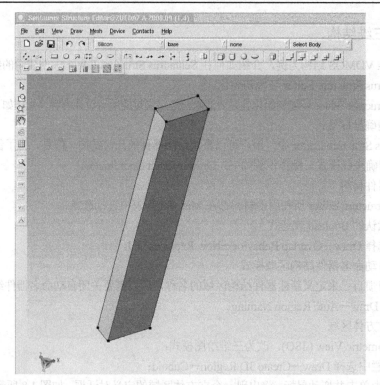

图 1.10 最初的立方体器件结构

（7）改变 Boolean 表达式

在菜单栏中选择 Draw→Overlap Behavior→Old Replaces Old。

（8）创建其他区域

器件的其他区域如栅氧层、多晶硅栅、侧墙以及电极区域都可以用同样的方法来创建，使用的参数值如表 1.1 所示。

表 1.1 器件其他区域的坐标值

名 称	材 料	坐 标
Gate Oxide	SiO_2	(2.5, 0, 0), (7.75, −0.08, 3)
Polysilicon Gate	Poly Si	(2.75, −0.08, 0), (7.75, −0.68, 3)
Spacer	Si_3N_4	(2.5, −0.08, 0), (2.75, −0.68, 3)
Contact pad_Source	Al	(0, 0, 0), (2.4, −0.68, 3)
Contact pad_Drain	Al	(0, 44, 0), (7.75, 44.68, 3)

（9）完成侧墙边缘的圆化

① 在 Selection Level 列表中选择 Select Edge；

② 单击 Aperture Sele 按钮；

③ 选择侧墙边缘，按住 Ctrl 键可同时选择多个边缘；

④ 选择菜单栏中的 Edit→Edit 3D→Fillet；

⑤ 输入 0.2，并单击 OK 按钮。

VDMOS 器件最初的结构如图 1.11 所示。

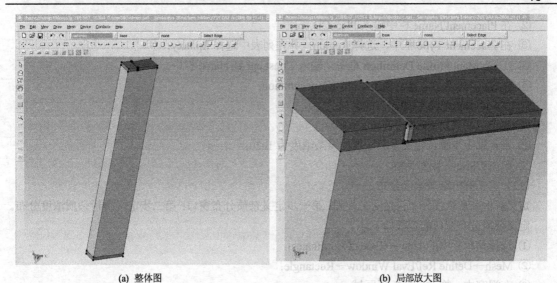

(a) 整体图　　　　　　　　　　　　　　(b) 局部放大图

图 1.11　VDMOS 器件最初的结构

（10）定义电极

电极定义的方法在 1.1.4 节中已经介绍。在这里，栅极、源极和漏极都需要定义。

（11）定义外延层中的均匀杂质浓度分布

定义外延层中的均匀杂质浓度分布的方法如下。

① 选择菜单栏中的 Device→Constant Profile Placement，均匀杂质浓度分布的设置对话框如图 1.12 所示；

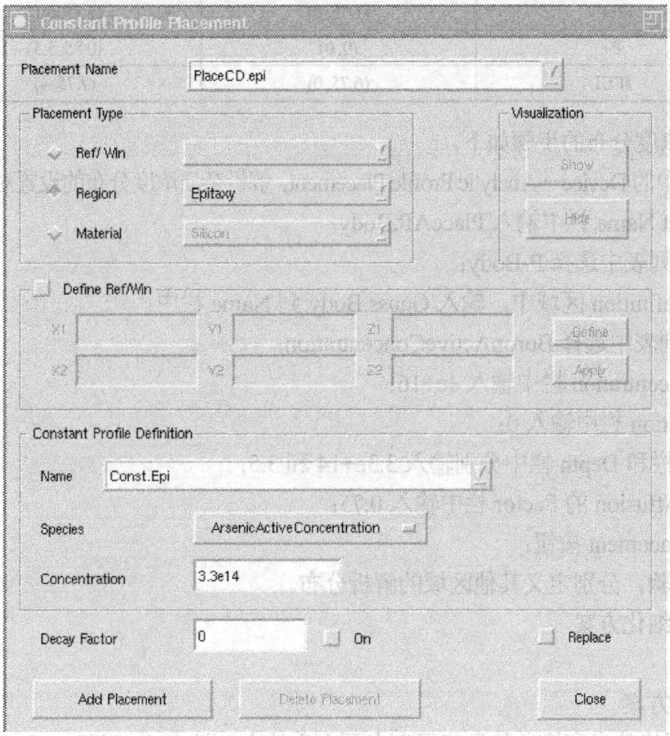

图 1.12　均匀杂质浓度分布设置对话框

② 在 Placement Name 栏中输入 PlaceCD.epi；
③ 在 Placement Type 框中，选择 Region，并在列表中选择 Epitaxy；
④ 在 Constant Profile Definition 框中，输入 Const.epi 到 Name 栏中；
⑤ 在 Species 栏中选择 ArsenicActiveConcentration；
⑥ 在 Concentration 栏中输入 3.3e14；
⑦ 单击 Add Placement 按钮；
⑧ 重复以上步骤，定义多晶硅栅的掺杂浓度为 1e20；
⑨ 单击 Close 关闭对话框。

（12）定义解析杂质浓度分布

定义解析杂质浓度分布包括两个步骤：第一步定义杂质分布窗口；第二步定义解析杂质浓度分布。定义杂质分布窗口的步骤如下。

① 选择菜单栏中的 Draw→Exact Coordinates；
② Mesh→Define Ref/Eval Window→Rectangle；
③ 在视窗中，拖动一个矩形区域；
④ 在 Exact Coordinates 对话框中，输入(0, 0)和(2.75, 3.5)，定义杂质分布窗口坐标；
⑤ 单击 OK 按钮；
⑥ 在接着弹出的对话框中，输入 P-Body 作为杂质分布窗口的名称；
⑦ 利用表 1.2 中的参数值，重复以上步骤，定义其他杂质分布窗口。

表 1.2 杂质分布窗口的坐标定义值

名 称	起 始 点	终 点
N+	(1.75, 0)	(2.75, 0.1)
P+	(0, 0)	(0.85, 3.5)
JFET	(6.75, 0)	(7.75, 4)

定义解析杂质浓度分布的步骤如下。

① 选择菜单栏中的 Device→Analytic Profile Placement，解析杂质浓度分布的设置对话框如图 1.13 所示；
② 在 Placement Name 栏中输入 PlaceAP.Body；
③ 在 Ref/Win 列表中选择 P-Body；
④ 在 Profile Definition 区域中，输入 Gauss.Body 到 Name 栏中；
⑤ 在 Species 列表中选择 BoronActiveConcentration；
⑥ 在 Peak Concentration 栏中输入 4e+16；
⑦ 在 Peak Position 栏中输入 0；
⑧ 在 Junction 栏和 Depth 栏中分别输入 3.3e+14 和 3.5；
⑨ 在 Lateral Diffusion 的 Factor 栏中输入 0.75；
⑩ 单击 Add Placement 按钮；
⑪ 重复以上步骤，分别定义其他区域的解析分布。

（13）定义网格细化方案

（14）保存设置

（15）执行设置方案

最终，器件的网格信息和掺杂信息将保存在两个文件中，即_msh.grd 和_msh.dat，这些文件可以导入到 Sentaurus Device 中进行后续仿真。最终的三维 VDMOS 器件结构如图 1.14 所示。

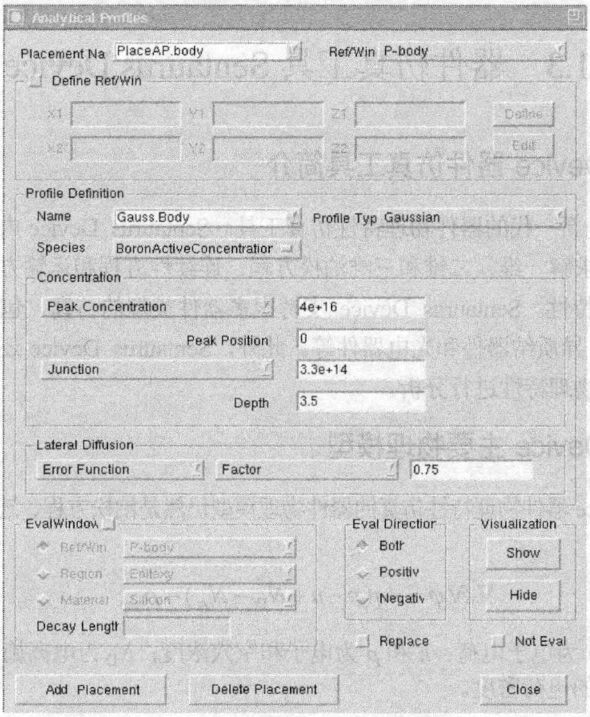

第1章 半导体工艺及器件仿真工具 Sentaurus TCAD

图 1.13 解析杂质浓度分布设置对话框

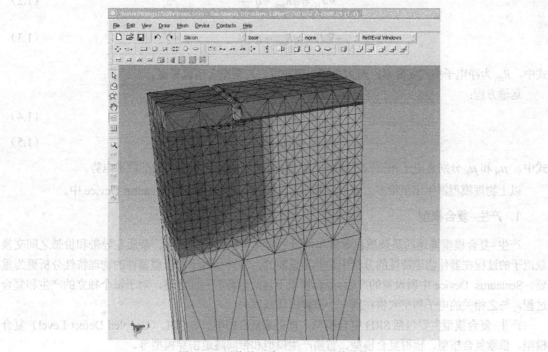

图 1.14 最终的三维 VDMOS 器件结构

1.3 器件仿真工具 Sentaurus Device

1.3.1 Sentaurus Device 器件仿真工具简介

Sentaurus Device 是新一代的器件物理特性仿真工具。Sentaurus Device 内嵌一维、二维和三维器件物理模型，通过数值求解一维、二维和三维泊松方程、连续性方程和运输方程，可以准确预测器件的众多电学参数和电学特性。Sentaurus Device 支持很多器件类型的仿真，包括量子器件、深亚微米MOS器件、功率器件、异质结器件和光电器件等。此外，Sentaurus Device 还可以实现对由多个器件所组成的单元级电路的物理特性进行分析。

1.3.2 Sentaurus Device 主要物理模型

实现 Sentaurus Device 器件物理特性仿真的器件物理模型仍然是泊松方程、连续性方程和运输方程。

泊松方程：

$$\nabla \varepsilon \nabla \varphi = -q(p - n + N_D - N_A) - \rho_{\text{trap}} \tag{1.1}$$

式中，ε 为介电参数；q 为电子电荷；n 和 p 为电子和空穴浓度；N_D 为电离施主浓度；N_A 为电离受主浓度；ρ_{trap} 为陷阱贡献的电荷密度。

连续性方程：

$$\nabla J_N = qR_{\text{net}} + q\frac{\partial n}{\partial t} \tag{1.2}$$

$$-\nabla J_P = qR_{\text{net}} + q\frac{\partial p}{\partial t} \tag{1.3}$$

式中，R_{net} 为净电子空穴复合率；J_N 为电子电流密度；J_P 为空穴电流密度。

运输方程：

$$J_N = -qn\mu_N \nabla \varphi_N \tag{1.4}$$

$$J_P = -qp\mu_P \nabla \varphi_P \tag{1.5}$$

式中，μ_N 和 μ_P 分别为电子和空穴迁移率；φ_N 和 φ_P 分别为电子和空穴的准费米电势。

以上物理模型派生出了很多二级效应和小尺寸模型，均被添加到 Sentaurus Device 中。

1. 产生-复合模型

产生-复合模型描述的是杂质在导带和价带之间交换载流子的过程。杂质在导带和价带之间交换载流子的过程在器件物理特性的分析中是非常重要的，特别是对于双极型器件的物理特性分析更为重要。Sentaurus Device 中所设置的产生-复合模型不包括电荷的空间运输，对于每个独立的产生和复合过程，与之相关的电子和空穴将在同一个位置出现或消失。

产生-复合模型主要包括 SRH 复合模型（肖克莱复合模型）、CDL（Coupled Defect Level）复合模型、俄歇复合模型、辐射复合模型、雪崩产生模型和带间隧道击穿模型等。

2. 迁移率退化模型

Sentaurus Device 基于经典的迁移率模型来描述载流子的迁移率变化行为。在最简单的情况下，迁移率是晶格温度的函数。对于掺杂半导体来说，载流子的散射行为会造成其迁移率的退化。Sentaurus

Device 提供了 3 种描述迁移率与掺杂行为有关的模型,即 Masetti 模型、Arora 模型和 University of Bologna 模型。

使用迁移率退化模型描述界面位置处载流子迁移率的退化行为,可以模拟出由表面的声子散射和表面粗糙引起的载流子散射。Sentaurus Device 收入了增强的 Lombardi 模型和 University of Bologna 表面迁移率模型,用于描述界面位置处载流子迁移率的退化行为。

载流子-载流子散射模型是用来模拟载流子-载流子散射效应的,包括 Conwell-Weisskopf 模型和 Brooks-Herring 模型。

Philips 统一迁移率模型是一个用于校准体硅中多子和少子迁移率的模型,它可以用来模拟杂质的常规散射行为和载流子-载流子散射行为。

另外,高内电场条件下的饱和模型可用来模拟高电场条件下载流子迁移率的退化行为,包括 Canali 模型、转移电子模型、基本模型、Meinerzhagen-Engl 模型、Lucent 模型、速率饱和模型和驱动力模型等。

3. 基于活化能变化的电离模型

在常温条件下,浅能级杂质被认为是完全电离的。然而,对于深能级杂质而言(能级深度超过 0.026 eV),则会出现不完全电离的情况。因此,铟(受主杂质)在硅中,氮(施主)和铝(受主)在碳化硅中,都呈现深能级状态。另外,若要研究低温条件下的掺杂行为,则会有更多的掺杂剂处于不完全电离状态。针对这种研究需求,Sentaurus Device 嵌入了基于活化能变化的电离模型。

Sentaurus Device 支持所有常规的掺杂剂,包括 As、P、Sb、N、受主杂质 B 和 In。

4. 与热有关的模型

(1)热容量

Sentaurus Device 仿真器中用到的热容量值如表 1.3 所示。

表 1.3 器件结构常用材料的热容量值

Material	c (J/K cm^3)	Material	c (J/K cm^3)
Silicon	1.63	Ceramic	2.78
SiO$_2$	1.67	Poly Si	1.63

与温度有关的晶格热容量是根据经验方程建模的:

$$CL = cv + cv\_bT + cv\_cT^2 + cv\_dT^3 \tag{1.6}$$

方程中的系数可以在参数设置文件中按如下格式定义:

```
LatticeHeatCapacity{ cv = 1.63    # [J/(K cm^3)]
                     cv_b = 0.0000e+00  # [J/(K^2 cm^3)]
                     cv_c = 0.0000e+00  # [J/(K^3 cm^3)]
                     cv_d = 0.0000e+00  # [J/(K^3 cm^3)]
                   }
```

(2)热传导率

Sentaurus Device 在硅中的与温度有关的热传导率可以表示如下:

$$k(T) = \frac{1}{a + bT + cT^2} \tag{1.7}$$

式中,$a = 0.03$ cm·KW^{-1},$b = 1.56 \times 10^{-3}$ cm·W^{-1},$c = 1.65 \times 10^{-6}$ cm·K^{-1}W^{-1},适用温度为 200~600 K。

(3) 热电能

理论上,非退化的电子和空穴的绝对热电能 P_N 和 P_P 可以表示为

$$P_N = -k_N \frac{k}{q}\left[\left(\frac{5}{2}-S_N\right)+\ln\left(\frac{N_C}{n}\right)\right] \tag{1.8}$$

$$P_P = k_P \frac{k}{q}\left[\left(\frac{5}{2}-S_P\right)+\ln\left(\frac{N_V}{n}\right)\right] \tag{1.9}$$

式中,k_N 和 k_P 分别为电子和空穴的热电导率;S_N 和 S_P 分别为电子和空穴的能通量密度;N_C 和 N_V 分别为导带和价带的态密度。

5. 热载流子注入模型

热载流子注入模型是用于描述栅漏电流机制的。该模型对于描述 EEPROM 器件执行写操作时可能发生的载流子注入行为来说尤为重要。Sentaurus Device 提供了两种热载流子注入模型和一个用户自定义模型 PMI (Physical Model Interface)。

(1) 经典的 lucky 电子注入模型

在经典的 lucky 电子注入模型中,从一个分界面到栅极接触的总电流可以表示为

$$I_g = \iint J_n(x,y)P_s P_{ins}\left(\int_{E_B}^{\infty} P_\varepsilon P_r d\varepsilon\right)dxdy \tag{1.10}$$

式中,P_s 为电子不缺失任何能量而向分界面通过 y 距离的概率;$P_\varepsilon d\varepsilon$ 是电子能量在 ε 和 $\varepsilon+d\varepsilon$ 之间的概率;P_{ins} 为在镜像力势阱中散射的概率;P_r 是电子改变方向的概率。

(2) Fiegna 热载流子注入模型

根据 Fiegna 热载流子注入模型,总的热载流子注入电流可以表示为

$$I_g = q\int P_{ins}\left(\int_{E_B}^{\infty} v_\perp(\varepsilon)f(\varepsilon)g(\varepsilon)d\varepsilon\right)ds \tag{1.11}$$

式中,ε 为电子能量;E_B 为半导体–绝缘体的势垒高度;$v_\perp$ 为正常情况下电子向界面通过的速率;$f(\varepsilon)$ 为电子能量分布;$g(\varepsilon)$ 为电子的态密度;P_{ins} 为在镜像力势阱中散射的概率。

6. 隧道击穿模型

在目前的微电子器件中,隧道击穿已经成为一个非常重要的效应。因为在一些器件中,隧道击穿的发生会导致漏电流的形成,对器件的电学性能造成影响。Sentaurus Device 提供 3 种隧道击穿模型,包括非局域隧道击穿模型、直接隧道击穿模型和 Fowler-Nordheim 隧道击穿模型。其中,最常用的模型是非局域隧道击穿模型。该模型考虑了载流子的自加热因素,能够进行任意形状势垒下的数值求解,描述价带至导带之间的隧道击穿行为等。

7. 应力模型

应力的模拟对小尺寸 CMOS 器件的结构设计与分析是很重要的。器件结构内部机械应力的变化可以影响材料的功函数、界面态密度、载流子迁移率能带分布和漏电流等。局部区域应力的变化往往是由于高温热驱动加工的温变作用或材料属性的不同产生的。

应力变化引起的能带结构变化,可以由以下模型进行分析:

第 1 章 半导体工艺及器件仿真工具 Sentaurus TCAD

$$\frac{\Delta E_\mathrm{C}}{kT_{300}} = -\ln\left[\frac{1}{n_\mathrm{C}}\sum_{i=1}^{n_\mathrm{C}}\exp\left(\frac{-\Delta E_{\mathrm{C}i}}{kT_{300}}\right)\right] \quad (1.12)$$

$$\frac{\Delta E_\mathrm{V}}{kT_{300}} = \ln\left[\frac{1}{n_\mathrm{V}}\sum_{i=1}^{n_\mathrm{V}}\exp\left(\frac{-\Delta E_{\mathrm{V}i}}{kT_{300}}\right)\right] \quad (1.13)$$

式中，n_C 和 n_V 为导带和价带中的子能谷数目；$\Delta E_{\mathrm{C}i}$ 和 $\Delta E_{\mathrm{V}i}$ 分别为应力引起的子能谷的导带和价带的能量变化量；T_{300} 为绝对温度 300 K。

应力变化引起的载流子迁移率的变化由以下公式描述：

$$\mu_{ii}^N = \mu_N^0\left[1 + \frac{1 - m_\mathrm{Nl}/m_\mathrm{Nt}}{1 + 2(m_\mathrm{Nl}/m_\mathrm{Nt})}\left(\exp\left(\frac{\Delta E_\mathrm{C} - \Delta E_{\mathrm{C}i}}{kT}\right) - 1\right)\right] \quad (1.14)$$

$$\mu^P = \mu_P^0\left[1 + \left(\frac{\mu_\mathrm{Pl}^0}{\mu_P^0} - 1\right)\frac{(m_\mathrm{Pl}/m_\mathrm{Ph})^{1.5}}{1 + (m_\mathrm{Pl}/m_\mathrm{Ph})}\left(\exp\left(\frac{\Delta E_\mathrm{C} - \Delta E_{\mathrm{C}i}}{kT}\right) - 1\right)\right] \quad (1.15)$$

式中，μ_N^0 和 μ_P^0 为无应力影响条件下的电子和空穴迁移率；m_Nl 和 m_Nt 分别为电子的横向有效质量和纵向有效质量；m_Pl 和 m_Ph 分别为轻空穴和重空穴的有效质量。

8. 量子化模型

Sentaurus Device 提供了 4 种量子化模型。

（1）VanDort 模型

VanDort 模型仅适用于硅基 MOSFET 器件的仿真。使用该模型可以较好地描述器件内部的量子化效应及其在最终特性中的反映。

（2）一维薛定谔方程

一维薛定谔方程可以用来进行 MOSFET、量子阱和超薄 SOI 特性的仿真。

（3）密度梯度模型

密度梯度模型用于 MOSFET 器件、量子阱和 SOI 结构的仿真，可以描述器件的最终特性及器件内的电荷分布。该模型可以描述二维和三维的量子效应。

（4）修正后的局部密度近似模型

修正后的局部密度近似模型可用于体硅 MOSFET 器件和超薄 SOI 结构的仿真。该模型数值计算效率较高，比较适用于三维器件的物理特性仿真。

1.3.3 Sentaurus Device 仿真实例

一个标准的 Sentaurus Device 输入文件包括 File、Electrode、Physics、Plot、Math 和 Solve，每一部分都执行一定的功能。输入文件默认的扩展名为 _des.cmd。本节将介绍 VDMOS 器件雪崩击穿电压和漏极电流特性的仿真。

1. VDMOS 器件雪崩击穿电压的仿真

器件的雪崩击穿电压相比于其他电学参数比较难模拟。因为器件在即将击穿时，即使是很小的电压变化都可能导致漏电流的急剧增加，有时甚至会产生回滞现象。因此，在这种情况下，进行雪崩击穿电压模拟计算时很难获得一个收敛解。而在漏电极上串联一个大电阻可以有效地解决这个问题。

在本节的例子中，Sentaurus Device 调用了之前 1.1.4 节中 Sentaurus Process 产生的输出文件，该文件中包含了掺杂信息、网格信息和电极定义信息。

(1) 文件 (File)

该文件定义部分指定了完成器件模拟所需要的输入文件和输出文件。

```
File {
    *  input files:
    Grid = "500vdmos_final_fps.tdr"
    *  output files:
    Plot = "BV_des.tdr"      可看结构
    Current = "BV_des.plt"   可看曲线
    Output = "BV_des.log"    可看运行情况
}
```

Plot 文件用来存放 Sentaurus Device 仿真生成的模拟结果，可转换为二维或三维绘图文件。Current 文件用来存放一维的电学输出数据。Output 为运行时产生的日志文件，包含器件模拟过程的相关参数。

(2) 电极 (Electrode)

该电极定义部分用来定义 Sentaurus Device 模拟中器件所有电极的偏置电压起始值以及边界条件等。

```
Electrode {
    { Name = "Source" Voltage = 0.0 }
    { Name = "Drain"  Voltage = 0.0 Resistor = 1e7 }
    { Name = "Gate"   Voltage = 0.0 Barrier = -0.55 }
}
```

其中，Voltage 参数定义了电极的起始条件。Resistor 表示在漏电极上串联一个大电阻，电阻为 $10^7\,\Omega$。Barrier 参数定义了多晶硅电极的功函数差。

(3) 物理模型 (Physics)

该命令段定义了 Sentaurus Device 模拟中选定的器件物理模型。

```
Physics { EffectiveIntrinsicDensity( OldSlotboom )
         Mobility ( DopingDep
                    eHighFieldsaturation( GradQuasiFermi )
                    hHighFieldsaturation( GradQuasiFermi ) Enormal
                  )
         Recombination ( SRH ( DopingDep )
                         eAvalanche( Eparallel)
                         hAvalanche( Eparallel )
                       )
       }
```

EffectiveIntrinsicDensity 表示使用禁带变窄模型（包含 OldSlotboom 模型）。Mobility 定义了迁移率模型，包括迁移率与掺杂浓度的关系 (DopingDep)、迁移率与高电场的关系 (eHighFieldsaturation 和 hHighFieldsaturation) 和 PMI (Physical Model Interfece，用户可在该界面自定义模型中的系数或使用缺省值 Enormal)。Recombination 定义了复合模型，包括肖克莱复合以及与碰撞离化相关的复合模型等。

(4) 绘图 (Plot)

Plot 命令段用于完成设置所需的 Sentaurus Device 模拟输出绘图结果。这些输出结果可以通过调用 Tecplot SV 来查阅。

```
Plot {
    *--Density and Currents, etc    看载流子密度与电流等
    eDensity hDensity TotalCurrent/Vector eCurrent/Vector hCurrent/Vector
    eMobility hMobility
```

```
           eVelocity hVelocity
           eQuasiFermi hQuasiFermi
    *--Temperature
           eTemperature Temperature
    *--Fields and charges
           ElectricField/Vector Potential SpaceCharge
    *--Doping Profiles
           Doping DonorConcentration AcceptorConcentration
    *--Generation/Recombination
           SRH Band2Band Auger
           AvalancheGeneration eAvalancheGeneration hAvalancheGeneration
    *--Driving forces
           eGradQuasiFermi/Vector hGradQuasiFermi/Vector
           eEparallel hEparallel eENormal hENormal
    *--Band structure/Composition
           BandGap
           BandGapNarrowing
           Affinity
           ConductionBand ValenceBand
           eQuantumPotential
}
```

（5）Math

该命令段用来设置数值求解算法。

```
Math {Extrapolate
               Avalderivatives
               Iterations = 20
               Notdamped = 100
               RelErrControl
               BreakCriteria{ Current(Contact = "Drain" AbsVal = 0.8e-7) }
               CNormPrint
      }
```

Extrapolate 表示引入外推算法。Avalderivatives 参数表示开启计算由于雪崩击穿产生的解析导数。Iterations 定义了牛顿计算中最大的迭代次数。Notdamped = 100 表示在前 100 次牛顿迭代计算中采用无阻尼计算模式，在大多数情况下不需要使用该参数。RelErrControl 表示在迭代过程中，采用该方法对求解过程进行参数误差控制。BreakCriteria 表示仿真计算的终止条件，在本例中定义了当漏极电流达到 0.8×10^{-7} A/μm 时，即终止仿真模拟。CNormPrint 表示获得基本的错误信息。

（6）Solve

该命令段用于设置完成数值计算所需要经过的计算过程。

```
Solve { *- Build-up of initial solution:
         Coupled (Iterations = 100) { Poisson }
         Coupled { Poisson Electron Hole }
         Quasistationary (
                      InitialStep = 1e-4 Increment = 1.35
                      MinStep = 1e-5 MaxStep = 0.025
                      Goal { Name = " Drain" Voltage = 600 }
                  )
         Coupled { Poisson Electron Hole }
       }
```

Poisson 启动并调用泊松方程。Coupled{Poisson Electron Hole}调用了泊松方程、电子连续性方程和空穴连续性方程。Quasistationary 定义了用户要求得到准静态解。InitialStep 定义了起始扫描电压步长。如果前一步电压偏置计算收敛,则下一步的扫描电压步长将乘以系数 Increment,但最大步长不会超过 MaxStep 定义的参数值;如果前一步电压偏置计算不收敛,则扫描电压的步长将会不断减小,但最小不能低于 MinStep 定义的参数值。Goal 参数则定义了电极的最终电压偏置值。高压 VDMOS 器件的关态雪崩击穿电压仿真值如图 1.15 所示。

2. VDMOS 器件漏极电学特性仿真

本例模拟了 VDMOS 器件的 V_d–I_d 特性。其中栅极偏置电压定义为 10 V,漏极偏置电压从 0 V 扫描到 10 V。

(1) 文件(File)

```
File {
      * input files:
      Grid = "500vdmos_final_fps.tdr"
      * output files:
      Plot = "IV_des.tdr"
      Current = "IV_des.plt"
      Output = "IV_des.log"
}
```

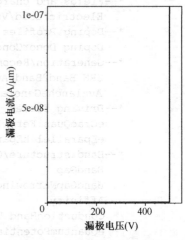

图 1.15 高压 VDMOS 器件的关态雪崩击穿电压仿真值(V_{gs}=0 V)

(2) 电极(Electrode)

```
Electrode {
      { Name = "Source"  Voltage = 0.0 }
      { Name = "Drain"   Voltage = 0.1 }
      { Name = "Gate"    Voltage = 0.0 Barrier = -0.55 }
}
```

(3) 物理模型(Physics)

```
Physics { AreaFactor = 3258200
          IncompleteIonization
          EffectiveIntrinsicDensity (BandGapNarrowing (OldSlotboom))
          Mobility ( DopingDependence
                     HighFieldSaturation
                     Enormal
                     Carriercarrierscattering )
          Recombination ( SRH (DopingDependence Tempdep)
                          Auger
                          Avalanche (Eparallel) )
}
```

其中,AreaFactor 参数定义了器件的宽长比,IncompleteIonization 定义了与不完全碰撞离化有关的载流子迁移率模型。

(4) 绘图(Plot)

```
Plot {
      eDensity hDensity
```

```
            eCurrent/vector hCurrent/vector
            Potential SpaceCharge ElectricField
            eMobility hMobility eVelocity hVelocity
            Doping DonorConcentration AcceptorConcentration
        }
```

(5) 计算（Math）

```
        Math {
            Extrapolate
            RelErrcontrol
            directcurrentcomput
        }
```

其中，directcurrentcomput 参数定义直接计算电极电流。

(6) 求解（Solve）

```
        Solve {
            #-initial solution:
            Poisson
            Coupled { Poisson Electron hole }
            #-ramp Gate: 给栅加步进电压
            Quasistationary (
            MaxStep = 0.1 MinStep = 1e-8
            Increment = 2 Decrement = 3
            Goal{ Name = "Gate" Voltage = 10 } )
            Coupled { Poisson Electron hole }
            #-ramp Drain: 给漏端加步进电压
            Quasistationary (
            MaxStep = 0.1 MinStep = 1e-8
            Increment = 2 Decrement = 3
            Goal { Name = "Drain" Voltage = 10 } )
            Coupled { Poisson Electron hole}
        }
```

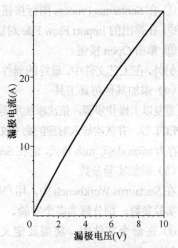

图 1.16 VDMOS 器件漏极电学特性曲线（V_{gs} = 10 V）

最终的漏极电学特性曲线如图 1.16 所示。

1.4 集成电路虚拟制造系统 Sentaurus Workbench 简介

1.4.1 Sentaurus Workbench（SWB）简介

Sentaurus Workbench 基于集成化架构模式来组织、实施 TCAD 仿真项目的设计和运行，为用户提供了图形化界面，是可完成系列化仿真的工具软件，以参数化形式实现 TCAD 项目的优化工程。Sentaurus Workbench 支持实验设计优化、参数提取、结果分析和参数优化等，实现了集成化的任务安排，从而最大限度地利用了可计算资源，加速了 TCAD 仿真项目的运行。

1.4.2 创建和运行仿真项目

下面将介绍如何在 Sentaurus Workbench 环境中建立和运行新的仿真项目。

（1）建立新的仿真项目

在菜单中选择 Project→New 或单击 □ 按钮。

（2）构造仿真流程

在如图 1.17 所示的 Family Tree 视图下，在 No Tools 处单击鼠标右键，然后在弹出的对话框中，单击 Tools 按钮，在 DB Tool 菜单中选择 sprocess 工具，如图 1.18 所示。若工艺命令文件是使用 LIGAMENT 编写的，则选择 Use Ligament 选项。若命令是由其他编辑环境生成的，则不需要选择该选项。在本例中，工艺命令文件是由 Sentaurus Process 生成的。

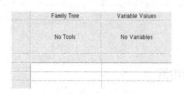

图 1.17　Family Tree 视图

图 1.18　Add Tool 对话框

（3）导入命令文件

① 在 Sentaurus Process 图标按钮处单击鼠标右键，选择 Import File→Commands；
② 在弹出的 Import Flow File 对话框中，找到需要的工艺命令文件；
③ 单击 Open 按钮。

另外，在工艺文件中，最终的器件结构信息文件应该保存为节点格式，即 struct smesh = n@node@。

（4）添加其他仿真工具

重复以上操作步骤，依次添加所需要的仿真工具，如 Sentaurus Structure Editor、Sentaurus Device 和 INSPECT 等，并依次导入对应的命令文件。需要注意的是，在 Sentaurus Structure Editor 中，最终的结构需要保存为 n@node@_msh 格式，而在 Sentaurus Device 中，该文件可以由以下语句导入，即 Grid = "@tdr@"。

（5）添加实验参数

在 Sentaurus Workbench 中，用户可以定义和添加实验参数。一个实验参数即代表一个实验，若有多个实验参数，则分解为多个实验。

① 在命令文件中，将需要定义的相应参数值改为 @ parameter name @ 格式。例如，dose = @bodydose@；
② 单击菜单栏 Parameter 菜单中的 Add 选项，打开添加实验参数对话框，如图 1.19 所示。然后在 Parameter 栏中输入实验参数名，在 Default Value 栏中输入相应的实验参数值；
③ 单击 OK 按钮；
④ 重复以上步骤，可以继续添加其他所需的实验参数。

添加实验参数后的 Sentaurus Workbench 视图如图 1.20 所示。

（6）保存设置

选择菜单栏中的 Project→Save。

（7）建立若干仿真实验

① 选择菜单栏中的 Experiments→Add New Experiment；
② 在弹出的对话框中输入相应的参数值，如图 1.21 所示。

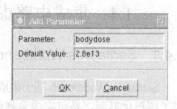

图 1.19　添加实验参数对话框

（8）清除之前的仿真数据文件

所有实验参数都定义完毕后，需要清除之前的仿真数据文件。选择菜单栏中的 Project→Clean Up，并单击需要清除的数据文件，如图 1.22 所示。

第1章 半导体工艺及器件仿真工具 Sentaurus TCAD

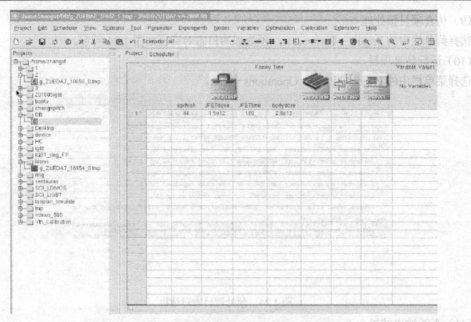

图 1.20　添加实验参数后的 Sentaurus Workbench 视图

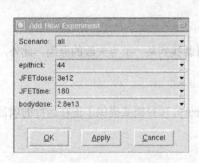

图 1.21　添加新实验对话框

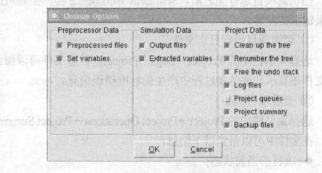

图 1.22　清除设置对话框

所有参数都设置完毕后,最终的 Sentaurus Workbench 视图如图 1.23 所示。

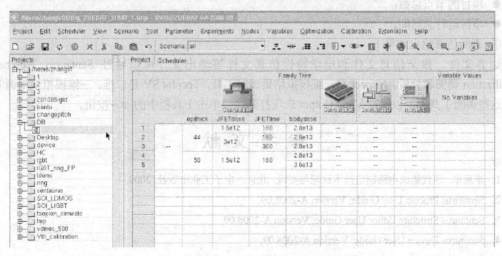

图 1.23　最终的 Sentaurus Workbench 视图

(9) 仿真项目预处理

选择菜单栏中的 Project→Preprocess，预处理的日志对话框如图 1.24 所示。

(10) 运行仿真项目

选择菜单栏中的 Project→Project Operations→Run。

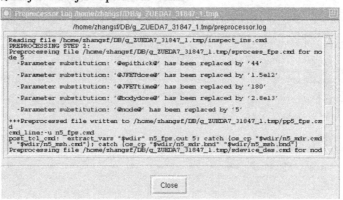

图 1.24　预处理日志对话框

(11) 查阅输出结果

当仿真项目运行完之后，Sentaurus Workbench 会产生相应的输出文件，包括运行日志文件和仿真结果输出文件等。

① 调阅项目运行日志文件

选择菜单栏中的 Project→Logs→Project，日志文件可以帮助找到某一节点失败的原因。此外，日志文件还显示其他仿真过程中产生的标准错误信息。

② 查看项目概要

选择菜单栏中的 Project→Project Operations→Project Summary。项目概要提供了正在运行的项目简述，在文件中可以得到以下信息：

- 项目的当前状态；
- 项目最近的修改时间；
- 修改项目的用户名；
- 项目的节点总数；
- 项目运行总时间。

③ 查阅仿真输出结果

边界文件、掺杂信息文件和电学特性仿真文件等输出文件可以通过 Sentaurus Workbench Visualization 调阅和分析。Inspect 是一维模拟结果调阅工具，Tecplot SV 是二维、三维模拟结果调阅工具。这些调阅工具都可以通过 View Output 选项打开，或单击工具栏中的 按钮。

参 考 文 献

1. 李惠军. 现代集成电路制造技术原理与实践. 北京：电子工业出版社, 2009.
2. Sentaurus Process User Guide; Version A-2008.09.
3. Sentaurus Structure Editor User Guide; Version A-2008.09.
4. Sentaurus Device User Guide; Version A-2008.09.
5. Sentaurus Workbench User Guide; Version A-2008.09.

第2章　工艺仿真工具 TSUPREM-4 及器件仿真工具 MEDICI

TSUPREM-4 是用于硅基集成电路和分立器件制造工艺仿真的计算机程序。TSUPREM-4 可以仿真杂质在垂直于硅晶圆表面器件中的注入和再分布。程序的输出信息包括结构中不同材料层的边界、每层中杂质的分布和由氧化、热循环、薄膜淀积产生的应力等。

TSUPREM-4 可处理的工艺步骤类型包括：
① 离子注入；
② 惰性环境中的杂质再分布；
③ 硅和多晶硅氧化物及硅化物生成；
④ 外延生长；
⑤ 不同材料的低温淀积和刻蚀。

仿真结构：TSUPREM-4 仿真结构包括很多区域，每个区域由一种或几种材料组成，每种材料可以用多种杂质掺杂。TSUPREM-4 中提供的材料有单晶硅、多晶硅、二氧化硅、氮化硅、氮氧化硅、钛、硅化钛、钨、硅化钨、光刻胶、铝，以及用户自定义的材料。可用的杂质类型包括硼、磷、砷、锑和用户自定义的杂质。

其他特点：TSUPREM-4 还可仿真硅层中的点缺陷（间隙原子或空位）及它们对杂质扩散的影响；氧化物质在二氧化硅层中再分布的仿真可用于计算氧化速率等。

2.1　工艺仿真工具 TSUPREM-4 的模型介绍

TSUPREM-4 为工艺流程提供了各种模型，设计者可以根据实际工艺需要而采用不同的模型进行仿真。TSUPREM-4 提供的模型包括杂质扩散模型、离子注入模型、氧化模型、刻蚀模型以及其他工艺模型。下面就介绍其中的主要几种。

2.1.1　扩散模型

扩散模型是工艺仿真中最基本的模型。TSUPREM-4 采用二维扩散模型，较早期 IC 工艺模拟软件中的扩散模型有很大改进。扩散语句可以对温度、环境气体、扩散时间和气压等参数分别定义，它更深入和全面地考虑了点缺陷（空位和间隙）、氧化剂、气压以及杂质之间的互相作用力对扩散的影响。

由于受扩散系数、杂质电场、点缺陷和载流子密度的影响，扩散表达式是非线性的。在计算扩散时，将扩散时间分割成一系列很短的时间 Δt 之和，然后分别对 Δt 时间进行求解。时间 Δt 必须满足

$$\sqrt{\frac{1}{n}\sum_{i=1}^{n}\left(\sum_{j=1}^{m}\left|\frac{\Delta C_{ij}}{\text{REL.ERR}_j \cdot C_{ij} + \text{ABS.ERR}_j}\right|\right)^2} \leq 1 \quad (2.1)$$

式中，n 为结构中的节点数；m 为每节点中的扩散物（杂质或点缺陷）数；C_{ij} 为节点 (i,j) 的浓度；ΔC_{ij} 为 C_{ij} 的估计误差；REL.ERR 和 ABS.ERR 为每一个扩散物的相对误差和绝对误差。由此得出最终扩散分布。

为了更精确地模拟扩散分布,在扩散过程中还采用一系列模型,如扩散率模型、点缺陷模型、点缺陷的注入和再复合模型及空隙聚集模型等。

2.1.2 离子注入模型

TSUPREM-4 的杂质离子注入模型有两种,一种是解析离子注入模型,另一种是蒙特卡罗离子注入模型。

解析离子注入模型利用离子注入数据文件中的分布矩的 Gaussian 或 Pearson 函数来模拟杂质和缺陷分布。该模型首先计算二维结构的每个垂直线上的注入杂质离子的一维分布,其表达式为

$$I(u) = DOSE \times f(u) \tag{2.2}$$

式中,$u = 0$ 代表最上层材料的表面处;$f(u)$ 为归一化的 Gaussian 或 Pearson 函数分布。当确定 $f(u)$ 分布函数之后,相应的 4 个矩也被定义为

$$R_p = \int_{-\infty}^{+\infty} u f(u) du \tag{2.3}$$

$$\sigma = \sqrt{\int_{-\infty}^{+\infty} (u-R_p)^2 f(u) du} \tag{2.4}$$

$$\gamma = \frac{\int_{-\infty}^{+\infty} (u-R_p)^3 f(u) du}{\sigma^3} \tag{2.5}$$

$$\beta = \frac{\int_{-\infty}^{+\infty} (u-R_p)^4 f(u) du}{\sigma^4} \tag{2.6}$$

这样,Gaussian 分布情况下的 $f(u)$ 只与 R_p、σ 矩有关,即

$$f(u) = \frac{1}{\sqrt{2\pi}\sigma} \exp\left[\frac{-(u-R_p)^2}{2\sigma^2}\right] \tag{2.7}$$

而 Pearson 分布情况下的 $f(v)$ 就要复杂得多,它与 R_p、σ、γ、β 都有关,即

$$\frac{df(v)}{dv} = \frac{(v-a)f(v)}{b_0 + av + b_2 v^2} \tag{2.8}$$

式中,$v = u - R_p$;$a = \frac{-\sigma\gamma(\beta+3)}{A}$;$b_0 = \frac{-\sigma^2(4\beta-3\gamma^2)}{A}$;$b_2 = \frac{-2\beta+3\gamma^2+6}{A}$;$A = 10\beta - 12\gamma^2 - 18$。

接着利用 Gaussian 分布将一维杂质分布扩展到二维分布,其表达式为

$$I(u,v) = I(u) \times \frac{1}{\sqrt{2\pi}\sigma_x} \exp\left(-\frac{v^2}{2\sigma_x^2}\right) \tag{2.9}$$

式中,v 为离垂直线的距离;σ_x 为横向标准偏差(它可以从离子注入数据文件中找到)。然后将所有的 $I(u,v)$ 累加就可以得到完整的二维分布。

在实际过程中,为了精确离子注入分布,解析离子注入模型还包含同注入剂量有关的注入分布模型、双 Pearson 分布模型、晶圆片的倾角和转角对注入分布的影响模型、多次注入的有效射程模型和剂量匹配模型、与纵深相关的横向分布模型、BF_2 注入模型以及解析注入损伤模型。

蒙特卡罗离子注入模型是 TSUPREM-4 处理离子注入的另一个复杂模型，它包含计算晶体硅的模型以及针对硅和材料的无定形模型。该模型能模拟注入时晶体硅向无定形硅的转变。该模型还包括反射离子对注入分布的影响、注入时所产生的损伤（空位和间隙类）和硅衬底的损伤自退火等。

蒙特卡罗离子注入模型可以仿真一系列的依赖关系，而这却是经验模型所缺乏的。它能检测倾角和转角、剂量、注入温度以及低能量注入等因素对最终离子注入分布的影响。它是 TSUPREM-4 中唯一可以模拟反射离子对注入分布影响的模型。

2.1.3 氧化模型

氧化一般发生在暴露的硅或多晶硅区域表面。在 TSUPREM-4 中，氧化一共采用 5 种氧化模型，这些模型都是基于一维 Deal 和 Grove 理论发展而来的，存在的主要区别是它们将一维 Deal 和 Grove 理论发展到了二维空间。

氧化剂（O_2、H_2O）进入氧化层的流量 F 表达式一般为

$$F = h(C^* - C_0)n_s \tag{2.10}$$

式中，h 为气相质量传递系数；C_0 为氧化层表面氧化剂浓度；$C^* = HP_{ox}$，其中 H 为氧化层中氧化剂的 Herry 定律系数；P_{ox} 为氧化剂的分压；n_s 为垂直于氧化层表面、指向氧化层的单位矢量。

氧化剂流量还可以表示为

$$F = D\nabla C \tag{2.11}$$

式中，D 为氧化剂在氧化层中的扩散率；C 为氧化剂的浓度；∇ 为梯度运算符。

从在氧化界面氧化剂的消耗方向考虑，F 为界面氧化剂的消耗速率，即

$$F = k_s C n_i \tag{2.12}$$

式中，k_s 为表面反应速率；C 为界面氧化剂的浓度；n_i 为垂直于氧化层表面、远离氧化层的单位矢量。

在稳态时，流量的散度为零，即

$$\nabla \cdot F = 0 \tag{2.13}$$

可得氧化层的生长速度

$$\frac{dY}{dt} = \frac{F}{N_1} + \gamma_{thin} \tag{2.14}$$

式中，dY/dt 为相对于氧化层的界面速度；N_1 为形成单位立方厘米氧化层所需的氧化剂分子数；γ_{thin} 为氧化初始时的生长速率，γ_{thin} 的计算可以用解析模型也可以用数值模型。

在固定的一个方向上，式（2.14）可以表示为

$$\frac{dY}{dt} = \frac{B}{A + 2Y} \tag{2.15}$$

这里，Y 是氧化层厚度，$A = 2D\left(\dfrac{1}{k_s} + \dfrac{1}{h}\right)$，$B = \dfrac{2DC^*}{N_1}$。

解析氧化模型基于式（2.15），数值氧化模型基于式（2.10）～式（2.14）。下面简单介绍这两种氧化模型。

在 TSUPREM-4 中，解析氧化模型有 ERFC 和 ERFG 两种。在这两种解析氧化模型中，ERFC 模型适用于精确的一维模拟，支持平面或近似平面结构的局部氧化。它是最快的氧化模型，但运行速度

优势意义并不大。由于它不适用于多晶硅的氧化，ERFC 模型使用并不多。ERFG 模型是适用于氮化物光刻的复杂解析氧化模型，它包含 ERF1 和 ERF2 两个模型。ERFG 模型能提供一个平面结构的快速解析氧化模拟，但是它的精度还没有一个确定的结论。ERFG 模型具有 ERFC 模型的所有限制和缺点。在使用之前，它需要在初始结构上添加很多约束条件和参数，因而也很少运用于实际中。

在 TSUPREM-4 中，有 VERTICAL、COMPRESS、VISCOUS 和 VISCOELA 共 4 种数值氧化模型。这些模型可以精确地模拟任意结构的氧化过程。通过解方程可以得到氧化层/硅界面任意点的生长速度。数值氧化模型的不同主要在于计算氧化剂流动方程的方法不一样。

在这 4 种数值氧化模型中，VERTICAL 模型是最简单且运行速度最快的数值氧化模型，它适用于具有任意初始氧化层厚度的均匀氧化以及初始结构接近平面的局部氧化，不适用于全隐蔽、沟槽和其他非平面结构，也不适用于多晶硅氧化。

COMPRESS 模型能仿真氧化时的粘滞流动，用线性有限元（3 节点）计算二维氧化的粘滞流动，适用于平面结构、小量氧化层生长且对氧化层形状细节不很关心的情况下，不能用于计算应力的精确值以及应力对氧化的影响。它比 VERTICAL 模型要慢，而且需要大容量的存储器。

VISCOUS 模型能模拟氧化时的粘滞流动，采用 7 节点有限元计算，其中应力值也可计算。相比 VISCOELA 模型，VISCOUS 模型比较陈旧。当粘滞度远远小于 Young 模数时，VISCOUS 模型比 VISCOELA 模型精确，而且当计算应力时，运行速度将会大大减慢。

VISCOELA 模型模拟氧化时的粘滞弹性流动是采用 3 节点有限元计算的。它适用于仿真氧化层形状细节很重要且应力值必须考虑的情况。它的速度比 COMPRESS 模型慢，在不考虑应力的情况下，VISCOELA 模型并没有更高的精度。它比 VISCOUS 模型要快，特别是在考虑应力的情况下，适合于在很短仿真时间内得到近似的氧化形状。当采用全面应力历史建模（ST.HISTO）时，VISCOELA 模型是必须的。当 ST.HISTO 应用于 VISCOELA 模型时，该氧化模型包括本征的和热失调的应力考虑，还包括惰性情况下退火时结构中的应力驰豫模型。

2.1.4 刻蚀模型

TSUPREM-4 采用的刻蚀模型是 Trapezoidal 模型，可以对 7 种材料进行刻蚀：硅、二氧化硅、氮氧化物、氮化硅、多晶硅、金属和光刻胶。

Trapezoidal 模型为实际的刻蚀过程提供了一种简单且灵活的近似。刻蚀的位置可以通过掩膜版来定义。Trapezoidal 模型通过 THICKNESS、ANGLE 和 UNDERCUT 3 个参数来确定被刻蚀区域的形状。THICKNESS 定义了刻蚀的厚度，ANGLE 定义了形成的侧墙角度，UNDERCUT 定义了在掩膜版下的横向过刻蚀。

TSUPREM-4 可以通过调用 Taurus-Topography 命令，使用具体的物理模型来仿真湿法刻蚀、干法刻蚀、离子刻蚀和化学机械抛光等工艺流程。Taurus-Topography 是通过 ETCH 语句中的 TOPOGRAP 参数确定的。

2.2 TSUPREM-4 基本命令介绍

2.2.1 符号及变量说明

（1）{}、()、[ ]用于变量分组：{}中的变量是一组，{}中的变量可以用 () 进一步分组，() 中的变量还可以通过[ ]再进行分组。

（2）用"|"符号隔开的参量表示一定要在这些参量中选择一个。

(3) 用 "/" 符号隔开的参量表示这些参量是同一个语句中的关键字。

(4) 变量类型有 3 种: 数字变量、字符变量和逻辑变量。<n>表示数字变量的取值, <c>表示字符变量的取值, 后面不跟<>的是逻辑变量。

一般情况下, 未定义的逻辑变量默认取值为假, 定义过的逻辑变量取值为真, 如 STRUCTURE REFLECT …表示将 STRUCTURE 语句中的逻辑变量 REFLECT 设为真, 而如果在 STRUCTURE 语句中没有出现 REFLECT 参量, 就默认其值为假。

但是在 TSUPREM-4 中有些特定的逻辑变量无论是否显式定义, 均被默认为真 (这些变量会在本章的语句说明中以下画线的方式一一给予标明), 这时如果要将其改为假的话, 就要在变量前面加 "^" 或 "!" 或 "#" 符号。如 MESH 语句中的 FAST 参量默认值为真 (即 MESH 语句中即使未出现 FAST 参量, 程序也默认 FAST 值为真), 这时如果要将 FAST 值改为假的话, 就要做如下定义: MESH ^FAST …

(5) 在不与其他参量混淆的前提下, 参量可以缩写, 如 X.VALUE 可以缩写为 X.VAL 甚至 X.V。

(6) 默认长度单位为 μm, 时间单位为 min。

2.2.2 命令类型

TSUPREM-4 的命令包括 5 种类型。

(1) 文件与控制命令: COMMENT、SOURCE、RETURN、INTERACTIVE、PAUSE、STOP、FOREACH/END、LOOP/L.END、L.MODIFY、IF/ELSEIF/ELSE/IF.END、ASSIGN、INTERMEDIATE、ECHO、OPTION、DEFINE、UNDEFINE、CPULOG、HELP。

(2) 定义器件结构的命令: MESH、LINE、ELIMINATE、BOUNDARY、REGION、INITIALIZE、LOADFILE、SAVEFILE、STRUCTURE、MASK、PROFILE、ELECTRODE。

(3) 工艺步骤命令 (TSUPREM-4 的核心): DEPOSITION、EXPOSE、DEVELOP、ETCH、IMPLANT、DIFFUSION、EPITAXY、STRESS。

(4) 输出命令: SELECT、PRINT.1D、PLOT.1D、PLOT.2D、CONTOUR、COLOR、PLOT.3D、LABEL、EXTRACT、ELECTRICAL、VIEWPORT。

(5) 模型与系数控制命令: METHOD、EQUATION、AMBIENT、MOMENT、MATERIAL、IMPURITY、REACTION、MOBILITY、INTERSTITIAL、VACANCY、ANTIMONY、ARSENIC、BORON、PHOSPHORUS。

2.2.3 常用命令的基本格式与用法

1. COMMENT

用途: 用于注释。

格式:

  COMMENT<…> 或 $<…>

说明: 如果注释有多行, 要在每行末加 "+"。为简便起见, 常用第二种格式。

【例1】

  COMMENT this is a short comment
  或 $ this is a short comment

2. SOURCE

用途: 将常用的语句模块单独写成一个文件, 用 SOURCE 调用。

格式：

```
SOURCE <filename>
```

【例2】 画图语句是使用率较高的一个语句模块，所以可以将其单独写成一个文件，取名为DOPLOT，然后用语句SOURCE DOPLOT进行调用。

3. FOREACH/END

用途：用于循环赋值，以FOREACH开头，以END结尾。

格式：

```
FOREACH <name><(list)><…> END
```

说明：<name>是变量名，<(list)>可采用列表形式，也可以用（<start>TO<end> STEP <increment>）的格式定义初始值、终值和步长。

【例3】

```
FOREACH STRING (antimony,arsenic,boron,phosphorus)
ECHO STRING
END
```

ECHO语句是打印语句，该语句执行结果为打印出antimony arsenic boron phosphorus。

【例4】

```
FOREACH VAL (1.0 TO 2.0 STEP 0.5)
ECHO VAL
END
```

该语句打印出 1.0 1.5 2.0

4. ECHO

用途：打印字符串或一个表达式的输出结果。

格式：

```
ECHO <string>
```

说明：<string>是需要打印的字符串或一个表达式。

【例5】

```
ECHO The width is 0.2-0.5
```

输出结果为：The width is 0.2-0.5

【例6】

```
ECHO (2*3*4)
```

输出结果为：24

5. DEFINE

用途：DEFINE命令定义一些字符串用来代替输入命令。

格式：

```
DEFINE <name> <body>
```

说明：DEFINE语句有传递性，如果要阻断这种传递性，要在句子前加"%"。

定义字符串时要注意所定义的字符串不能与系统默认的一些关键字相混淆，如不能定义TIME之类的字符串。

【例7】

```
DEFINE LIMITS X.MIN = 0.0 X.MAX = 5.0 Y.MIN = 0.0 Y.MAX = 20.0
PLOT.2D LIMITS
```

这个语句和下面一句语句是等效的：

```
PLOT.2D X.MIN = 0.0 X.MAX = 5.0 Y.MIN = 0.0 Y.MAX = 20.0
```

【例8】

```
DEFINE A B
DEFINE C A
```

这个语句中C、A都指代B。

6. UNDEFINE

用途：该语句用于解除之前定义过的字符串的指代作用。

格式：

```
%UNDEFINE <name>
```

说明：UNDEFINE之前一定要加"%"，以阻断传递性。

【例9】

```
DEFINE A B
...
%UNDEFINE A
```

7. MESH

用途：用于定义网格间距比例参数以及自动生成网格时的一些默认值。

格式：

```
MESH [GRID.FAC = <n>]
    [DX.MAX = <n>] [DX.MIN = <n>] [DX.RATIO = <n>]
    [LY.SURF = <n>] [DY.SURF = <n>] [LY.ACTIV = <n>] [DY.ACTIV = <n>]
    [LY.BOT = <n>] [DY.BOT = <n>] [DY.RATIO = <n>]
    [FAST]
```

说明：GRID.FAC用于定义网格间距的比例参数，值越小，网格就越密。逻辑变量FAST参数为真时，则在刻蚀步骤以前都采用一维仿真。其余参数一般用于s4init文件中定义自动生成网格时的一些参数默认值。例如，LY.SURF表示使用默认网格所达到的表面深度（从 $y = 0$ 算起），DY.ACTIV表示有源区垂直方向网格间距的默认值。FAST表示FAST无论显式定义与否，其默认值均为真（下同）。

【例10】

```
MESH GRID.FAC = 0.5
```

8. LINE

用途：用于手动添加网格线。

格式：

```
LINE {X | Y} LOCATION = <n> [SPACING = <n>] [TAG = <c>]
```

说明：{X|Y}用于选择添加的网格线是水平的还是垂直的，LOCATION = <n>用于定义网格线放置的位置，[SPACING = <n>]定义该位置的网格线间距，[TAG = <c>]为该网格线取名。

【例 11】

    LINE Y LOCATION = 3 SPACING = 0.5

9. BOUNDARY

用途：用于定义结构边缘的边界条件。

格式：

    BOUNDARY {REFLECTI | EXPOSED} XLO = <c> XHI = <c> YLO = <c> YHI = <c>

说明：{REFLECTI | EXPOSED}选择边界类型，顶部的边界类型一般是 EXPOSED，左、右、底部边界类型一般是 REFLECTI，XLO = <c> XHI = <c> YLO = <c> YHI = <c>分别定义了左、右、上、下边界位置。要注意的是，这 4 个变量必须定义出整个完整的结构，而不能是部分区域。

【例 12】

    BOUNDARY EXPOSED XLO = left XHI = right YLO = surf YHI = surf

定义了一条水平线段。这里的 left、right、surf 必须在之前的 LINE 语句中定义过。

10. REGION

用途：用于定义网格区域的材料类型，默认情况下的类型是硅。

格式：

    REGION { MATERIAL = <c> | SILICON | OXIDE | OXYNITRI | NITRIDE | POLYSILI
    | PHOTORES | ALUMINUM} XLO = <c> XHI = <c> YLO = <c> YHI = <c>

说明：{ MATERIAL = <c>| SILICON | OXIDE | OXYNITRI | NITRIDE | POLYSILI| PHOTORES | ALUMINUM}用于定义材料类型，XLO = <c> XHI = <c> YLO = <c> YHI = <c>定义区域边界。该语句应在 LINE 语句之后，在 INITIALIZE 语句之前。

【例 13】

    REGION SILICON XLO = left XHI = right YLO = surf YHI = back

11. INITIALIZE

用途：建立初始结构。

格式：

    INITIALIZE { (IN.FILE = <c> { ([SCALE = <n>] [FLIP.Y]) | TIF })
    | ([WIDTH = <n> [DX = <n>]] [{<111> | <110> | <100> | ORIENTAT = <n>}]
    [{ROT.SUB = <n> | X.ORIENT = <n>}] [RATIO = <n>] [LINE.DAT])}
    [IMPURITY = <c> { I.CONC = <n> | I.RESIST = <n> }]
    [MATERIAL = <c>] [ANTIMONY = <n>] [ARSENIC = <n>] [BORON = <n>] [PHOSPHOR = <n>]
    [{CONCENTR | RESISTIV}]

说明：建立初始结构可以通过 IN.FILE = <c>读入保存过的一个结构，也可以重新进行定义。[SCALE = <n>]将读入的结构乘以一个比例系数，[FLIP.Y]将读入的结构根据 $y = 0$ 镜像对称，TIF 表示读入的文件是一个 TIF 格式文件。如果重新定义结构，WIDTH = <n>定义结构宽度，DX 定义网格间距，{<111> | <110> | <100> | ORIENTAT = <n>}定义衬底硅的晶向，ROT.SUB = <n>表示衬底与 y 轴的夹角，X.ORIENT = <n>表示 x 轴的晶向，RATIO = <n>表示相邻网格间距的最大比率，LINE.DAT 表示要将 LINE 语句中定义过的网格线列于输出文件中。IMPURITY = <c>、I.CONC = <n>、I.RESIST =

<n>分别表示初始结构掺杂类型、浓度和电阻率。[MATERIAL = <c>] [ANTIMONY = <n>] [ARSENIC = <n>] [BORON = <n>] [PHOSPHOR = <n>][{CONCENTR | RESISTIV}]分别定义初始结构的材料、各杂质浓度和电阻率。

【例 14】

```
INITIALIZE IN.FILE = oldstr
```

【例 15】

```
INIT <111> X.ORIENT = 211 BORON = 1e15
```

【例 16】

```
INIT IMPURITY = arsenic I.RESIST = 20
```

12. LOADFILE

用途：从一个保存的文件中读出网格及结果信息。

格式：

```
LOADFILE  IN.FILE = <c>  { ( [SCALE = <n>] [FLIP.Y] ) | TIF }
```

说明：各参量含义与 INITIALIZE 中相应参量含义相同（以后如未特殊说明，相同参量含义一样）。

【例 17】

```
LOADFILE IN.FILE = savestr
```

13. SAVEFILE

用途：将网格与结果信息保存到一个文件中。

格式：

```
SAVEFILE OUT.FILE = <c> [TEMPERAT = <n>]
{ ( [SCALE = <n>]  [FLIP.Y] [ACTIVE] )
|(TIF[TIF.VERS=<c>])|(MEDICI[POLY.ELE][ELEC.BOT]])|(MINIMOS5 X.MASK.S=<n>
{ HALF.DEV | ( FULL.DEV X.MASK.D = <n> [X.CHANNE = <n> ] ) }
[X.MIN = <n>]  [X.MAX = <n>]  [Y.MIN = <n>]  [Y.MAX = <n>]
[DX.MIN = <n>]  [DY.MIN = <n>])
}
```

说明：文件的保存格式要从 TIF、MEDICI、MINIMOS5 和 WAVE 这 4 种格式中选一种。TEMPERAT = <n>定义有源区杂质浓度的温度；TIF.VERS = <c>定义保存为哪一个版本的 TIF 文件，默认情况下保存为 1.2.0 版本；MEDICI 表示结果保存为能被 MEDICI 识别的文件，定义 POLY.ELE 参量则在 MEDICI 输出文件中将多晶硅区域转化成电极，定义 ELEC.BOT 参量则会在结构底部引出电极；MINIMOS5 在保存文件中定义一个能被 MINIMOS5 识别的二维剖面掺杂情况语段，X.MASK.S = <n>、X.MASK.D 分别定义 MINIMOS5 仿真的源、漏区 x 方向的掩膜边界，MINIMOS5 将这个边界坐标作为栅电极的左、右边界，HALF.DEV 表示 MINIMOS5 仿真只仿真源区，FULL.DEV 表示源、漏区都仿真，如果选择 MINIMOS5 保存类型，则一定要定义 HALF.DEV 和 FULL.DEV 其中的一个，X.CHANNE = <n> 定义了 MINIMOS5 仿真沟道中心位置 x 方向坐标，X.MIN = <n>、X.MAX = <n>、Y.MIN = <n>、Y.MAX = <n>分别表示 MINIMOS5 仿真区域的边界，DX.MIN = <n>、DY.MIN = <n>在定义输出文件的剖面掺杂情况时指定 x、y 方向的最小间隔。

【例 18】

```
SAVEFILE OUT.FILE = PIOUTSTR MEDICI
```

14. STRUCTURE

用途：用于镜像对称、裁剪或延展当前结构。
格式：
```
STRUCTURE [TRUNCATE{({RIGHT| LEFT} X = <n> )|( {BOTTOM | TOP} Y = <n> )}]
          [ REFLECT [ {RIGHT | LEFT} ] ]
          [ EXTEND [ {RIGHT | LEFT} ] WIDTH = <n>]
          [SPACES = <n>] [DX = <n>] [XDX = <n>] [Y.ELIM = <c>] ]
          [ UNREFINE [REPEAT = <n>] [ROWS] [COLUMNS] ]
          [X.MIN = <n>] [X.MAX = <n>] [Y.MIN = <n>] [Y.MAX = <n>] ]
          [TEMPERAT = <n>]
```

说明：TRUNCATE、REFLECT 和 EXTEND 分别表示裁剪、镜像对称和延展。TRUNCATE {({RIGHT | LEFT} X = <n>) | ({BOTTOM | TOP} Y = <n>)}定义裁剪区域；REFLECT [{RIGHT | LEFT}]中 RIGHT 表示由已知的左半结构对称出右半结构，LEFT 表示由已知的右半结构对称出左半结构；EXTEND [{RIGHT | LEFT}] WIDTH = <n> [SPACES = <n>] [DX = <n>] [XDX = <n>] [Y.ELIM = <c>]中 WIDTH = <n>定义延展宽度，[SPACES = <n>]定义延展区域 x 方向网格数目，DX = <n>定义名义上的网格间距，默认值是 WIDTH/SPACES，XDX 定义延展区域中网格间距等于 DX 的 x 方向坐标，通过 Y.ELIM = <c>可以定义 10 个或 10 个以下的 y 方向坐标（中间以空格或逗号隔开），在这些位置以下的延展区域的竖直网格线全部清除。UNREFINE 用于还原网格，REPEAT = <n>定义 UNREFINE 次数，ROWS、COLUMNS 定义还原过程中未掺杂衬底可以移除水平与竖直网格线，[X.MIN = <n>] [X.MAX = <n>] [Y.MIN = <n>] [Y.MAX = <n>]定义还原区域。

【例 19】
```
STRUCTURE TRUNCATE RIGHT X = 1.2 REFLECT
```
这个例子表示将结构从 $x = 1.2$ 到右边缘的区域裁减掉，然后根据镜像对称（以 $x = 1.2$ 为轴）得到新的右半部分结构。

15. MASK

用途：读取数据掩膜文件（后缀名为.TL1）的信息。
格式：
```
MASK [IN.FILE = <c>[SCALE = <n>][GRID = <c>][G.EXTENT = <c>]] [PRINT]
```

说明：GRID = <c>表示自动生成网格时，水平网格需要优化的层的名字，多个层的名字以空格或逗号隔开，默认情况下应用到所有层。G.EXTENT = <c>定义优化网格应用到各层及自各层底部向下延展 G.EXTENT 距离的地方，如果 G.EXTENT = <c>只定义一个值，该值将作用于 GRID = <c>定义的所有层；如果定义多个值，则与 GRID = <c>定义的各层一一对应，PRINT 在输出文件中打印出数据掩膜文件（.TL1）的信息。

【例 20】
```
MASK IN.FILE = S4EX4M.TL1 GRID = "Poly,Field"   G.EXTENT = "0.5,0.3"
```
这个例子表示对 Poly 层及 Poly 层以下 0.5 μm 内、Field 层及 Field 层以下 0.3 μm 内的水平网格进行优化。

16. PROFILE

用途：从后缀名为.dat 的文件中读取一维剖面杂质分布信息。
格式：

```
PROFILE { IMPURITY = <c> | ANTIMONY | ARSENIC | BORON | PHOSPHOR }IN.FILE =
          <c>  OFFSET = <n> [REPLACE]
```

说明：OFFSET = <n>定义了杂质分布情况在 y 方向上的偏移，如从文件中读取的 $y = 0$ 位置的杂质分布信息要加到 $y =$ OFFSET 的位置。REPLACE 用读取的杂质分布信息替换原有的剖面杂质分布。

【例 21】
```
PROFILE BORON IN.FILE = bprof.dat OFFSET = -0.1
```

17. ELECTRODE

用途：给器件加电极。
格式：

```
ELECTRODE[NAME = <c>][{(X = <n>[Y = <n>])|BOTTOM}][CLEAR[ALL]][MERGE][PRINT]
```

说明：NAME = <c>定义要加上或删除的电极的名字，X = <n>、Y = <n>定义所加电极的位置，BOTTOM 表示电极从器件底部引出，CLEAR 表示删除电极，ALL 表示删除所有电极，MERGE 将与电极邻近的多晶硅融合为电极，PRINT 打印出所加电极的具体情况。MERGE、PRINT 默认值为真。

【例 22】
```
ELECTRODE X = 0.1 NAME = Source
ELECTRODE X = 1.2 NAME = Gate
ELECTRODE X = 2.3 NAME = Drain
ELECTRODE BOTTOM NAME = Bulk
SAVEFILE OUT.FILE = mos.mdc MEDICI POLY.ELE ELEC.BOT
```

【例 23】
```
ELECTRODE X = 0.1 NAME = Wrong
...
ELECTRODE NAME = Wrong CLEAR
```

18. DEPOSITION

用途：执行淀积工艺步骤。
格式：

```
DEPOSITION{ MATERIAL = <c> | SILICON | OXIDE | OXYNITRI | NITRIDE
| POLYSILI| ALUMINUM | ( PHOTORES [ { POSITIVE | NEGATIVE } ] ) }
[ IMPURITY = <c> { I.CONC = <n> | I.RESIST = <n> } ]
[ANTIMONY = <n>] [ARSENIC = <n>] [BORON = <n>] [PHOSPHOR = <n>]
[ {CONCENTR | RESISTIV} ]
THICKNESS = <n> [SPACES = <n>] [DY = <n>] [YDY = <n>] [ARC.SPAC = <n>]
[TEMPERAT = <n>]
TOPOGRAP = <c>
```

说明：{ MATERIAL = <c> | SILICON | OXIDE | OXYNITRI | NITRIDE| POLYSILI | ALUMINUM| (PHOTORES [{ POSITIVE | NEGATIVE }])}定义淀积材料，IMPURITY = <c> { I.CONC = <n> | I.RESIST = <n> }、ANTIMONY = <n>、ARSENIC = <n>、BORON = <n>、PHOSPHOR = <n>、

{CONCENTR | RESISTIV}定义淀积层掺杂类型、浓度和电阻率。THICKNESS = <n>定义淀积层厚度，SPACES = <n>定义淀积层中垂直方向网格数目，DY 是淀积层在 y 坐标为 YDY 处竖直方向的网格间距，默认值为 GRID.FAC×THICKNESSS/SPACES，YDY = <n>是竖直方向上网格间距为 DY 的 y 方向坐标，ARC.SPAC = <n>定义表面最大网格间距，TEMPERAT = <n>是淀积温度，默认值为 0 K。TOPOGRAP = <c>表示从文件名为<c>的文件中调用淀积步骤。

【例 24】
```
DEPOSIT MAT = POLY THICK = 0.1 TEMPERAT = 650 GSZ.LIN TOPOGRAPHY = PolyDep.inp
```

19. EXPOSE

用途：让抗蚀剂用掩膜版曝光。

格式：
```
EXPOSE MASK = <c>[SHRINK = <n>][OFFSET = <n>]
```

说明：MASK = <c>定义掩膜版名称，SHRINK = <n>定义掩膜版上线条的两边各减小 SHRINK 所定义的值，OFFSET = <n>定义掩膜版上的线条在 x 正方向的偏移量。

20. DEVELOP

用途：去除曝光后的正胶或未曝光的负胶。

格式：
```
DEVELOP
```

【例 25】
```
MASK IN.FILE = CMOS3.TL1
    ...
DEPOSIT POLY THICKNESS = 0.2
DEPOSIT POSITIVE PHOTORES THICKNESS = 1
EXPOSE MASK = POLY SHRINK = 0.05
DEVELOP
```

21. ETCH

用途：执行工艺刻蚀步骤。

格式：
```
ETCH [ { MATERIAL = <c> | SILICON | OXIDE | OXYNITRI | NITRIDE
       | POLYSILI | PHOTORES | ALUMINUM }]
     { ( TRAPEZOI [THICKNESS = <n>] [ANGLE = <n>] [UNDERCUT = <n>] )
     | ( {LEFT | RIGHT} [P1.X = <n>] [P1.Y = <n>] [P2.X = <n>] [P2.Y = <n>] )
     |({START |CONTINUE |DONE} X = <n> Y = <n>)
     | ISOTROPI| ( OLD.DRY THICKNESS = <n> )
     | ALL | TOPOGRAP = <c>}
```

说明：TRAPEZOI、ISOTROPI、OLD.DRY 和 ALL 是刻蚀模型，TRAPEZOI 是默认的模型，OLD.DRY 模型已被 TRAPEZOI 所取代，ISOTROPI 是各向同性刻蚀，刻掉 THICKNESS 范围内任意方向的材料（侧墙上的氧化层也可以刻掉），ALL 模型会刻蚀掉所有水平方向上所定义的材料（不能刻掉侧墙）。TRAPEZOI [THICKNESS = <n>] [ANGLE = <n>] [UNDERCUT = <n>]中 THICKNESS 定义刻蚀深度，UNDERCUT = <n>定义刻蚀水平宽度，ANGLE（tg）= THICKNESS/UNDERCUT。{LEFT

| RIGHT} 选择刻蚀掉的是左边的区域还是右边的区域。[P1.X = <n>] [P1.Y = <n>] [P2.X = <n>] [P2.Y = <n>] 定义刻蚀位置的起点与终点，{START | CONTINUE | DONE} X = <n> Y = <n> 自定义刻蚀区域，START X = <n> Y = <n> 定义刻蚀起点，CONTINUE X = <n> Y = <n> 定义刻蚀的下一点，DONE X = <n> Y = <n> 定义刻蚀终点。TOPOGRAP = <c> 表示从文件名为 <c> 的文件中调用刻蚀步骤。

【例26】

```
ETCH NITRIDE LEFT P1.X = 0.5 P2.Y = -1.0
```

该语句表示将氮化物层 $x = 0.5$ 位置以左，深度到 0.1 位置的区域全部刻蚀掉。

【例27】

```
ETCH OXIDE START X = 0.0 Y = 0.0
ETCH CONTINUE X = 1.0 Y = 0.0
ETCH CONTINUE X = 1.0 Y = 1.0
ETCH DONE X = 0.0 Y = 1.0
```

【例28】

```
DEPOSITION OXIDE THICKNESS = 0.021
...
ETCH THICKNESS = 0.021 ISOTROPI
```

该语句能解决随工艺步骤的增多侧墙越积越厚的问题。

22. IMPLANT

用途：离子注入。

格式：

```
IMPLANT DOSE = <n> ENERGY = <n> [TILT = <n>] [ROTATION = <n>]
{IMPURITY = <c> | ANTIMONY | ARSENIC | BORON | BF2 | PHOSPHOR}
{ ( [ {GAUSSIAN | PEARSON} ] [RP.EFF] [IN.FILE = <c>]
[IMPL.TAB = <c>] [MOMENTS] [BACKSCAT] [OXTH.FAC])
| ( TAUR.MOD = <c> [TAUR.EXE = <c>] [SURV.RAT = <n>] [AMOR.PAR = <n>]
[LSS.PRE = <n>] [NLOC.PRE = <n>] [NLOC.EXP = <n>] [DAM.MOD = <c>])
| ( MONTECAR [N.ION = <n>] [BEAMWIDT = <n>] [SEED = <n>]
[CRYSTAL [TEMPERAT = <n>] [VIBRATIO [X.RMS = <n>] [E.LIMIT = <n>]]
[THRESHOL = <n>] [REC.FRAC = <n>] [CRIT.PRE = <n>]
[CRIT.F = <n>] [CRIT.110 = <n>]]
[ {PERIODIC | REFLECT | VACUUM} ])}
[POLY.GSZ = <n>] [INTERST = <c>]
[DAMAGE] [ D.PLUS = <n> | D.P1 = <n> ] [D.SCALE = <n>]
[MAX.DAMA = <n>][D.RECOMB][L.RADIUS = <n>{(L.DENS = <n>[L.DMIN = <n>]
[L.DMAX = <n>]) | (L.THRESH = <n> [L.FRAC = <n>]) }][PRINT]
```

说明：离子注入使用 IMPLANT DOSE = <n> ENERGY = <n>[TILT = <n>][ROTATION = <n>] {IMPURITY = <c> | ANTIMONY | ARSENIC | BORON | BF2 | PHOSPHOR} 的格式就足够了，DOSE = <n> 是注入剂量，ENERGY = <n> 是注入能量，TILT = <n> 是硅圆片倾角，如果 TILT = 0，离子注入一次就可以了，此时 ROTATION = 0，但如果 TILT 不为 0，则离子要分 n 次注入，$n = 360/\text{ROTATION}$。逻辑变量 DAMAGE 在选择 PD.TRANS 或 PD.FULL 点缺陷模型时，无论显示定义与否，均设默认值为真。

【例29】

```
IMPLANT BF2 DOSE = 1E13 ENERGY = 50 TILT = 15 ROTATION = 45
```

23. DIFFUSION

用途：扩散工艺步骤。

格式：

```
DIFFUSION TIME = <n> [CONTINUE]
[TEMPERAT = <n>] [ {T.RATE = <n> | T.FINAL = <n>} ]
[ { DRYO2 | WETO2 | STEAM | N2O | INERT
| AMB.1 | AMB.2 | AMB.3 | AMB.4 | AMB.5
| ( [F.O2 = <n>] [F.H2O = <n>] [F.N2O = <n>]
[F.H2 = <n>] [F.N2 = <n>] [F.HCL = <n>] )} ]
[IMPURITY = <c> I.CONC = <n>]
[ANTIMONY = <n>] [ARSENIC = <n>] [BORON = <n>] [PHOSPHOR = <n>]
[PRESSURE = <n>] [ {P.RATE = <n> | P.FINAL = <n>} ] [HCL = <n>]
[D.RECOMB = <n>] [MOVIE = <c>] [DUMP = <n>]
```

说明：TIME = <n>定义该步骤的持续时间。CONTINUE 表示该步骤是前一扩散步骤的延续，起始温度等于上一步骤的截止温度，周围气体环境要与上一步骤一致。TEMPERAT = <n>是该步骤的起始温度，T.RATE = <n>是温度随时间的增长速率，T.FINAL = <n>是截止温度，T.FINAL = TEMPERAT+ TIME×T.RATE。[{ DRYO2 | WETO2 | STEAM | N2O | INERT| AMB.1 | AMB.2 | AMB.3 | AMB.4 | AMB.5| ([F.O2 = <n>] [F.H2O = <n>] [F.N2O = <n>][F.H2 = <n>] [F.N2 = <n>] [F.HCL = <n>])}]定义周围气体环境及各气体所占的百分比。[IMPURITY = <c> I.CONC = <n>][ANTIMONY = <n>] [ARSENIC = <n>] [BORON = <n>] [PHOSPHOR = <n>]定义结构表面各杂质密度，PRESSURE = <n>定义初始气压，P.RATE = <n>定义气压增长速率，P.FINAL = <n>表示截止气压。HCL = <n>表示周围气体中氯气所占的百分比，MOVIE = <c>表示每个时间步长前都要执行的命令(如绘制曲线等)。

【例30】

```
DIFFUSION TIME = 30 TEMP = 800 T.FINAL = 1000 INERT
```

【例31】

```
DIFFUSION TIME = 30 TEMP = 1000 MOVIE = "SELECT Z = log10(Boron) PLOT.1D X.V = 1.0"
```

24. EPITAXY

用途：外延生长。

格式：

```
EPITAXY TIME = <n> TEMPERAT = <n> [ {T.RATE = <n> | T.FINAL = <n>} ]
[IMPURITY = <c> {I.CONC = <n> | I.RESIST = <n>}]
[ANTIMONY = <n>] [ARSENIC = <n>] [BORON = <n>] [PHOSPHOR = <n>]
[ {CONCENTR | RESISTIV} ]THICKNESS = <n> [SPACES = <n>] [DY = <n>] [YDY = <n>]
[ARC.SPAC = <n>] [SELECTIV] [BLANKET]
```

说明：SELECTIV 表示外延生长只在硅和多晶硅表面进行，BLANKET 表示不管下面的材料是什么，生长的都是单晶硅。

【例32】

```
EPITAXY THICK = 1.0 TIME = 180 TEMPERAT = 1100 ANTIMONY = 1E19 SPACES = 10
```

SPACES = 10 表示外延层中垂直方向的网格数目为10，即外延层中垂直方向网格间距为THICK/SPACES = 0.1 μm。

25. STRESS

用途：计算由材料间受热不均和淀积薄膜的内应力引起的应力。
格式：

```
STRESS [TEMP1 = <n> TEMP2 = <n>] [NEL = <n>]
```

说明：TEMP1 = <n>是计算热应力的初始温度，TEMP2 = <n>是计算热应力的终止温度，NEL = <n>表示每个三角网格里的节点数，NEL 值只能是 6 或 7。薄层的内应力可以通过在 MATERIAL 语句中的 INTRIN.S 参数来定义。

【例 33】

```
MATERIAL NITRIDE INTRIN.S = 1.4E10
STRESS
```

26. SELECT

用途：计算打印或用来画图的数据，也可添加图表标题、坐标标签。
格式：

```
SELECT [Z = <c>] [TEMPERAT = <n>] [LABEL = <c>] [TITLE = <c>]
```

说明：Z = <c>定义一个数学表达式，如果表达式中有空格，整个表达式一定要用括号括起来，LABEL = <c>放置一维图表的 y 坐标标签或三维图表的 z 坐标标签，TITLE = <c>表示添加图表标题。

【例 34】

```
SELECT Z = log10(Arsenic)
```

【例 35】

```
SELECT TITLE = "Final N-Channel Structure"
```

27. PRINT.1D

用途：打印 SELECT 语句中定义的 Z 沿结构某一方向的值，也可以打印各层厚度及完整的掺杂信息。
格式：

```
PRINT.1D { X.VALUE = <n> | Y.VALUE = <n>
    | ( { MATERIAL = <c> | SILICON | OXIDE | OXYNITRI | NITRIDE
    | POLYSILI | PHOTORES | ALUMINUM }
    { /MATERIA = <c> | /SILICON | /OXIDE | /OXYNITR | /NITRIDE
    | /POLYSIL | /PHOTORE | /ALUMINU | /AMBIENT | /REFLECT})}
[OUT.FILE = <c> [APPEND] ]
[SPOT = <n>] [LAYERS]
[X.MIN = <n>] [X.MAX = <n>]
```

说明：X.VALUE = <n> | Y.VALUE = <n>表示打印的信息是沿哪一方向的值，MATERIAL = <c>表示打印出在所定义的材料中与其他材料交界处的信息；/MATERIA = <c>表示打印出在其他材料中与所定义的材料交界处的信息。APPEND 表示将保存过的剖面信息添加到 OUT.FILE 定义的文件中，SPOT = <n>表示打印出 Z（SELECT 语句中定义）值为 SPOT 处的坐标，LAYERS 打印出器件各层中 Z 的信息。

【例 36】

```
SELECT Z = doping
PRINT LAYERS X.V = 0
```

表示打印出 x 坐标为 0 处的垂直方向上各层的掺杂信息。

28. PLOT.1D

用途：绘制 SELECT 语句中定义的 Z 在结构的某一方向上随位置变化的函数图形。

格式：
```
PLOT.1D { { [ { X.VALUE = <n> | Y.VALUE = <n> } ]
         | ( { MATERIAL = <c> | SILICON | OXIDE | OXYNITRI | NITRIDE| POLYSILI | PHOTORES
         | ALUMINUM}
         { /MATERIA = <c> | /SILICON | /OXIDE | /OXYNITR | /NITRIDE | /POLYSIL | /PHOTORE
         | /ALUMINU | /AMBIENT | /REFLECT})}
         | { IN.FILE = <c>{ (TIF X.AXIS = <c> Y.AXIS = <c>)|( { (COLUMN [X.COLUMN = <n>]
         [Y.COLUMN = <n>])| (ROW [X.ROW = <n>] [Y.ROW = <n>]) }[X.LABEL = <c>]
         [Y.LABEL = <c>] )}
         [X.SHIFT = <n>] [Y.SHIFT = <n>]
         [X.SCALE = <n>] [Y.SCALE = <n>] [Y.LOG] [X.LOG] }| ELECTRIC }
         [BOUNDARY] [CLEAR] [AXES]
         [SYMBOL = <n>] [CURVE] [LINE.TYP = <n>] [COLOR = <n>]
         [LEFT = <n>] [RIGHT = <n>] [BOTTOM = <n>] [TOP = <n>]
         [X.OFFSET = <n>] [X.LENGTH = <n>] [X.SIZE = <n>]
         [Y.OFFSET = <n>] [Y.LENGTH = <n>] [Y.SIZE = <n>]
         [T.SIZE = <n>]
```

说明：IN.FILE = <c>表示画图数据从文件读入，文件格式可以是 TIF、COLUMN、ROW 3 种，X.AXIS = <c> Y.AXIS = <c>、X.COLUMN = <n> Y.COLUMN = <n>、X.ROW = <n> Y.ROW = <n>分别是 3 种格式的绘制点的坐标列表。X.SHIFT = <n> Y.SHIFT = <n>是坐标偏移，X.SCALE = <n> Y.SCALE = <n>是比例因子，Y.LOG、X.LOG 分别表示读取的纵、横坐标是对数形式的。ELECTRIC 表示绘制先前 ELECTRICAL 语句的执行结果，BOUNDARY 表示将材料的边界在图中用竖直的虚线表示出来，CLEAR、AXES 表示重新开始画一张图，^CLEAR、^AXES 表示与先前的曲线画于同一张图上。SYMBOL = <n>表示在曲线与网格线相交的地方做上标记，SYMBOL 值不同则标记符号不同。CURVE 将绘制的点用线连起来。LINE.TYP = <n>表示曲线类型，COLOR = <n>表示曲线颜色。LEFT = <n>、RIGHT = <n>、BOTTOM = <n>、TOP = <n>定义横、纵坐标的最小、最大值。X.OFFSET = <n>表示绘制图形左边缘与视图窗口左边缘的距离，X.LENGTH = <n>定义横坐标的长度，Y.OFFSET = <n>定义绘制图形下边缘与视图窗口下边缘的距离，Y.LENGTH = <n>定义纵坐标的长度，X.SIZE = <n>、Y.SIZE = <n>、T.SIZE = <n>分别定义表示横、纵坐标名称以及图表标题的字符串高度。

【例 37】
```
PLOT.1D X.V = 2.0 ^AXES ^CLEAR LINE.TYP = 2 COLOR = 3
```

29. PLOT.2D

用途：绘制器件结构的二维图形。

格式：
```
PLOT.2D [X.MIN = <n>] [X.MAX = <n>] [Y.MIN = <n>] [Y.MAX = <n>] [SCALE]
        [CLEAR] [AXES] [BOUNDARY] [L.BOUND = <n>] [C.BOUND = <n>]
        [GRID] [L.GRID = <n>] [C.GRID = <n>]
        [ [STRESS] [FLOW] VLENG = <n> [VMAX = <n>]
        [L.COMPRE = <n>] [C.COMPRE = <n>] [L.TENSIO = <n>] [C.TENSIO = <n>] ]
        [DIAMONDS]
```

```
[X.OFFSET = <n>]  [X.LENGTH = <n>]  [X.SIZE = <n>]
[Y.OFFSET = <n>]  [Y.LENGTH = <n>]  [Y.SIZE = <n>]
[T.SIZE = <n>]
```

说明：SCALE 表示 x、y 轴代表器件的真实纵横比，若为假，则坐标轴占满整个有效画图区。BOUNDARY 表示要绘出器件边界及不同材料的交界面，L.BOUND = <n>、C.BOUND = <n>表示所用线条的类型及颜色。GRID 表示绘制网格线。STRESS 表示绘制应力，FLOW 表示绘制漂移速度矢量，VLENG = <n>表示绘制最大应力或速度所用的矢量长度，VMAX = <n>表示所绘制应力或速度的最大值。L.COMPRE = <n>、C.COMPRE = <n>、L.TENSIO = <n>、C.TENSIO = <n>分别表示绘制压力与张力所用的线条类型与颜色。DIAMONDS 表示在每个网格点上画一个小标记。

【例38】
```
PLOT.2D SCALE GRID C.GRID = 2
```

30. CONTOUR

用途：绘制等浓度线。
格式：
```
CONTOUR VALUE = <n> [LINE.TYP = <n>] [COLOR = <n>] [SYMBOL = <n>]
```
说明：VALUE = <n>表示绘制浓度为 VALUE 的等浓度线。

【例39】
```
SELECT Z = log10(Boron)
FOREACH X ( 15 TO 19 STEP 1 )
    CONTOUR VALUE = X LINE.TYP = 2
END
```

31. COLOR

用途：用不同颜色填充结构二维图像的不同区域。
格式：
```
COLOR [COLOR = <n>] [MIN.VALU = <n>] [MAX.VALU = <n>] [ { MATERIAL = <c>
     | SILICON | OXIDE | OXYNITRI | NITRIDE | POLYSILI | ALUMINUM | PHOTORES}]
```

说明：MIN.VALU = <n>、MAX.VALU = <n>表示在 Z 值（SELECT 语句中定义）的（MIN.VALU, MAX.VALU）范围内填充颜色。MATERIAL = <c>表示对指定材料填充颜色。

【例40】
```
COLOR OXIDE COLOR = 4
```

【例41】
```
SELECT Z = log10(Boron)
COLOR MIN.V = 15 MAX.V = 16 COLOR = 3
```

该语句表示将硼浓度在 $10^{15} \sim 10^{16}\,\text{cm}^{-3}$ 范围内的区域填成绿色。

32. LABEL

用途：在图中添加标签。
格式：
```
LABEL { ( X = <n> Y = <n> [CM] ) | ( [X.CLICK = <c>] [Y.CLICK = <c>] ) } [SIZE = <n>]
     [COLOR = <n>]
```

```
[ LABEL = <c> [ {LEFT | CENTER | RIGHT} ] ]
[LINE.TYP = <n>] [C.LINE = <n>] [LENGTH = <n>]
[ { ( [SYMBOL = <n>] [C.SYMBOL = <n>] )
 | ( [RECTANGL] [C.RECTAN = <n>] [W.RECTAN = <n>]
[H.RECTAN = <n>] ) }]
```

说明：X = <n> Y = <n>定义字符串左下角顶点、中心或右下角顶点的坐标（由{LEFT | CENTER | RIGHT}决定，默认为 LEFT），CM 表示 X、Y 定义的是以视图窗口底边为横轴，以左边缘为纵轴的坐标系下的坐标，单位是 cm。定义了 X.CLICK = <name1>、Y.CLICK = <name2>，则标签放置于鼠标单击的位置，横纵坐标以 name1、name2 的名字保存。SIZE = <n>定义字符串高度，COLOR = <n>定义字符串颜色。LABEL = <c>定义所要添加的字符串，LINE.TYP = <n>、C.LINE = <n>、LENGTH = <n>表示在标签前面画一条线段，3 个变量分别表示线段类型、颜色与长度。RECTANGL 表示添加的标签包含一个小矩形，C.RECTAN = <n>、W.RECTAN = <n>、H.RECTAN = <n>分别表示矩形的填充颜色、宽度和高度。COLOR 参数从 1~7 取值时表示的颜色如下：黑、红、绿、蓝、浅蓝、浅紫、黄。LINE.TYP 取值为 1 时表示线条类型是实线，LINE.TYP 从 2~10 取值时表示各种不同类型的虚线。

【例 42】

```
LABEL X = 3.0 Y = 1.4 LABEL = "Arsenic" LINE.TYP = 3
```

33. ELECTRICAL

用途：提取电学参数。
格式：

```
ELECTRICAL [X = <n>]
[{( SRP [ANGLE = <n>] [PITCH = <n>] [ {POINT = <n> | DEPTH = <n>} ][Y.SURFAC = <n>])
 | ( {V = <c> | (VSTART = <n> VSTOP = <n> VSTEP = <n>)}
 { ( RESISTAN [EXT.REG = <n>] [BIAS.REG = <n>] )
 | ( JCAP [JUNCTION = <n>] )
 | ( { ( MOSCAP [HIGH] [LOW] [DEEP] )
 | ( THRESHOLD [VB = <n>] ) }
 {NMOS | PMOS} [QM][QSS = <n>] [GATE.WF = <n>] [GATE.ELE][BULK.REG = <n>] ) }
[BULK.LAY = <n>] [PRINT] [DISTRIB] )}]
[TEMPERAT = <n>][OUT.FILE = <c>]
[NAME = <c> [V.SELECT = <n>]
{ TARGET = <n> [SENSITIV]
 | T.FILE = <c> [V.COLUMN = <n>] [V.LOWER = <n>] [V.UPPER = <n>][T.COLUMN = <n>] [T.LOWER = <n>][T.UPPER = <n>][V.TRANSF = <c>][T.TRANSF = <c>] )
[Z.VALUE]}
[TOLERANC = <n>] [WEIGHT = <n>] [MIN.REL = <n>][MIN.ABS = <n>] ]
```

说明：提取的电学参数包括扩散电阻、沟道电阻、结电容和 MOS 电容。V = <c> | (VSTART = <n> VSTOP = <n> VSTEP = <n>表示电压变化的初始值、终止值和步长。JCAP[JUNCTION = <n>]表示在 X = <n>处的剖面上需要分析的结电容数目，并自下而上进行标号。MOSCAP[HIGH][LOW][DEEP]分别表示在高频、低频、深耗尽 3 种情况下分析 MOS 电容特性。THRESHOLD[VB = <n>]表示在体源之间偏压为 V_B 的情况下分析开启电压。NMOS | PMOS 选择器件类型，QM 表示提取电学参数时要考虑量子效应，QSS = <n>定义表面态密度，GATE.WF = <n>定义栅材料的功函数。GATE.ELE 表示将多晶硅栅作为电极。

【例 43】
```
ELECTRIC X = 0.0 THRESHOLD NMOS V = "0 2 0.05" GATE.WF = 4.35 GATE.ELE
```
【例 44】
```
ELECTRIC X = 0.0 MOSCAP NMOS V = "-5 5 0.5" OUT.FILE = vgvscap
```
【例 45】
```
ELECTRIC X = 1.0 JCAP JUNCTION = 2 V = "0 5 0.1"
```

34. VIEWPORT

用途：在一个视图窗口中画多幅图时，必须为每幅图分配画图区域，这就要用到 VIEWPORT 语句。

格式：
```
VIEWPORT [X.MIN = <n>] [X.MAX = <n>] [Y.MIN = <n>] [Y.MAX = <n>]
```

说明：X.MIN = <n> 表示画图区域左边缘到视图窗口左边缘的距离与整个视图窗口宽度的比值，取值范围为 0～1，其余各参量类似。

【例 46】
```
VIEWPORT X.MIN = .1 X.MAX = .9
```

35. METHOD

用途：选择氧化模型、点缺陷模型和数字运算法则。大多数用户只需关注前两种。

格式：
```
METHOD [ {ERFC | ERF1 | ERF2 | ERFG | VERTICAL
        | COMPRESS | VISCOELA | VISCOUS} ] [ST.HISTO]
[DY.OXIDE = <n>] [DY.EXACT] [DY.LOCAL] [GRID.OXI = <n>] [SKIP.SIL]
[ {PD.FERMI | PD.TRANS | PD.FULL} ]
[NSTREAMS = <n>] [PAIR.GRA] [PAIR.SAT] [PAIR.REC] [PD.PFLUX]
[PD.PTIME] [PD.PREC] [PD.NREC]
[IMP.ADAP] [DIF.ADAP] [OX.ADAPT] [ERR.FAC = <n>] [UNREFINE = <n>]
[ {ACT.EQUI | ACT.TRAN | ACT.FULL} ]
[INIT.TIM = <n>] [ {TRBDF | MILNE | HYBRID | FORMULA = <c>} ]
[ {CG | GAUSS} ] [BACK = <n>] [BLK.ITLI = <n>]
[MIN.FILL] [MIN.FREQ = <n>] [MF.METH = <n>] [MF.DIST = <n>]
( [IMPURITY = <c> ] [VACANCY] [INTERSTI] [ANTIMONY] [ARSENIC] [BORON]
[PHOSPHOR] [OXIDANT] [TRAP]
[ {LU | SOR | SIP | ICCG} ]
[ {FULL | PART | NONE} ] [SYMMETRY]
[ {TIME.STE | ERROR | NEWTON} ]
[REL.ERR = <n>] [ABS.ERR = <n>]
( [MATERIAL = <c>] [SILICON] [POLYSILI] [OXIDE] [OXYNITRI]
[NITRIDE] [ALUMINUM] [PHOTORES]
[REL.ADAP = <n>] [ABS.ADAP = <n>] [MIN.SPAC = <n>] [MAX.SPAC = <n>] ))
[OX.REL = <n>] [CONTIN.M = <n>] [VE.SMOOT = <n>]
[E.ITMIN = <n>] [E.ITMAX = <n>] [E.RELERR = <n>] [E.RVCAP = <n>] [E.AVCAP = <n>]
[E.USEAVC] [E.REGRID] [E.TSURF = <n>] [E.DSURF = <n>] [E.RSURF = <n>]
[ {MOB.TABL | MOB.AROR | MOB.CAUG} ]
[ ITRAP [IT.CPL] [IT.ACT] {IT.ZERO | IT.THERM | IT.STEAD} ]
[MODEL = <c> [ENABLE] ]
```

说明：氧化模型分为解析氧化模型与数值氧化模型两类，两者所用的方程不同，解析氧化模型用的方程是 $dy/dt = B/(A+2y)$，数值氧化模型用的方程是式（2.14）和式（2.16）。

$$F = h(C^* - C_0)\boldsymbol{n}_s \tag{2.16}$$

解析氧化模型分为 ERFC、ERFG 两种（ERF1、ERF2 是 ERFG 的子集）。ERFC 模型是最简单、仿真速度最快的解析氧化模型，它适用于掺杂对氧化速率的影响可忽略的情况，在结构表面平整或近似平整的条件下也可用于局部氧化。ERFG 模型适用于在氮化物覆盖下的硅表面生长氧化层。选择了 ERFG 模型，程序会自动根据氮化物层厚度与衬底表面氧化层厚度的比较做出选择：如果氮化物层厚度较小，则选择 ERF1 模型；反之，则选择 ERF2 模型。

数值氧化模型有 4 种：VERTICAL、COMPRESS、VISCOUS 和 VISCOELA。VERTICAL 模型适用于局部氧化及结构表面平整的氧化，不能用于沟道和多晶硅的氧化；COMPRESS 把粘性流动及结构表面晶向变化的因素考虑在内，但不考虑应力的影响，如果满足以下条件中的一条，则可用该模型：①结构平整；②氧化步骤少；③对氧化层形状没有精确的要求，如果 3 个条件都不满足，则要用 VISCOUS 或 VISCOELA 模型；VISCOUS 能够精确地计算应力，但仿真速度很慢，通常用于校验 VISCOELA 模型的计算结果；VISCOELA 使用与 COMPRESS 相同的弹性系数，与 VISCOUS 模型相同的粘性系数与应力相关参数，能计算应力的粗略值。

点缺陷模型有 PD.FERMI、PD.TRANS、PD.FULL 3 种。PD.FERMI 模型是最简单也是最快的点缺陷模型，它既不考虑非平衡态点缺陷浓度对杂质扩散的影响，也不考虑杂质扩散对点缺陷浓度分布的影响；PD.TRANS 模型在二维平面上对点缺陷的产生、扩散及再结合进行仿真，它考虑非平衡态点缺陷浓度对杂质扩散的影响，但不考虑杂质扩散对点缺陷浓度的影响；PD.FULL 模型既考虑了非平衡态点缺陷浓度对杂质扩散的影响，也考虑了杂质扩散对点缺陷浓度的影响；如果要考虑大注入效应或离子注入对晶格破坏的影响，就必须用 PD.FULL 模型。语句中 ST.HISTO 表示要计算应力，DY.OXIDE = <n>定义生长氧化层时的 Y 方向网格间距，DY.EXACT 表示根据仿真需要可以减小时间步长，DY.LOCAL 表示网格间距与生长层的生长速率成反比，逻辑参量 SKIP.SIL 如果为假，表示在计算应力时要将硅视为粘性材料，如果为真，则将硅视为固定的材料。INIT.TIM = <n>定义初始时间步长。语句中默认情况下为真的逻辑参量有 VERTICAL、DY.EXACT、DY.LOCAL、SKIP.SIL、PD.FERMI、IMP.ADAP、DIF.ADAP、ACT.EQUI、TRBDF、CG、MIN.FILL、LU、TIME.STE、E.REGRID、MOB.TABL、IT.ACT、IT.ZERO 和 ENABLE。

【例 47】
```
METHOD INIT.TIM = 0.1 PD.FERMI VERTICAL
```

2.3 双极晶体管结构的一维仿真示例

2.3.1 TSUPREM-4 输入文件的顺序

本例说明一个典型 TSUPREM-4 输入文件的组织形式，通常顺序如下。
① 用注释说明问题，并设置需要的执行选项（大多数情况下都不需要）；
② 生成初始网格，或读入一个以前保存的结构；
③ 对所希望的工艺步骤进行仿真，并打印/绘制结果。

此顺序是相当灵活的，如可以在仿真和绘图间切换。唯一的严格要求就是在进行任何处理或输出之前，必须先定义网格。

2.3.2 初始有源区仿真

文件 s4exa.inp 中的输入语句仿真了双极型结构有源区形成的初始步骤,包括掩埋集电区的形成和外延层淀积,输入语句如下。

```
$ TSUPREM-4 -- Example , Part A
$ Bipolar active device region: Buried layer and epitaxial deposition
$ Use automatic grid generation and adaptive grid
INITIALIZE BORON = 1E15
$ Grow buried layer masking oxide
DIFFUSION TEMP = 1150 TIME = 120 STEAM
$ Etch the buried layer masking oxide
ETCH OXIDE ALL
$ Implant and drive in the antimony buried layer
IMPLANT ANTIMONY DOSE = 1E15 ENERGY = 75
DIFFUSION TEMP = 1150 TIME = 30 DRYO2
DIFFUSION TEMP = 1150 TIME = 360
$ Etch the oxide.
ETCH OXIDE ALL
$ Grow 1.8 micron of arsenic-doped epitaxy
EPITAXY THICKNESS = 1.8 SPACES = 9 TEMP = 1050 TIME = 6 ARSENIC = 5E15
$ Grow pad oxide and deposit nitride
DIFFUSION TEMP = 1050 TIME = 30 DRYO2
DEPOSITION NITRIDE THICKNESS = 0.12
$ Save initial active region results
SAVEFILE OUT.FILE = S4EXAS
$ Plot results
SELECT Z = LOG10(BORON) TITLE = "Active, Epitaxy" LABEL = LOG(CONCENTRATION)
PLOT.1D BOTTOM = 13 TOP = 21 RIGHT = 5 LINE.TYP = 5 COLOR = 2
SELECT Z = LOG10(ARSENIC)
PLOT.1D ^AXES ^CLEAR LINE.TYP = 2 COLOR = 3
SELECT Z = LOG10(ANTIMONY)
PLOT.1D ^AX ^CL LINE.TYP = 3 COLOR = 3
$ Label plot
LABEL X = 4.2 Y = 15.1 LABEL = Boron
LABEL X = -.8 Y = 15.8 LABEL = Arsenic
LABEL X = 2.1 Y = 18.2 LABEL = Antimony
$ Print layer information
SELECT Z = DOPING
PRINT.1D LAYERS
```

2.3.3 网格生成

传统上,仿真网格的生成曾是工艺仿真中最难和最费时间的任务。如果网格太粗糙,仿真的精度就差;如果网格太精细,又会耗费时间和计算资源。TSUPREM-4 通过提供自动网格生成和适应性网格,简化了适应性网格的生成过程。

1. 自动网格生成

处理 INITIALIZE 语句时会自动生成网格。初始结构中指定了硼的浓度为 $10^{15}\ cm^{-3}$。默认情况下，网格有两条垂直线，一条在 $x=0\ \mu m$ 处，另一条在 $x=1\ \mu m$ 处（对于二维仿真，还需要指定初始结构的宽度）。水平栅格线的位置由 s4init 文件中的默认设置决定。可以通过包含带有 GRID.FAC 参数的 MESH 语句使网格或精细或粗糙。本例中选择了默认的间距。

2. 适应性栅格

当仿真进入离子注入或扩散步骤时，为了保证栅格足够精细以保持所需精度，就要使用适应性栅格。精度标准可用 METHOD 语句中的 ERR.FAC 参数做调整，此例中使用了默认值。通过使用适应性栅格，就不需要事先预估仿真的栅格要求了。

2.3.4 模型选择

在进行任何工艺步骤之前，都应考虑仿真模型的选择问题。仿真的速度和精度强烈依赖于模型的选择。默认模型是需要谨慎选择的模型，在大多数情况下能给出最好的结果，但是，还有一些选择依赖于被仿真的结构以及用户的个别要求。

在大多数仿真中，必须做两种模型选择：氧化模型和点缺陷模型。

可用 METHOD 语句进行模型选择。此例中使用了默认模型，即 VERTICAL 氧化模型和 PD.FERMI 点缺陷模型。在各工艺步骤中可进行模型的改选。

1. 氧化模型

因为仿真是一维的，所以此例中可以使用 VERTICAL 氧化模型，因此仅有水平的表面被氧化。此例中也可使用 ERFC 氧化模型，但是它不会模拟氧化速率对硅中杂质浓度的依赖关系。同时，在使用 ERFC 模型时，只要是氧化一个带有初始氧化层的结构，就要求用另外一条语句（带有 INITIAL 参数的 AMBIENT 语句）指定初始氧化层厚度，并且不会自动识别氮化硅屏蔽层的存在。

2. 点缺陷模型

此例中使用了默认的点缺陷模型（PD.FERMI）。PD.TRANS 点缺陷模型会显著增加仿真时间，因此仅在需要时才用它。本例中，非平衡点缺陷浓度的效果相对较差。偏差量可通过 PD.TRANS 和 PD.FULL 模型反复仿真来进行检查。

2.3.5 工艺步骤

使用如下工艺步骤：埋层屏蔽氧化物生长和图形形成、埋层注入和驱入、外延层生长、缓冲氧化层生长和氮化硅掩膜淀积。

（1）埋层屏蔽氧化物生长和图形形成

埋层屏蔽氧化物：工艺中的第一步是生长一层氧化层来掩蔽埋层注入。通过在 DIFFUSION 语句中指定氧化环境（本例中为 STEAM）来完成氧化。必须指定时间（min）和温度（℃）。注意指定氧化环境开始氧化，但不会使扩散步骤的其他方面失效。杂质扩散和界面处的分凝依然会发生。

在注入埋层之前，必须把氧化物去除，用 ETCH 语句完成。这里用了 ETCH 语句的最简单形式，把所有指定的材料都刻蚀掉。ETCH 语句也可用于去除材料的一部分。

（2）埋层注入和驱入

下一步是埋层注入和驱入，用 IMPLANT 语句和随后的 DIFFUSION 语句完成。IMPLANT 语句指定杂质类型、剂量（cm^{-2}）和能量（keV）。适应性栅格的使用通常足以保证表面处的网格足够精细,从而能够容纳注入分布峰值内的几个栅格点。但是,如果有怀疑的话,最好是画出砷注入分布。

埋层的驱入分成两步。第一步使用 DRY O_2 环境来生长薄层氧化物,从而避免注入 As 杂质的外扩散。第二步没有给出环境,不指定环境意味着使用惰性环境。一旦驱入完成,就用 ETCH 语句去除氧化物。

（3）外延层生长

接下来生长外延层。外延生长用 EPITAXY 语句结合 DEPOSITION 和 DIFFUSION 语句进行仿真。外延层的厚度用 THICKNESS 参数指定为 1.8 μm。

层中的栅格密度用 SPACES 参数指定。本例指定外延层中放置 9 个栅格间距。这会为接下来的基区和发射区工艺产生一个合理的起始栅格。注意间距数的指定不仅仅决定了所产生结构的栅格,而且决定了外延步骤的时间离散化。EPITAXY 语句引起一个栅格层的淀积和接下来占总时间一部分的扩散。每个栅格层都重复这一步骤。如果未指定 SPACES,其默认值为 1,EPITAXY 等效于一条 DEPOSITION 语句和随后的一条 DIFFUSION 语句。

外延生长步骤的时间和温度分别由 TIME 和 TEMPERAT 参数给定,它们确定了生长过程中发生的扩散量。外延层的掺杂可在 EPITAXY 语句中用 ARSNIC 参数指定。

（4）缓冲氧化层生长和氮化硅掩膜淀积

接下来,生长一层缓冲氧化层（用带有 DRY O_2 参数的 DIFFUSION 语句）并淀积一层氮化硅掩膜用于场氧隔离。淀积用 DEPOSITON 语句完成,它指定了要淀积的材料和薄膜的厚度。可以使用其他的可选参数,以指定淀积薄膜层中的栅格间距的数量和间距。默认淀积层使用一个栅格间距。

2.3.6 保存结构

所产生的结构用 SAVEFILE 语句保存。此例中,把它保存在 S4EXAS 输出文件中。在用另外一个单独 TSUPREM-4 输入文件进行剩余工艺步骤的仿真时,此保存结构可以用做它的起始点。建议在任何较长（根据计算时间）操作步骤后保存结构,好处是可以使仿真在此点被挂起。同时,在任何仿真后保存结构也是一个好主意,这样可以在以后再次查看结果。

2.3.7 绘制结果

下面就可以显示仿真结果了,此例显示了 SELECT、PLOT.1D 和 LABEL 语句的使用。

1. 指定绘图设备

在显示一个图形前,必须告诉程序使用何种绘图设备。可以通过 OPTION 语句中的 DEVICE 参数或通过使用默认绘图设备进行设置。本例中使用了默认图形设备。

2. SELECT 语句

欲绘图的值由 SELECT 语句的 Z 表达式给出。Z 定义了一个包括一组变量、函数和数学操作符的数学表达式。本例绘制了以 10 为底不同杂质浓度的对数曲线。

注意在处理 SELECT 语句时,Z 表达式被计算。因此在任何影响表达式中器件结构或量值（如杂质浓度）的工艺步骤之后,都应指定 SELECT 语句。

SELECT 语句也可用于指定图形的标题或在纵轴上使用的标签。如果未给定标签,则使用 Z 表达式。

3. PLOT.1D 语句

PLOT.1D 语句绘制沿器件一个截面（一维）某个量的值。此截面可以是由 X.VALUE 指定位置处的垂直线,由 Y.VALUE 处的水平线,或者是沿两种材料的界面。默认是沿 $x=0$ 处垂直线绘图。

本例中第一条 PLOT.1D 语句绘制轴和标题以及砷浓度的对数。除了指定 x 坐标外，y 轴的最小值和最大值及 x 轴的最大值也被指定了。

注意 y 轴是由 SELECT 语句中的 Z 表达式的单位限制的，因此，使用的是 13 和 21（不是 1e13 和 1e21）。

默认情况下，在材料之间的界面处画一条垂直虚线。LINE.TYP = 5 指定使用虚线类型 5 绘制硼剖面图；COLOR = 2 指定在绘图设备上使用颜色 2（通常是红色）。

下一条 PLOT.1D 语句添加到第一条曲线上。这是通过 ^CLEAR 和 ^AXES 说明从而分别防止屏幕清屏和新轴绘制而实现的。对每条欲绘制的新的量都要指定不同的线型和颜色（使用 SELECT 语句）。

4. LABEL 语句

使用 LABEL 语句向曲线上添加标签。每条 LABEL 语句指定一个文本串和一对 x 和 y 坐标。文本串起始处绘制在指定坐标点。X 和 Y 是以绘图轴为单位的。本例中分别是 μm 和 log（浓度）。X 和 Y 也可使用 CM 参数指定单位为 cm。最终的曲线如图 2.1 所示。

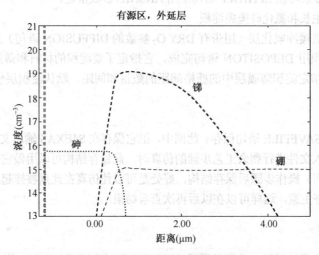

图 2.1 外延层中有源区的杂质分布

2.3.8 打印层信息

尽管曲线是 TSUPREM-4 仿真中检查结果的主要方法，但也可用 PRINT.1D 语句提取有用信息。

1. PRINT.1D 语句

PRINT.1D 语句与 SELECT 语句给定的 Z 表达式一起作用。所显示的信息和 PLOT.1D 语句一样是沿一个一维截面给出的。

可以打印 3 种信息：①沿截面的 Z 表达式值的完整列表；②沿截面的穿过每一层的 Z 表达式的积分；③沿截面具有给定 Z 表达式值的位置。

2. 使用 PRINT.1D LAYERS

文件 s4exa.inp 末尾的 PRINT.1D 语句使用了 LAYERS 参数，来求出在 x = 0 处各层中 Z 表达式的值（y 方向净掺杂浓度），输出结果如图 2.2 所示。为了达到 PRINT.1D LAYERS 目的，定义了一个作为截面一部分的层，此层中材料不变且 Z 表达式的符号恒定（本例中即掺杂类型不变，如果符号改变，则视为不同层）。在净掺杂的情况下，每种材料被分隔成净 N 型或净 P 型掺杂的层。

在此例中，PRINT.1D LAYERS 语句提供了很多有用结果。对每一层，材料类型、层的顶坐标和底坐标、层的厚度及选定量的积分都被打印出来，如氧化层厚度（491 Å）和埋层/衬底结深（4.71 μm）。

注意，在 PRINT.1D LAYERS 语句处理之前需要 SELECT 语句，但是，如果仅希望得到层厚或材料界面的坐标，则可以使用 SELECT Z = 0。

```
$ Print layer information
SELECT    Z=DOPING
PRINT.1D  LAYERS
** Printing along X.VALUE=0:

Num    Material      Top       Bottom    Thickness    Integral
 1     nitride     -1.3820    -1.2525    0.1200      1.2000e+00
 2     oxide       -1.2620    -1.2031    0.0491      5.5423e+08
 3     silicon     -1.2129     3.4935    4.7108      1.4215e+15
 4     silicon      3.4979   200.0000  196.5021     -1.9630e+13
```

图 2.2　各层结构信息

2.3.9　完成有源区仿真

现在，以下面的输入文件 s4exb.inp 为例，单独执行一次 TSUPREM-4 完成仿真。此文件与第一个文件有相同的结构（初始化、选择模型、工艺和输出），并且大多数语句都是前面讨论的类型，但也有一些差别。

```
$ TSUPREM-4 -- Example, Part B
$ Bipolar active device region: Field oxide, base, and emitter
$ Read structure
INITIALIZE IN.FILE = S4EXAS
$ Grow the field oxide
DIFFUSION TEMP = 800 TIME = 20 T.FINAL = 1000
DIFFUSION TEMP = 1000 TIME = 10 DRYO2 T.FINAL = 1100 P.FINAL = 5
DIFFUSION TEMP = 1100 TIME = 50 STEAM PRESSURE = 5
DIFFUSION TEMP = 1100 TIME = 10 DRYO2 PRESSURE = 5 P.FINAL = 1
DIFFUSION TEMP = 1100 TIME = 60 T.FINAL = 800
$ Remove nitride and pad oxide
ETCH NITRIDE ALL
ETCH OXIDE ALL
$ Implant the boron base
IMPLANT BORON DOSE = 2E13 ENERGY = 100
$ Implant the phosphorus emitter
IMPLANT PHOSPHORUS DOSE = 1E15 ENERGY = 50
$ Anneal to activate base and emitter regions
DIFFUSION TEMP = 1000 TIME = 12 DRYO2
$ Plot results
SELECT Z = LOG10(BORON) TITLE = "Active Region" LABEL = LOG(CONCENTRATION)
PLOT.1D BOTTOM = 13 TOP = 21 RIGHT = 5 LINE.TYP = 5 COLOR = 2
SELECT Z = LOG10(PHOSPHORUS)
PLOT.1D ^AXES ^CLEAR LINE.TYP = 4 COLOR = 4
SELECT Z = LOG10(ARSENIC)
PLOT.1D ^AXES ^CLEAR LINE.TYP = 2 COLOR = 3
SELECT Z = LOG10(ANTIMONY)
PLOT.1D ^AXES ^CLEAR LINE.TYP = 3 COLOR = 3
$ Label the impurities
LABEL X = 2.0 Y = 15.1 LABEL = Boron
```

```
    LABEL X = -1.0 Y = 19.5 LABEL = Phosphorus
    LABEL X = 0.3 Y = 15.8 LABEL = Arsenic
    LABEL X = 2.0 Y = 18.4 LABEL = Antimony
    $ Print the layer information
    SELECT Z = DOPING
    PRINT.1D X.V = 0 LAYERS
```

1. 读入一个保存的结构

最主要的差别不是生成一个网格,而是从文件 S4EXAS 中读入以前仿真所保存的结果。这可以通过在 INITIALIZE 语句中使用 IN.FILE 参数来完成。存储的文件包括完整的网格和解的信息。

下一步是指定所需的模型。由于氧化模型和点缺陷模型的选择都已存储在原先的结构文件中,不需要再次进行指定。在此步骤中,也可以指定任何不同的模型。

2. 场氧化

工艺中下一步骤是生长场隔离氧化层。尽管器件的有源区被仿真了,并且由于氮化硅掩膜的存在而没有氧化层的生长,场氧化步骤被包括进来,以仿真此步工艺中发生的杂质再分布。场氧化工艺步骤说明了如何定义温度和压力的攀升。

温度先是在 20 分钟内从 800℃升至 1000℃。TEMP 语句指定起始温度,而 T.FINAL 参数给出此步骤结束时的温度。下一个步骤从 1000℃ 1 个大气压和干氧气氛开始,在 10 分钟内温度升至 1100℃ 和 5 个大气压。初始压力由 PRESSURE 参数给定(此处使用了默认的 1 个大气压值),最终压力由 P.FINAL 给出。注意攀升速率也可分别用 T.RATE 和 P.RATE 参数以几度/分钟或几个大气压/分钟指定。

第 3 个扩散工艺是在 STEAM 气氛和 5 个大气压下进行 50 分钟氧化完成的。第 4 和第 5 步分别降压力和温度。

剩余的工艺步骤与第一部分的相同。去除氮化硅和氧化硅并进行基区和发射区注入。

2.3.10 最终结果

使用前面所述的语句进行剖面图的绘制和标签化,最终图形如图 2.3 所示。用一条 PRINT.1D 语句打印最终结构的层信息。SELECT Z = DOPING 语句说明要计算净掺杂的剂量。从打印输出(如图 2.4 所示)中可以提取出很多有用的值,如氧化层厚度(255 Å)、发射区厚度(0.28 μm)和基区掺杂剂量(8.12×10^{12} cm^{-2})等。

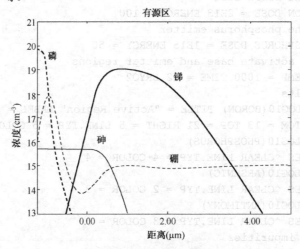

图 2.3 有源区杂质分布图

```
$ Print the layer information
SELECT     Z=DOPING
PRINT.1D   LAYERS
** Printing along X.VALUE=0:

Num     Material      Top        Bottom    Thickness      Integral
 1       oxide      -1.2281     -1.2025     0.0255       3.7599e+12
 2       silicon    -1.2025     -0.9202     0.2823       1.0427e+15
 3       silicon    -0.9202     -0.5746     0.3456      -8.1165e+12
 4       silicon    -0.5746      3.5837     4.1584       1.4212e+15
 5       silicon     3.5837    200.0000   196.4136      -1.9623e+13
```

图 2.4 最终结构的各层信息

2.4 器件仿真工具 MEDICI 简介

MEDICI 是 Synopsys 公司的一个用来进行二维器件仿真的软件，它对势能场和载流子的二维分布建模，通过求解泊松方程和电子、空穴的电流连续性等方程来获取特定偏置下的电学特性。用该软件可以对双极型半导体器件进行仿真，这个程序通过解二极管和双极型三极管及与双载流子有关的电流效应（如闩锁效应）的电流连续性方程和泊松方程来分析器件。MEDICI 也能分析单载流子起主要作用的器件，如 MOSFET、JFET 和 MESFET。另外，MEDICI 还可以被用来分析器件在瞬态情况下的变化。MEDICI 通过联解电子和空穴的能量平衡及其他器件方程，可以对亚微米、深亚微米的器件进行仿真。热载流子和速度过冲等效应在 MEDICI 中都已被考虑，并能对它们的影响进行分析。

2.4.1 MEDICI 的特性

1．网格（GRID）

MEDICI 使用非均匀的三角形网格，可以处理具有平面和非平面表面的特殊器件，并且能够根据电势或杂质分布的情况自动进行优化。电极可以被放在器件结构中的任何地方。

2．杂质分布的读入

杂质的分布可以通过 MEDICI 的函数从 AVANT! 的其他工艺建模软件如 TMA SUPREM3 和 SUPREM4 或包含杂质分布的文本文件中获得，也可以在文本文件中自行描述。

3．物理模型

为了使模拟的结果更精确，下列模型都可以被考虑进来：载流子的复合、光生、碰撞离化效应、禁带变窄效应、能带隧穿、迁移率、载流子寿命、载流子的 Boltzman 和 Fermi-Dirac 统计分布以及部分离化效应等。MEDICI 常用的迁移率模型及应用范围如表 2.1 所示。

4．其他特性

① 可以加入集总式电阻、电容和电感；
② 可以描述分布式接触电阻；
③ 可以在仿真中描述电压和电流的边界条件；
④ I–V 曲线自动跟踪；
⑤ 为了计算与频率相关的电容、电导和 S 参数，可以在任何虚拟的频率下进行交流小信号分析。

表2.1 迁移率模型及其应用范围

模 型	低电场	横向电场	平行电场	注 释
CCSMOB	✓			载流子-载流子散射模型
CONMOB	✓			载流子迁移率随杂质浓度变化的列表模型
ANALYTIC	✓			载流子迁移率随杂质浓度和温度变化的表达式模型
PHUMOB	✓			载流子-载流子散射，不同施主和受主散射，适用于双极性器件的少子迁移率
LSMMOS	✓	✓		Lombarbi 迁移率模型，结合半导体-绝缘体界面和体硅迁移率表达式模型
GMCMOB		✓		Generalized Mobility Curve 迁移率模型
SRFMOB		✓		基于有效电场的表面迁移率模型，计算半导体-绝缘体表面处的载流子迁移率
SRFMOB2		✓		增强的表面迁移率模型，增加声子散射、表面粗糙度散射和带电杂质散射
UNIMOB		✓		用于 MOSFET 反型层的 Universal Mobility 模型
PRPMOB		✓		垂直电场迁移率模型，考虑垂直电场对迁移率的影响
TFLDMOB			✓	横向电场迁移率模型，基于 University of Texas 迁移率模型
FLDMOB			✓	考虑平行电场分量的迁移率模型，计入载流子加热和速度饱和效应
HPMOB		✓	✓	同时考虑平行和垂直电场影响的载流子模型

2.4.2 MEDICI 的使用

1. 运行命令

输入"medici+文件名"，即可运行 MEDICI，该命令最多可仿真 10000 个节点的器件。输入"md20000+文件名"，最大的节点数为 20000；输入"md60000+文件名"，最大的节点数为 60000。文件名不能超过 80 个字符。

2. 语法错误

在标准输出文件（.out）中，输入文件中的每行语句都获得一个对应的行序号。语法错误信息出现在用户界面和输出文件中。语法错误信息包含以下内容：

（1）错误代号；
（2）出现语法错误的语句的行序号；
（3）出错语句中的非法部分；
（4）错误的描述。

3. 运行错误和警告

如果文件没有语法错误，MEDICI 就开始运行输入文件，并对语句的参数组合和数值的合法性进行检查。错误和警告信息出现在用户界面和输出文件中。程序运行出现错误后会立即终止，而出现"警告"信息不会影响程序的运行。运行错误和警告信息包含以下内容：

（1）错误代号；

(2) 出现语法错误的语句的行序号；
(3) 错误的描述。

4. 程序输出

MEDICI 的输出包括打印输出和图形输出。

打印输出包含以下内容：
(1) 每个偏置点或时间点的终端电压和电流；
(2) 终端的电容、电导；
(3) 每个网格节点的结构信息，如网格数、掺杂剂量和表面电荷等；
(4) 网格信息；
(5) 材料、迁移率、接触和模型参数；
(6) 仿真区域的每个节点的电势、载流子浓度、电流密度、载流子产生和复合速率、电场分布等信息。

图形的输出包含以下内容：
(1) One-dimensional plots of terminal data 可以用来显示直流特性，如所加的电压、接触端的电压、终端电流随时间变化的瞬态特性，还能用来显示交流量，如电容、电导、频率，以及用户自定义的一些变量；
(2) 可以显示沿着器件结构中特定路径上的某一参量的一维分布，包括势能、载流子的准费米势能、电场、载流子浓度、杂质浓度、复合和产生率及电流密度；
(3) 网格、边界、电极和结的位置、耗尽区边界的二维结构图等；
(4) 各种量的二维和三维图形分布，如势能、载流子的准费米势能、电场、载流子浓度、杂质浓度、复合和产生率、电流密度和电流分布；
(5) 电流密度和电场的二维向量分布。

5. 收敛性问题

仿真的收敛性问题是 TCAD 软件常见的问题。仿真不收敛会造成程序的终止，得不到预期的结果。仿真不收敛的原因主要有以下几个方面：
(1) 初始值设置不合理，或者步长过大；
(2) 缺少必要的物理模型；
(3) 网格设置不合理；
(4) 耗尽层和电极接触。

解决收敛性问题，可以从以下几个方面考虑：
(1) 放宽电势、载流子浓度等变量的公差；
(2) 检查有没有遗漏的物理模型；
(3) 优化网格分布，在电流、电势分布密集的区域增加节点数目。

2.4.3 MEDICI 的语法概览

1. 语句简介

MEDICI 语句可以分为以下几类。
(1) 器件结构定义语句
MESH——初始化网格的生成；

X.MESH——描述 X 方向上的网格线的位置;
Y.MESH——描述 Y 方向上的网格线的位置;
ELIMINATE——描述沿着网格线缩减节点;
SPREAD——描述沿着水平网格线调整节点的垂直位置;
BOUNDRY——调整仿真的网表以适应边界的界面;
REGRID——可以用来对网格进一步优化。

这些语句定义了器件的结构和仿真用的网格。

（2）材料物理性能描述语句

REGION——描述材料在结构中的区域;
INTERFACE——说明界面层电荷、陷阱和复合速率;
CONTACT——用来说明电极边上的特殊边界条件;
MATERIAL——用来改变结构的材料特性。

（3）器件求解的物理模型

MOBILITY——描述和各种各样的迁移率模型相关的参数;
MODELS——用来描述仿真过程中的物理模型;
SYMBOLIC——用来选择仿真时用的求解方法;
METHOD——用来对特定的求解方法选择特殊的技巧;
SOLVE——用来选择偏置条件和分析类型，这个语句可以被用于稳态、瞬态和交流小信号。

（4）图形化结果的输出

PLOT.3D——用来初始化三维图形显示平台，它的配套语句可以有 3D.SURFACE、TITLECOMMENT 等;
PLOT.2D——用来初始化二维图形显示平台。它的配套语句可以有 CONTOUR、VECTOR、E.LINE、LABEL、TITLE 和 COMMENT 等;
PLOT.1D——用来初始化一维图形显示平台，它的配套语句可以有 E.LINE、LABEL、TITIE、COMMEN 和 CONTOUR 等。

2. 网表构造的步骤

通常，仿真所用网格的构造有以下几个步骤：

（1）定义一系列有间隔的 X 和 Y 方向的网格线，构成一个简单的矩形;

（2）将网格线适当扭曲以适应非平面的图形，或与杂质的分布相匹配（平面性很差的结构很难处理好），这一步是为了将网格进行优化;

（3）将多余的节点从网格中去除;

（4）描述材料区域和电极。

3. 语句格式

MEDICI 的输入语句具有自由格式，并具有下列一些特征：

（1）每一个语句都由语句名称开始，后面再跟一些参数名和值;

（2）每一个语句都可占用一至数行，多行时行与行之间用连接符号（+）连接;

（3）每行最多由 80 个字符构成。

4. 参数类型

参数是指接在每一个语句名称后，用来定量实现该语句功能的符号，参数可以有如下类型：

(1) logical:逻辑类型(如果该参数出现,则默认为 true);
(2) numerical:数值类型;
(3) array:阵列类型(较少用到);
(4) character:字符串类型。

5. 程序输入限制

(1) 最多输入 1000 个语句;
(2) 最多输入 2000 行;
(3) 最多输入 60000 个字符。

2.5 MEDICI 实例 1——NLDMOS 器件仿真

这里以一个 NLDMOS 为例做一些分析,以下是仿真 NLDMOS 器件的描述文件。

```
TITLE TMA MEDICI Example 1 - 1.5 Micron N-Channel Lateral Diffuse MOSFET
```

给本例取标题,对实际的仿真无用;

```
COMMENT Specify a rectangular mesh
```

COMMENT 语句表示该行是注释行;

```
MESH SMOOTH = 1
```

创建器件结构的第一步是定义一个初始网格。这一步中网格不需要定义得足够精确,只需要能够说明器件的不同区域,在后面会对该网格进行优化。网格的生成是由一个 MESH 语句开始的,MESH 语句中还可以对 smoothing 进行设置,好的 smoothing 可以把 SPREAD 语句产生的钝角三角形所带来的不利影响减小。

```
COMMENT WIDTH is the whole width, H1 is the width of a grid
X.MESH   WIDTH = 8.0  H1 = 0.1
```

X.MESH 和 Y.MESH 语句描述初始网格是怎样生成的,X.MESH 用来描述横向的区域。在此例子中,X.MESH 语句中的 H1 = 0.1 说明在横向区域 0~WIDTH 之间网格线水平间隔为 0.1 μm(均匀分布);

```
COMMENT location of line NO. 1 is -0.025u, No.3 is 0.0u
Y.MESH   N = 1   L = -0.025
```

Y.MESH 用来描述纵向的区域,参数 N 指第一条水平网格线,L 指位于 0.025 μm 处;

```
Y.MESH   N = 3   L = 0.0
```

第 3 条水平线位于 0 μm 处;
在这个例子中,前 3 条水平线用来定义厚度为 0.025 μm 的二氧化硅(栅氧);

```
COMMENT  0u-1.0u H1 = 0.125  1u-2u H1 = 0.250
Y.MESH   DEPTH = 2.0  H1 = 0.1
```

这条语句添加了一个 1 μm 深(DEPTH)、垂直方向网格线均匀间隔 0.1 μm(H1)的区域;

```
Y.MESH   DEPTH = 8.0  H1 = 0.2
```

添加了一个 1 μm 深、垂直方向网格线均匀间隔 0.2 μm 的区域;

```
COMMENT    Eliminate some unnecessary substrate nodes
ELIMIN     COLUMNS Y.MIN = 2.1
```

该语句将 2.1 μm (Y.MIN) 以下的纵向网格线 (COLUMNS) 隔列删除,以减少节点数;

```
COMMENT    Specify oxide and silicon regions
COMMENT    no more description means all region
REGION     SILICON
```

REGION 用来定义区域的材料性质,如果不特别说明区域范围,则表示对整个结构进行定义,在这里定义整个区域为硅;

```
REGION     OXIDE    IY.MAX = 3
```

定义第 3 条网格线以上的区域为二氧化硅;

```
COMMENT        Electrode definition
ELECTRODE      NAME = GATE  X.MIN = 2  X.MAX = 3.5  TOP
```

ELECTRODE 用来定义电极位置,在这里将栅极放在栅极二氧化硅的表面;

```
ELECTR     NAME = Substrate  BOTTOM
```

将衬底接触电极放在器件的底部;

```
ELECTRODE  NAME = SOURCE  X.MIN = 0  X.MAX = 0.5  IY.MAX = 3
```

将源区的接触电极放在器件的左边;

```
ELECTRODE  NAME = DRAIN  X.MIN = 6.2  X.MAX = 8  IY.MAX = 3
```

将漏区的接触电极放在器件的右边;

```
COMMENT    Specify impurity profiles and fixed charge
PROFILE    P-TYPE  N.PEAK = 1E15  UNIFORM
```

PROFILE 语句用来定义掺杂情况,P-TYPE 表示是 P 型掺杂,N.PEAK 描述峰值浓度;
这个语句定义整个衬底的浓度为均匀掺杂 (UNIFORM),浓度为 P 型;

```
PROFILE  P-TYPE  N.PEAK = 4E17  Y.JUNC = 1.0  X.MAX = 2  Y.MIN = 0
```

这个语句定义沟道阈值调整的掺杂为 P 型,峰值浓度为 4×10^{17},结深 (Y.JUNC) 为 1 μm;

```
PROFILE  N-TYPE  N.PEAK = 2E20    Y.JUNC = 0.3  X.MAX = 2    Y.MIN = 0
PROFILE  N-TYPE  N.PEAK = 1.5E16  Y.JUNC = 1.8  X.MIN = 4.9  Y.MIN = 0
PROFILE  N-TYPE  N.PEAK = 2E20    Y.JUNC = 0.3  X.MIN = 6    Y.MIN = 0
INTERFAC QF = 1E10
```

INTERFAC 语句用来定义界面态,这个语句说明在整个二氧化硅的表面有浓度一致的固定态电荷,浓度为 1×10^{10}(QF)。

```
COMMENT    GRID means show/hide grid
+          FILL means reagions is color filled or not
+          SCALE means the plot is reduced from the specified size in x or y directions
PLOT.2D  GRID  TITLE = "INITIAL GRID"  FILL  SCALE
```

PLOT.2D 用来显示二维图形，参数 GRID 表示在图中显示网格，FILL 表示不同的区域用颜色填充，使用参数 SCALE 后，可以使显示图形的大小合适。这个语句本身并不能显示器件的特性，只是给器件特性的显示提供一个平台，结合了其他的语句后才能显示想要的图形，这一点在下面会给出示范。在这里的几个参数都是可有可无的，不妨把它们去掉看看有什么不同，以加深理解。该 PLOT.2D 语句所得的图形如图 2.5 所示。

到目前为止，器件的结构已经定义了，下面将对该网格进行调整，以适应仿真的需要。

```
COMMENT  Regrid on doping
REGRID   DOPING  IGNORE = OXIDE  RATIO = 2  SMOOTH = 1
```

REGRID 语句用来对网格按要求进行优化。

当节点的掺杂变化率超出了 RATIO 的要求时，该三角形网格将被分割成 4 个更小的三角形，但二氧化硅区域不被包含在内（由 IGNORE 说明）。SMOOTH 用来平滑网格，以减小钝角三角形带来的不利影响。SMOOTH=1 表示平滑网格时，各个区域的边界不变，SMOOTH=2 表示仅不同材料的边界保持不变。参数 DOPING 说明优化网格的标准是基于杂质分布的，杂质分布变化快的区域能够自动进行调整。

```
PLOT.2D  GRID  TITLE = "DOPING GRID"  FILL  SCALE
```

该语句生成的图形如图 2.6 所示，可以仔细比较和图 2.5 的区别（在网格上有什么不同，尤其是在 PN 结的边缘，此处的浓度变化最快）。

```
COMMENT  Specify contact parameters
CONTACT  NAME = Gate  N.POLY
```

CONTACT 语句用来定义与电极相关的一些物理参数，栅极（NAME）的材料被定义为 N 型的多晶硅（N.POLY），此时 POLY 的功函数为 4.17 V。如果定义为 P 型的多晶硅，则功函数为 5.25 V。默认值是 NEUTRAL，将根据掺杂浓度自动计算电极的接触功函数。

```
COMMENT  Specify physical models to use
MODELS   CONMOB  FLDMOB  SRFMOB2
```

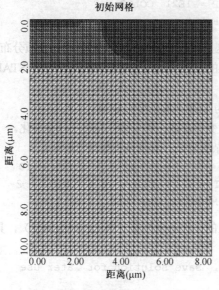

图 2.5 初始网格

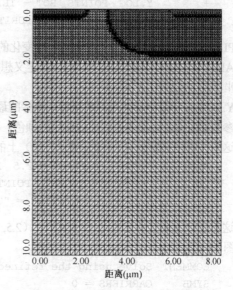

图 2.6 根据掺杂分布进一步调整网格

MODELS 用来描述在仿真中用到的各种物理模型，仿真时的温度也可以在这里设定（由参数 TEMP 设定）。除非又使用了该语句，否则该语句定义的模型一直有效。

参数 CONMOB 表示使用与杂质分布有关的迁移率模型，参数 FLDMOB 表示使用与电场分布有关的迁移率模型，参数 SRFMOB2 表示将考虑表面迁移率降低效应。

```
COMMENT  Symbolic factorization, solve, regrid on potential
SYMB     CARRIERS = 0
```

SYMBOLIC 语句定义仿真所用的求解方法、求解所用的方程和载流子类型等参数。

MEDICI 中提供的基本方程包括泊松方程、电子空穴连续性方程、晶格温度方程、电子空穴能量平衡方程。在这里只选解泊松方程（默认），采用牛顿算法（默认）。因为只需要考虑势能，所以载流子类型为零。

```
METHOD   ICCG DAMPED ITLIMIT = 100
```

METHOD 语句设置了一个和 SYMB 语句相关的具体的求解算法。

在大多数情况下，只需要 ICCG 和 DAMPED 这两个参数就能够得到最有效的载流子类型为零的仿真结果。ITLIMIT 确定了最大迭代次数，默认值为 20。

```
SOLVE
```

该语句用来求解，在这里初始条件设置为 0。

```
REGRID   POTEN IGNORE = OXIDE RATIO = .2 MAX = 1 SMOOTH = 1
```

该语句可以在势能变化快（同一网格内势垒差超过 0.2 倍）的地方将网格进一步优化，MAX 表示优化的最大限度。

```
PLOT.2D  GRID TITLE = "POTENTIAL REGRID" FILL SCALE
```

该语句显示的图形如图 2.7 所示。

```
COMMENT  mpurity profile plots
PLOT.1D  DOPING X.START = 7 X.END = 7 Y.START = 0 Y.END = 10
+        Y.LOG POINTS BOT = 1E15 TOP = 1E21 COLOR = 2
+        TITLE = "SOURCE IMPURITY PROFILE"
```

PLOT.1D 语句是用来显示参数的一维变化的。在这里参数 DOPING 说明显示的是杂质分布情况，X.START、X.END、Y.START 和 Y.END 定义想要考察的路径（起始坐标是（X.START, Y.START），终点坐标是（X.END, Y.END））。

Y.LOG 表示纵坐标使用对数坐标，坐标的最大值为 TOP，最小值为 BOT。

参数 COLOR 用来描述该曲线选用的颜色，不妨改变该参数，看看颜色发生了什么变化。

这条语句用来显示从（7,0）到（7,10）上的一维杂质分布，具体结果如图 2.8 所示。

```
PLOT.1D  DOPING X.START = 2.5 X.END = 2.5 Y.START = 0 Y.END = 10
+        Y.LOG POINTS BOT = 1E14 TOP = 1E16 COLOR = 2
+        TITLE = "GATE IMPURITY PROFILE"
```

这条语句用来显示范围为（2.5,0）～（2.5,10）上的一维杂质分布（栅压的阈值调整），具体结果如图 2.9 所示。

```
COMMENT  Solve using the refined grid, save solution for later use
SYMB     CARRIERS = 0
SOLVE
```

第 2 章 工艺仿真工具 TSUPREM-4 及器件仿真工具 MEDICI

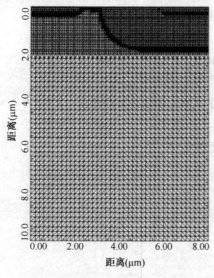

图 2.7 根据势垒分布进一步调整网格

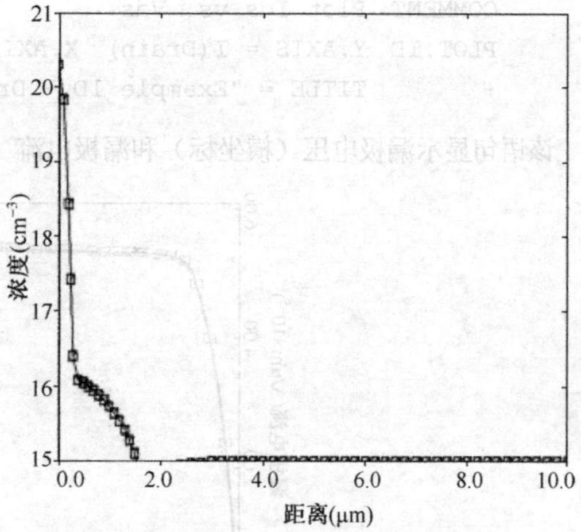

图 2.8 源区杂质分布

为了给下面的仿真提供一个起始条件,在这里给出一个零偏置条件下的初解。

```
COMMENT   Do a Poisson solve only to bias the gate
SYMB      CARRIERS = 0
METHOD    ICCG DAMPED
SOLVE     V(Gate) = 2.0
```

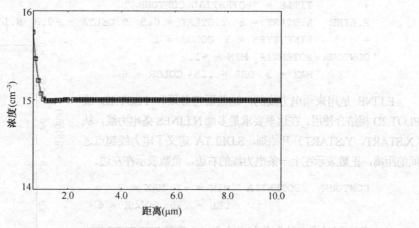

图 2.9 栅区杂质分布

在使用 SOLVE 语句获得下一个解之前,SYMB 语句必须再使用一次。因为网格的节点数在上一次求解时已经改变。

器件在零偏置时电流很小,所以使用零载流子模型就足够了。

```
COMMENT   Use Newton's method and solve for electrons
SYMB      NEWTON  CARRIERS = 1  ELECTRON
```

下面将要求解漏极电压和漏极电流的关系,因为是 NLDMOS 器件,所以设置载流子类型为电子。

```
COMMENT   Ramp the drain
SOLVE     V(Drain) = 0.0  ELEC = Drain  VSTEP = 1  NSTEP = 40
```

漏极加上步长为 VSTEP、扫描次数为 NSTEP 的扫描电压，然后进行仿真。

```
COMMENT  Plot Ids vs. Vds
PLOT.1D  Y.AXIS = I(Drain)  X.AXIS = V(Drain)  POINTS  COLOR = 2
+        TITLE = "Example 1D - Drain Characteristics"
```

该语句显示漏极电压（横坐标）和漏极电流（纵坐标）的关系，如图 2.10 所示。

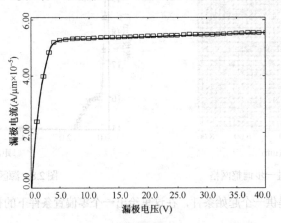

图 2.10　漏极特性

```
COMMENT  Potential contour plot using most recent solution
PLOT.2D  BOUND  JUNC  DEPL  FILL  SCALE
+        TITLE = "POTENTIAL CONTOURS"
E.LINE   X.START = 6  Y.START = 0.5  S.DELTA = -0.3  N.LINES = 8
+        LINE.TYPE = 3  COLOR = 1
CONTOUR  POTENTIA  MIN = -1
         MAX = 3  DEL = .25  COLOR = 6
```

E.LINE 是用来画电力线的，这条语句必须和 PLOT.1D 或 PLOT.2D 相结合使用。在这里要求最多画 N.LINES 条电力线，从（X.START，Y.START）开始画，S.DELTA 定义了电力线起点之间的距离，正数表示在上一条电力线的右边，负数表示在左边。

```
CONTOUR   POTENTIA   MIN = -1  MAX = 3
                     DEL = .25  COLOR = 6
```

这一条语句是用来绘制势能分布的（由参数 POTENTIA 决定），绘制的势能曲线从−1 V（MIN）开始到 4 V（MAX）结束，每一条曲线之间电势差为 0.25 V（DEL），共有(MAX−MIN)/DEL 条势能曲线。上面语句绘制的势能曲线如图 2.11 所示。

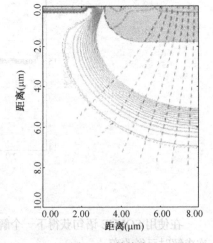

图 2.11　等势线

2.6　MEDICI 实例 2——NPN 三极管仿真

下面是一个 NPN 双极型三极管的仿真描述实例。

```
TITLE  TMA MEDICI Example 2P - NPN Transistor Simulation
COMMENT  Simulation with Modified Emitter Region
```

```
COMMENT Initial mesh specification
MESH
```
创建一个原始网格。

```
    X.MESH WIDTH = 6.0 H1 = 0.250
```
网格横向宽为 6 μm，间距为 0.25 μm。

```
    Y.MESH Y.MIN = -0.25 Y.MAX = 0.0 N.SPACES = 2
```
在纵向−0.25 和 0 之间创建两（N.SPACES）行网格。

```
    Y.MESH DEPTH = 0.5 H1 = 0.125
```
纵向添加深度为 0.5 μm 的网格，纵向间距为 0.125 μm。

```
    Y.MESH DEPTH = 1.5 H1 = 0.125 H2 = 0.4
```
纵向再添加深度为 1.5 μm 的网格，其纵向间距从 0.125 μm 变化到 0.4 μm。

```
    COMMENT Region definition
    REGION NAME = Silicon SILICON
```
定义整个区域性质为硅。

```
    REGION NAME = Oxide OXIDE Y.MAX = 0
```
定义从−0.25 到 0 的区域都为二氧化硅。

```
    REGION NAME = Poly POLYSILI Y.MAX = 0 X.MIN = 2.75 X.MAX = 4.25
```
再次定义二氧化硅层的中间部分区域为 poly。

```
    COMMENT Electrodes
    ELECTR NAME = Base X.MIN = 1.25 X.MAX = 2.00 Y.MAX = 0.0
```
基区电极位置定义。

```
    ELECTR NAME = Emitter X.MIN = 2.75 X.MAX = 4.25 TOP
```
发射区电极位置定义（在整个器件顶部，TOP）。

```
    ELECTR NAME = Collector BOTTOM
```
集电区电极位置定义（在器件的最底部，BOTTOM）。

```
    COMMENT Specify impurity profiles
    PROFILE N-TYPE N.PEAK = 5e15 UNIFORM OUT.FILE = MDEX2DS
```
定义衬底为 N 型均匀掺杂，浓度为 5×10^{15}，并将所有定义的掺杂特性记录在文件 MDEX2DS 中，在下次网格优化时方便调用。

```
    PROFILE P-TYPE N.PEAK = 6e17 Y.MIN = 0.35 Y.CHAR = 0.16
    + X.MIN = 1.25 WIDTH = 3.5 XY.RAT = 0.75
```
定义基区为 P 型掺杂，浓度为 $6 \times 10^{17}\,\text{cm}^{-3}$，扩散中心为 0.35 μm，同时纵向向上、向下分别扩散，特征长度（Y.CHAR）为 0.16 μm，横向扩散率为 0.75。

```
    PROFILE P-TYPE N.PEAK = 4e18 Y.MIN = 0.0 Y.CHAR = 0.16
```

```
+ X.MIN = 1.25 WIDTH = 3.5 XY.RAT = 0.75
```

仍旧是定义基区的掺杂特性（和发射区邻接部分浓度较高）。

```
PROFILE N-TYPE N.PEAK = 7e19 Y.MIN = -0.25 DEPTH = 0.25 Y.CHAR = 0.17
+ X.MIN = 2.75 WIDTH = 1.5 XY.RAT = 0.75
```

定义 N 型（多晶）发射区的掺杂特性。

```
PROFILE N-TYPE N.PEAK = 1e19 Y.MIN = 2.0 Y.CHAR = 0.27
```

定义 N 型埋层的掺杂特性。

```
COMMENT Regrids on doping
REGRID DOPING LOG RATIO = 3 SMOOTH = 1 IN.FILE = MDEX2DS
```

读入文件 MDEX2DS，对网格进行优化处理，当网格上某节点的掺杂变化率超过 3 时，对这个网格进行更进一步的划分（分为 4 个全等的小三角形）。

```
REGRID DOPING LOG RATIO = 3 SMOOTH = 1 IN.FILE = MDEX2DS
```

再次进行同样的优化处理，使网格更加细化。

```
COMMENT Extra regrid in emitter-base junction region only.
REGRID DOPING LOG RATIO = 3 SMOOTH = 1 IN.FILE = MDEX2DS
+ X.MIN = 2.25 X.MAX = 4.75 Y.MAX = 0.50 OUT.FILE = MDEX2MS
```

对发射区与基区交界部分的网格进行专门的优化处理，最后将整个完整定义的网格保存在文件 MDEX2MS 中。

```
PLOT.2D GRID SCALE FILL
+ TITLE = "Example 2P - Modified Simulation Mesh"
```

完成的网格如图 2.12 所示。

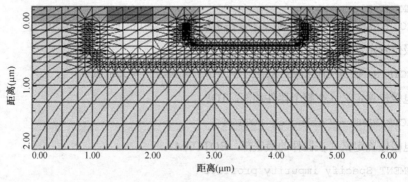

图 2.12 优化后的仿真网格

```
COMMENT Modify properties of polysilicon-emitter region
MOBILITY POLYSILI CONC = 7E19 HOLE = 2.3 FIRST LAST
```

在多晶硅的掺杂浓度为 7×10^{19} 时，空穴的迁移率为 2.3（依赖多晶硅的掺杂浓度而变化），不过 FIRST 和 LAST 这两个参数的引入表明无论掺杂浓度为多少，空穴的迁移率都保持不变。

```
MATERIAL POLYSILI TAUP0 = 8E-8
```

多晶硅中空穴的寿命保持为 8×10^{-8}。

```
MODEL CONMOB CONSRH AUGER BGN
```

定义在仿真中用到的各种物理模型，CONMOB 表示使用迁移率与杂质分布有关的模型，CONSRH 表示使用与杂质分布有关的载流子复合模型，AUGER 表示使用与俄歇复合有关的模型，BGN 表示使用与禁带宽度变窄效应有关的模型。

```
COMMENT Initial solution
SYMB CARRIERS = 0
```

在 SYMB 语句中如果设置 CARRIERS = 0，表示只选用 POISSON 方程来建模，称为零载流子模型。

```
METHOD ICCG DAMPED
```

一般使用 ICCG DAMPED 这两个参数来解零载流子模型。

```
SOLVE V(Collector) = 3.0
```

在 $V_c = 3\,\text{V}$ 时求探索解。

```
SYMB NEWTON CARRIERS = 2
```

在使用了零载流子模型做初步估计后，使用更精确的模型 NEWTON 来做进一步求解。

```
SOLVE
```

仍在 $V_c = 3\,\text{V}$ 时求解（使用 NEWTON 模型）。

```
COMMENT Setup log files, forward bias base-emitter junction, and
+ calculate the admittance matrix （导纳矩阵）at 1.0 MHz
LOG OUT.FILE = MDEX2PI
```

将上面仿真的数据保存在 LOG（日志）文件 MDEX2PI 中。

```
SOLVE V(Base) = 0.2 ELEC = Base VSTEP = 0.1 NSTEP = 4
+ AC.ANAL FREQ = 1E6 TERM = Base
```

在频率为 $1\times10^6\,\text{Hz}$，$V_b = 0.2 \sim 0.6\,\text{V}$（步长为 0.1 V）的情况下，进行交流小信号的模拟。

```
SOLVE V(Base) = 0.7 ELEC = Base VSTEP = 0.1 NSTEP = 2
+ AC.ANAL FREQ = 1E6 TERM = Base OUT.FILE = MDEX2P7
```

同样是在频率为 $1\times10^6\,\text{Hz}$，$V_b = 0.7 \sim 0.9\,\text{V}$（步长为 0.1 V）的情况下，进行交流小信号的模拟，并将结果（$V_b = 0.7\,\text{V}$）保存在文件 MDEX2P7 中（$V_b = 0.8\,\text{V}$ 的结果自动保存在文件 MDEX2P8 中，$V_b = 0.9\,\text{V}$ 的结果自动保存在文件 MDEX2P9 中）。

```
TITLE TMA MEDICI Example 2PP - NPN Transistor Simulation
COMMENT Post-Processing of MDEX2P Results
COMMENT Plot Ic and Ib vs. Vbe
PLOT.1D IN.FILE = MDEX2PI Y.AXIS = I(Collector) X.AXIS = V(Base)
+ LINE = 1 COLOR = 2 TITLE = "Example 2PP - Ic & Ib vs. Vbe"
   + BOT = 1E-14 TOP = 1E-3 Y.LOG POINTS
```

读取 LOG 文件，绘制集电极电流和基极电压的关系曲线，其中纵坐标为对数坐标（LOG 文件一般与 PLOT.1D 联合使用），如图 2.13 所示。

```
PLOT.1D IN.FILE = MDEX2PI Y.AXIS = I(Base) X.AXIS = V(Base)
+ Y.LOG POINTS LINE = 2 COLOR = 3 UNCHANGE
```

绘制基极电流和电压的曲线图，UNCHANGE 表明仍旧绘制在上面一条曲线所在的坐标系中，如图 2.13 所示。

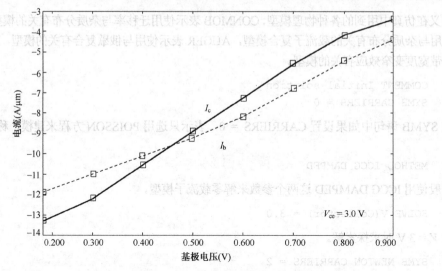

图 2.13 集电极电流(对数坐标)和基极电流与基极电压的关系

```
LABEL LABEL = "Ic"  X = .525 Y = 1E-8
LABEL LABEL = "Ib"  X = .550 Y = 2E-10
LABEL LABEL = "Vce = 3.0 V" X = .75 Y = 1E-13
```

上述3句表示在上面绘制的曲线图上添加标注。

```
COMMENT Plot the current gain (Beta) vs. collector current
EXTRACT NAME = Beta EXPRESS = @I(Collector)/@I(Base)
```

使用 EXTRACT 语句,列出 Beta(增益)的表达式。

```
PLOT.1D IN.FILE = MDEX2PI X.AXIS = I(Collector) Y.AXIS = Beta
+ TITLE = "Example 2PP - Beta vs. Collector Current"
+ BOTTOM = 0.0 TOP = 25 LEFT = 1E-14 RIGHT = 1E-3
+ X.LOG POINTS COLOR = 2
```

绘制集电极电流与增益的关系曲线,如图 2.14 所示。

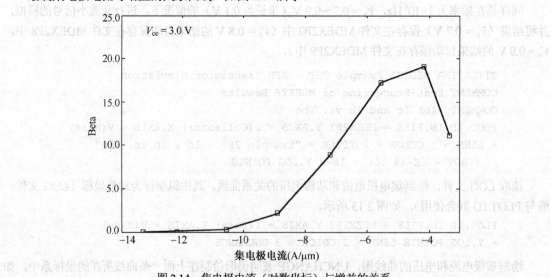

图 2.14 集电极电流(对数坐标)与增益的关系

```
            LABEL LABEL = "Vce = 3.0 V" X = 5E-14 Y = 23
```
做标签。
```
            COMMENT Plot the cutoff frequency Ft = Gcb/(2*pi*(Cbe+Cbc))
            EXTRACT NAME = Ft UNITS = Hz
            + EXPRESS = "@G(Collector, Base)/(6.28*@C(Base, Base))"
```
列出截止频率的表达式，单位是 Hz。
```
            PLOT.1D IN.FILE = MDEX2PI X.AXIS = I(Collector) Y.AXIS = Ft
            + TITLE = "Example 2PP - Ft vs. Collector Current"
            + BOTTOM = 1 TOP = 1E10 LEFT = 1E-14 RIGHT = 1E-3
            + X.LOG Y.LOG POINTS COLOR = 2
```
绘制集电极电流与截止频率的关系曲线，横纵坐标均使用对数坐标，如图 2.15 所示。
```
            LABEL LABEL = "Vce = 3.0 V" X = 5E-14 Y = 1E9
```
做标签。
```
            COMMENT Read in the simulation mesh and solution for Vbe = 0.9 V
            MESH IN.FILE = MDEX2MS
```
由于要绘制二维图形，为了方便，重新载入前面描述的网格。
```
            LOAD IN.FILE = MDEX2P9
```
载入仿真结果文件 MDEX2P9(V_{be} = 0.9 V)。

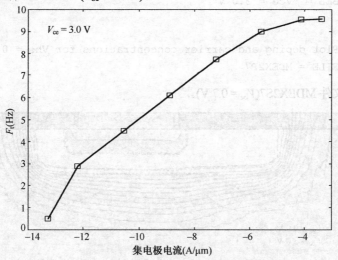

图 2.15　截止频率 F_t 与集电极电流（对数坐标）的关系

```
            COMMENT Vector plot of total current for Vbe = 0.9 V
            PLOT.2D BOUND JUNC SCALE FILL
            + TITLE = "Example 2PP - Total Current Vectors"
            VECTOR J.TOTAL COLOR = 2
```
绘制二维电流矢量图，如图 2.16 所示。
```
            LABEL LABEL = "Vbe = 0.9 V" X = 0.4 Y = 1.55
            LABEL LABEL = "Vce = 3.0 V"
```
做标签。

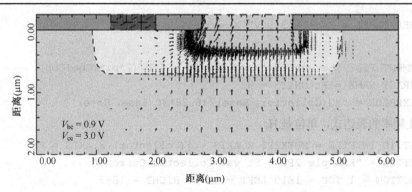

图 2.16 总电流矢量

```
COMMENT Potential contour plot for Vbe = 0.9 V
PLOT.2D BOUND JUNC DEPL SCALE FILL
+ TITLE = "Example 2PP - Potential Contours"
CONTOUR POTEN MIN = -1 MAX = 4 DEL = .25 COLOR = 6
```

绘制等势能曲线（CONTOUR 用来绘制等高线），POTEN 指势能，MIN 和 MAX 指定参数的显示范围，DEL 表示所显示的相邻曲线在参数值上的间隔，负数表示是 P 型掺杂，正数表示是 N 型掺杂，如图 2.17 所示。

```
LABEL LABEL = "Vbe = 0.9 V" X = 0.4 Y = 1.55
LABEL LABEL = "Vce = 3.0 V"
```

做标签。

```
COMMENT Plot doping and carrier concentrations for Vbe = 0.7 V
LOAD IN.FILE = MDEX2P7
```

载入仿真结果文件 MDEX2S7(V_{be} = 0.7 V)。

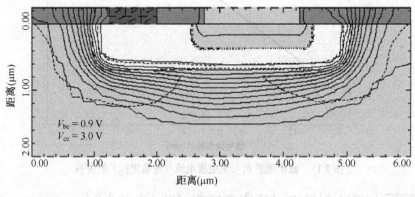

图 2.17 等势线

```
PLOT.1D DOPING Y.LOG SYMBOL = 1 COLOR = 2 LINE = 1
+ BOT = 1E10 TOP = 1E20
+ X.STA = 3.5 X.END = 3.5 Y.STA = 0 Y.END = 2
+ TITLE = "Example 2PP - Carrier & Impurity Conc."
```

绘制器件的杂质浓度特性曲线，使用第一种标志（SYMBOL = 1，方块），起始点为（3.5，0），终止点为（3.5，2），如图 2.18 所示。

```
PLOT.1D ELECTR Y.LOG SYMBOL = 2 COLOR = 3 LINE = 2 UNCHANGE
+ X.STA = 3.5 X.END = 3.5 Y.STA = 0 Y.END = 2
```
仍在上面曲线的基础上绘制电子的浓度特性曲线,如图 2.18 所示。
```
PLOT.1D HOLES Y.LOG SYMBOL = 3 COLOR = 4 LINE = 3 UNCHANGE
+ X.STA = 3.5 X.END = 3.5 Y.STA = 0 Y.END = 2
```
绘制空穴的浓度特性曲线,如图 2.18 所示。

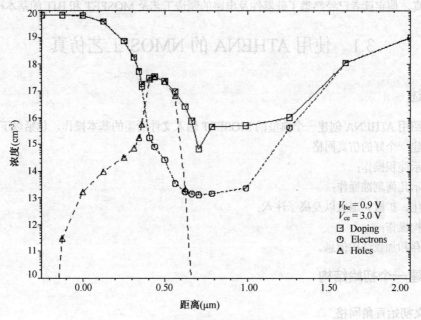

图 2.18 载流子与杂质浓度

```
COMMENT Add label
LABEL LABEL = "Vbe = 0.7 V" X = 1.55 Y = 4E12
LABEL LABEL = "Vce = 3.0 V"
LABEL LABEL = "Doping" SYMBOL = 1
LABEL LABEL = "Electrons" SYMBOL = 2
LABEL LABEL = "Holes" SYMBOL = 3
```

参 考 文 献

1. Taurus TSUPREM-4 User Guide; Version Z-2007.03.
2. Taurus Medici user guide, Version Z-2007.03.

第3章 工艺及器件仿真工具 SILVACO-TCAD

本章将向读者介绍如何使用 SILVACO 公司的 TCAD 工具 ATHENA 进行工艺仿真及使用 ATLAS 进行器件仿真,假定读者已经熟悉了硅器件及电路的制造工艺及 MOSFET 和 BJT 的基本概念。

3.1 使用 ATHENA 的 NMOS 工艺仿真

3.1.1 概述

本节介绍用 ATHENA 创建一个典型的 MOSFET 输入文件所需的基本操作,包括以下几个步骤。
(1) 创建一个好的仿真网格;
(2) 演示淀积操作;
(3) 演示几何刻蚀操作;
(4) 氧化、扩散、退火以及离子注入;
(5) 结构操作;
(6) 保存和加载结构信息。

3.1.2 创建一个初始结构

1. 定义初始直角网格

(1) 在 UNIX 或 LINUX 系统提示符下,输入命令:deckbuild-an&,以便进入 Deckbuild 交互模式,并调用 ATHENA 程序。这时会出现如图 3.1 所示的 Deckbuild 主窗口,单击 File 目录下的 Empty Document,清空 Deckbuild 文本窗口。

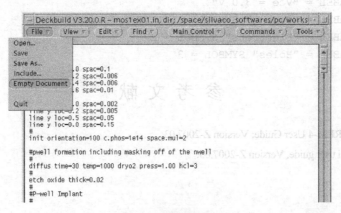

图 3.1 清空文本窗口

(2) 在如图 3.2 所示的文本窗口中输入语句 go athena。

接下来要明确网格,网格中的节点数对仿真的精确度和所需的时间有着直接的影响,仿真结构中存在离子注入或形成 PN 结的区域应该划分更加细致的网格。

第 3 章 工艺及器件仿真工具 SILVACO-TCAD

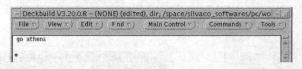

图 3.2 输入 go athena

(3) 为了定义网格，选择 Mesh Define 菜单项，如图 3.3 所示。下面将以在 0.6 μm×0.8 μm 的区域内创建非均匀网格为例来介绍网格定义的方法。

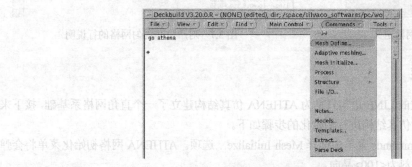

图 3.3 调用 ATHENA 网格定义菜单

2. 在 0.6 μm×0.8 μm 的方形区域内创建非均匀网格

(1) 在网格定义菜单中，Direction 栏默认为 X 方向；单击 Location 栏，输入值 0，表示要插入的网格线定义点在位置 0；单击 Spacing 栏，输入值 0.1，表示相邻网格线定义点间的网格线间距为 0.1。当两个定义点所设定的网格线间距不同时，系统会自动将网格间距从较小值渐变到较大值。

(2) 在 Comment 栏，输入注释行内容 "Non-Uniform Grid（0.6 μm x 0.8 μm)"，如图 3.4 所示。

(3) 单击 Insert 按钮，网格定义的参数会出现在滚动条菜单中，如图 3.5 所示。

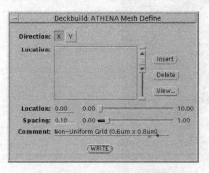   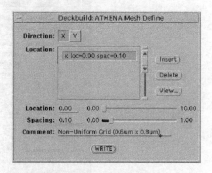

图 3.4 定义网格参数图   图 3.5 单击 Insert 按钮后

(4) 在 $X = 0.2$ 和 $X = 0.6$ 处，分别插入第二和第三个网格线定义点，并将网格间距设为 0.01。这样在 X 轴右边区域内就定义了一个非常精密的网格，作为 NMOS 晶体管的有源区。

(5) 接下来，继续在 Y 轴上建立网格。在 Direction 栏中选择 Y 方向；单击 Location 栏并输入定义点的位置为 0，然后，单击 Spacing 栏并输入网格间距值为 0.008。

(6) 在网格定义窗口中单击 Insert 按钮，并继续插入第二、第三和第四个 Y 方向的网格定义点，位置分别设为 0.2、0.5 和 0.8，网格间距分别设为 0.01、0.05 和 0.15，如图 3.6 所示。

(7) 为了预览所定义的网格，在网格定义菜单中选择 View 键，则会显示 View Grid 窗口。

(8) 最后，单击菜单上的 WRITE 按钮，在文本窗口中写入网格定义信息，如图 3.7 所示。

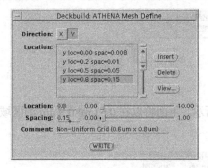
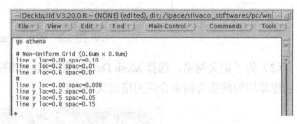

图 3.6　Y 方向上的网格定义　　　　　图 3.7　对产生非均匀网格的行说明

3.1.3 定义初始衬底

由网格定义菜单确定的 LINE 语句只是为 ATHENA 仿真结构建立了一个直角网格系基础，接下来就是衬底区的初始化，对仿真结构进行初始化的步骤如下。

（1）在 ATHENA Commands 菜单中选择 Mesh Initialize…选项。ATHENA 网格初始化菜单将会弹出。在默认状态下，硅材料为<100>晶向。

（2）单击 Boron 杂质板上的 Boron 键，这样硼就成为了背景杂质。

（3）对于 Concentration 栏，通过滚动条或直接输入，选择理想浓度值为 1.0，而在 Exp 栏中选择指数的值为 14，这就确定了背景浓度为 1.0×10^{14} atoms/cm³（也可以通过以 Ω·cm 为单位的电阻系数来确定背景浓度）。

（4）对于 Dimensionality 栏，选择 2D，在二维情况下进行仿真。

（5）对于 Comment 栏，输入 Initial Silicon Structure with <100> Orientation，如图 3.8 所示。

（6）单击 WRITE 按钮，写入网格初始化的有关信息。

图 3.8　通过网格初始化菜单定义初始衬底

3.1.4 运行 ATHENA 并绘图

现在，运行 ATHENA 以获得初始结构，单击 Deckbuild 控制栏里的 run 键，输出将会出现在仿真器子窗口中，语句 struct outfile = .history01.str 是 Deckbuild 通过历史记录功能自动产生的，便于调试新文件等。

使初始结构可视化的步骤如下。

(1) 选中文件.history01.str（目前仅有尺寸和材料方面的信息），单击 Tools 菜单项，并依次选择 Plot 和 Plot Structure…，如图 3.9 所示，将会出现 TonyPlot（绘图工具软件）。在 TonyPlot 中，依次选择 Plot 和 Display…。

图 3.9　绘制历史文件结构

(2) 出现 Display（二维网格）菜单项，如图 3.10 所示。在默认状态下，Edges 和 Regions 图像已选。把 Mesh 图像也选上，并单击 Apply 按钮，将出现初始的三角形网格，如图 3.11 所示。

图 3.10　TonyPlot：Display（二维网格）菜单

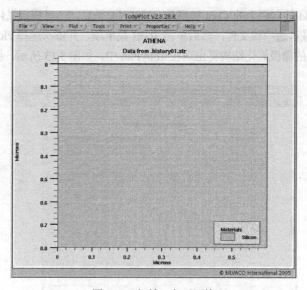

图 3.11　初始三角形网格

现在，先前的 INIT 语句创建了一个 0.6 μm×0.8 μm 大小的、杂质硼浓度为 $1.0×10^{14}$ cm^{-3}、掺杂均匀的<100>晶向的硅片。这个仿真结构已经可以进行任何工艺处理步骤了（如离子注入、扩散和刻蚀等）。

3.1.5 栅极氧化

接下来,通过干氧氧化在硅表面生成栅极氧化层,条件是 1 个大气压,950℃,3%的 HCl,11 min。为了完成这个任务,可以在 ATHENA 的 Commands 菜单中依次选择 Process 和 Diffuse …,ATHENA Diffuse 菜单将会出现。

(1)在 Diffuse 菜单中,将 Time (minutes) 从 30 改成 11,Tempreture (℃) 从 1000 改为 950,并使用 Constant 温度(如图 3.12 所示)。

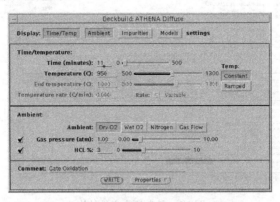

图 3.12 由扩散菜单定义的栅极氧化参数

(2)在 Ambient 栏中,选择 DRY O_2 项;分别检查 Gas pressure 和 HCl 栏,将 HCl 改成 3%。在 Comment 栏里输入"Gate Oxidation"并单击 WRITE 按钮。

(3)有关栅极氧化的数据信息将会被写入 Deckbuild 文本窗口,其中 Diffuse 语句被用来实现栅极氧化。

(4)单击 Deckbuild 控制栏上的 Cont 键继续 ATHENA 仿真。一旦栅极氧化完成,另一个历史文件.history02.str 将会生成;选中该文件,然后单击 Tools 菜单项,并依次选择 Plot 和 Plot Structure…,将结构绘制出来;最终的栅极氧化结构将出现在 TonyPlot 中,如图 3.13 所示。从图可以看出,一个氧化层淀积在了硅表面。

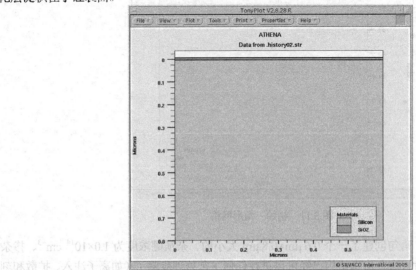

图 3.13 栅极氧化结构

第 3 章 工艺及器件仿真工具 SILVACO-TCAD

3.1.6 提取栅极氧化层的厚度

下面通过 Deckbuild 中的 Extract 程序来确定氧化处理过程中生成的氧化层厚度。

（1）在 Commands 菜单中单击 Extract…，出现 ATHENA Extract 菜单；Extract 栏默认为 Material thickness；在 Name 一栏输入 "Gateoxide"；对于 Material 一栏，单击 Material…，并选择 SiO_2；在 Extract location 一栏，单击 X，并输入值 0.3，表示提取 $X = 0.3$ 处的氧化层厚度。

（2）单击 WRITE 按钮，Extract 语句将会出现在文本窗口中。

在这个 Extract 语句中，mat.occno（= 1）为说明层数的参数。由于这里只有一个二氧化硅层，所以这个参数是可选的。然而当存在多个二氧化硅层时，则必须指定出所定义的层。

（3）单击 Deckbuild 控制栏上的 Cont 键，继续进行 ATHENA 仿真。Extract 语句运行时的输出如图 3.14 所示。

从运行输出可以看到，测量的栅极氧化层厚度为 131.347 Å。

图 3.14 Extract 语句运行时的输出

3.1.7 栅氧厚度的最优化

下面介绍如何使用 Deckbuild 中的最优化函数来对栅极氧化厚度进行最优化。假定所测量的栅氧厚度为 100 Å，栅极氧化过程中的扩散温度和偏压均需要进行调整。为了对参数进行最优化，应按如下方法使用 Deckbuild 最优化函数。

（1）依次单击 Main control 和 Optimizer…选项，调出如图 3.15 所示的最优化工具。第一个最优化视窗显示了 Setup 模式下控制参数的表格。改变最大误差参数，以便能精确地调整栅极氧化厚度为 100 Å。

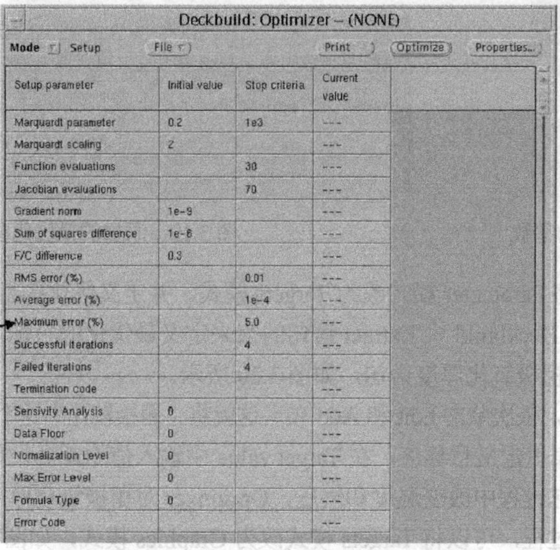

图 3.15 Deckbuild 最优化的 Setup 模式

（2）将 Maximum error 在 criteria 一栏中的值由 5 改为 1。
（3）接下来，通过 Mode 键将 Setup 模式改为 Parameter 模式，并定义最优化参数，如图 3.16 所示。

图 3.16　Parameter 模式

需要优化的参数是栅极氧化过程中的温度和气压。为了对其进行最优化，在 Deckbuild 窗口中选中栅极氧化这一步骤，如图 3.17 所示。

图 3.17　选择栅极氧化步骤

（4）在 Optimizer 中，依次单击 Edit 和 Add 菜单项。一个名为 Deckbuild：Parameter Define 的窗口将会弹出，如图 3.18 所示，列出了所有可能作为参数的项。

（5）检查 temp = <variable> 和 press = <variable> 这两项。然后单击 Apply 按钮，添加的最优化参数将被列出，如图 3.19 所示。

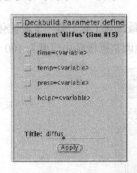

图 3.18　定义需要优化的参数

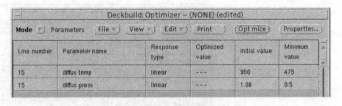

图 3.19　添加的最优化参数

（6）通过 Mode 键将 Parameter 模式改为 Targets 模式，并定义优化的目标。

（7）Optimizer 利用 Deckbuild 中 Extract 语句的值来定义最优化的目标。因此，返回 Deckbuild 的文本窗口并选中 Extract 栅极氧化厚度语句，如图 3.20 所示。

（8）在 Optimizer 中，依次单击 Edit 和 Add 项，这就将"栅极氧化"这个目标添加到了 Optimizer 的目标列表中。在目标列表里定义目标值，在 Target value 中输入值 100 Å，如图 3.21 所示。

通过在栅极氧化工艺过程中改变温度和气压，Optimizer 对栅极氧化厚度进行了优化。

（9）为了观察优化过程，可以将 Targets 模式改为 Graphics 模式，如图 3.22 所示。

第3章 工艺及器件仿真工具 SILVACO-TCAD

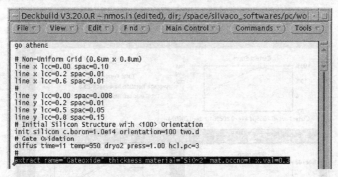

图 3.20 选中优化目标

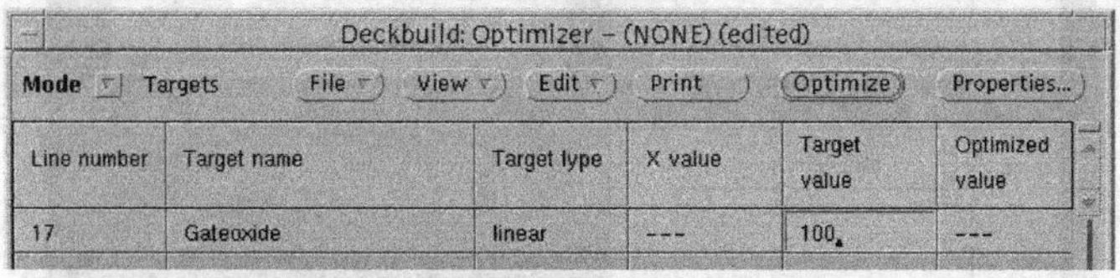

图 3.21 在 Target value 中输入值 100 Å

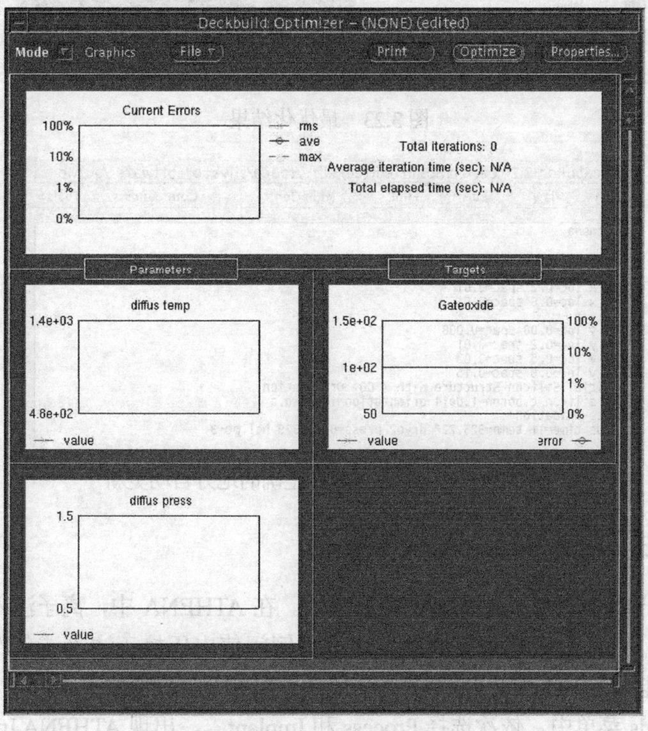

图 3.22 Optimizer 中的 Graphics 模式

（10）最后，单击 Optimize 键以演示最优化过程。仿真将会重新运行，并且在一小段时间之后重新开始栅极氧化这一步骤。最优化的结果为，温度 925.727℃，偏压 0.982 979，抽样氧化厚度 100.209 Å，如图 3.23 所示。

为了完成最优化，温度和气压的最优化值需要被复制回输入文档中。

（11）为了复制这些值，需要返回 Parameters 模式并依次单击 Edit 和 Copy to Deck 菜单项，以更新输入文档中的最优化值，输入文档将会在正确的地方自动更新，如图 3.24 所示。

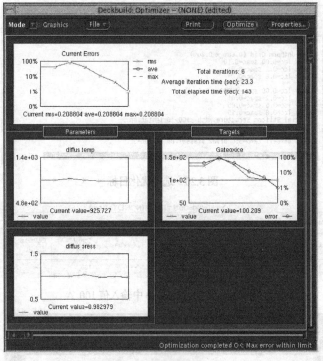

图 3.23 最优化结果

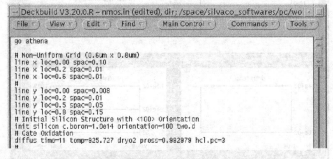

图 3.24 优化后的参数在正确的地方自动更新

3.1.8 完成离子注入

离子注入是向半导体器件结构中掺杂的主要方法。在 ATHENA 中，离子注入是通过在 ATHENA Implant 菜单中设定 Implant 语句来完成的。这里举例阈值电压校正注入，条件是杂质硼的剂量为 $9.5 \times 10^{11} \text{ cm}^{-2}$，注入能量为 10 keV，tilt 为 7°，rotation 为 30°，步骤如下。

（1）在 Commands 菜单中，依次选择 Process 和 Implant…，出现 ATHENA Implant 菜单。

（2）在 Impurity 一栏中选择 Boron；通过滚动条或直接输入的方法，分别在 Dose 和 Exp 这两栏中输入值 9.5 和 11；在 Energy、Tilt 以及 Rotation 这 3 栏中分别输入值 10、7 和 30；默认为 Dual Pearson 模式；将 Material Type 选为 Crystalline；在 Comment 栏中，输入注释说明 Threshold Voltage Adjust implant。

（3）单击 WRITE 按钮，注入语句将会出现在文本窗口中，如图 3.25 所示，图中参数 CRYSTAL 说明对于任何解析模型来说，使用的参数均来自单晶硅。

（4）单击 Deckbuild 控制栏上的 Cont 键，ATHENA 继续进行仿真，如图 3.26 所示。

第3章 工艺及器件仿真工具 SILVACO-TCAD

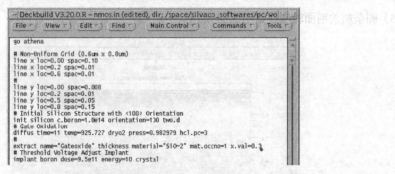

图 3.25　阈值电压调整注入语句

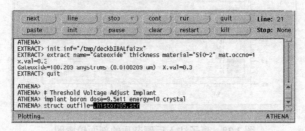

图 3.26　阈值电压调整注入步骤的仿真

3.1.9　在 TonyPlot 中分析硼掺杂特性

硼杂质的剖面形状可以通过 2D Mesh 菜单或 TonyPlot 的 Cutline 工具进行绘制。在 2D Mesh 菜单中，硼杂质的剖面轮廓线会显现出来。在二维结构中运行 Cutline，可以创建一维的硼杂质的横截面图。

首先，用图示的方法说明如何利用 2D Mesh 菜单来获得硼杂质剖面的轮廓线。

（1）绘制历史文件.history05.str（也就是阈值电压调整注入这一步骤），具体方法是首先选中它，然后在 Deckbuild 的 Tools 菜单中依次选择 Plot 和 Plot Structure。

（2）在 TonyPlot 中，依次选择 Plot 和 Display…项，窗口 Display(2D Mesh)将会弹出。

（3）选择 Contours，画出结构的等浓度线；单击 Define 菜单并选择 Contours…。

（4）TonyPlot：Contour 弹出窗口将会出现，如图 3.27 所示。在默认状态下，窗口中 Quantity 选项为 Net Doping，现在将 Net Doping 改为 Boron；单击 Apply 按钮，运行结束以后再单击 Dismiss。

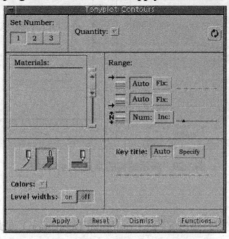

图 3.27　调用 TonyPlot:Contour 菜单

（5）硼杂质的剖面轮廓线如图 3.28 所示。

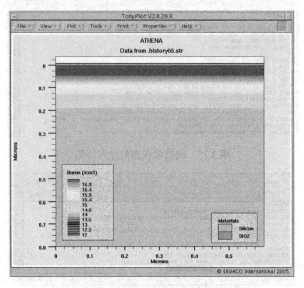

图 3.28　离子注入后硼杂质的剖面轮廓图

接下来，要从硼杂质剖面的二维结构中得到一维的横截面图，具体步骤如下。

（1）在 TonyPlot 中，依次选择 Tools 和 Cutline…项，弹出 Cutline 窗口。

（2）在默认状态下，Vertical 图标已被选中，这将把图例限制在垂直方向。

（3）在结构图中，从氧化层开始按下鼠标左键并一直拖动到结构底部。这样，将会出现一个一维的硼杂质剖面图，如图 3.29 所示。

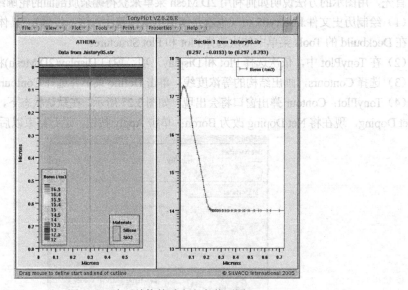

图 3.29　演示结构的垂直方向截面图

3.1.10　多晶硅栅的淀积

淀积可以用来产生多层结构。共形淀积（Conformal Deposition）是最简单的淀积方式，并且可以在各种淀积层形状要求不是非常严格的情况下使用。在 NMOS 工艺中，多晶硅层的厚度约为 2000 Å，这使得用共形多晶硅淀积取而代之成为可能。为了完成共形淀积,在 ATHENA Commands 菜单中依次选择 Process、Deposit 和 Deposit…菜单项。ATHENA Deposit 菜单如图 3.30 所示。

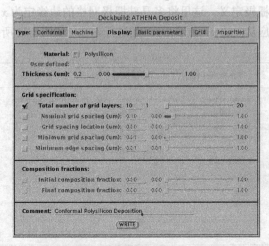

图 3.30　ATHENA Deposit 菜单

（1）在 Deposit 菜单中,淀积类型默认为 Conformal；在 Material 菜单中选择 Polysilicon,并将它的厚度值设为 0.2；在 Grid specification 参数中,单击 Total number of grid layers,并将其值设为 10（在一个淀积层中设定几个网格层通常是非常有用的。在这里,需要 10 个网格层来仿真杂质在多晶硅层中的传输）。在 Comment 一栏中添加注释 Conformal Polysilicon Deposition,并单击 WRITE 按钮。

（2）下面这几行将会出现在文本窗口中：

```
#Conformal Polysilicon Deposition
deposit polysilicon thick = 0.2 divisions = 10
```

（3）单击 Deckbuild 控制栏上的 Cont 键,继续进行 ATHENA 仿真。

（4）通过 Deckbuild Tools 菜单的 Plot 和 Plot structure…来绘制当前结构图。创建后的 3 层结构如图 3.31 所示。

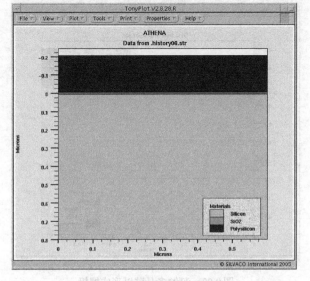

图 3.31　多晶硅层的共形淀积

3.1.11 简单几何刻蚀

接下来就是多晶硅的栅极定义。这里将多晶硅栅极网格的边缘定为 $x = 0.35$ μm，中心网格为 $x = 0.6$ μm。因此，多晶硅应从左边 $x = 0.35$ μm 开始进行刻蚀，如图 3.32 所示。

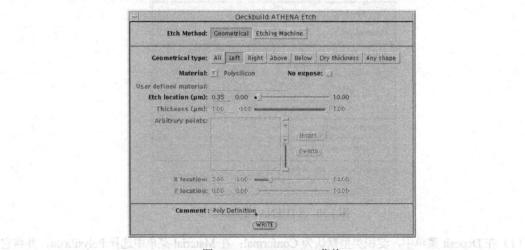

图 3.32 ATHENA Etch 菜单

（1）在 Deckbuild Commands 菜单中依次选择 Process、Etch 和 Etch...，出现 ATHENA Etch 菜单；在 Etch 菜单的 Geometrical type 一栏中选择 Left；在 Material 一栏中选择 Polysilicon；将 Etch location 一栏的值设为 0.35；在 Comment 栏中输入注释 Poly Definition；单击 WRITE 按钮产生如下语句：

```
#Poly Definition
etch polysilicon left p1.x = 0.35
```

（2）单击 Deckbuild 控制栏上的 Cont 键，继续进行 ATHENA 仿真，并将刻蚀结构绘制出来，如图 3.33 所示。

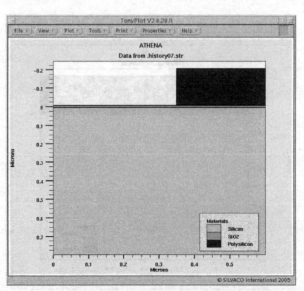

图 3.33 刻蚀多晶硅以形成栅极

3.1.12 多晶硅氧化

接下来说明在利用离子注入对多晶硅进行掺杂之前对多晶硅进行的氧化。具体方法是在900℃，1个大气压下进行3分钟的湿氧氧化。氧化过程要在非平面且未经破坏的多晶硅上进行，要使用被称为Fermi和Compress的两种方法。Fermi法用于掺杂浓度小于1×10^{20} cm^{-3}的未经破坏的衬底，Compress法用于在非平面结构上仿真氧化和进行二维氧化。

为了演示这一氧化过程，可在ATHENA Commands菜单中选择Process和Diffuse…菜单项，并调出Diffuse菜单。

（1）在Diffuse菜单中，将Time从11改为3，Temperature从950改为900；在Ambient一栏中，单击Wet O_2；激活Gas pressure这一栏，而不要选中HCL栏；在Display栏中单击Models，可用的模式将会列出来；同时激活Diffusion和Oxidation模式，并分别选择Fermi和Compressible项；在Comment栏中输入注释Polysilicon Oxidation，单击WRITE按钮。

（2）下面的Diffuse语句将会被添加到输入文件中：

```
#Polysilicon Oxidation
method fermi compress
diffus time = 3 temp = 900 wetO2 press = 1.00
```

（3）单击Deckbuild控制栏上的Cont键，继续进行ATHENA仿真，并将结构绘制出来，如图3.34所示。从图可以看出，在这一氧化过程中，多晶硅和衬底的表面都形成了氧化层。

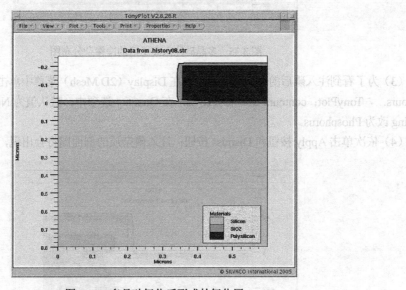

图3.34　多晶硅氧化后形成的氧化层

3.1.13 多晶硅掺杂

在完成了多晶硅氧化之后，接下来要以磷为杂质创建一个重掺杂的多晶硅栅极。这里杂质磷的剂量为3×10^{13} cm^{-2}，注入能量为20 keV。为了演示多晶硅掺杂这一步骤，将再一次使用ATHENA Implant菜单。

（1）在Commands菜单中，依次选择Process和Implant…，出现ATHENA Implant菜单；在Impurity栏中，将Boron改为Phosphorus；在Dose和Exp两栏中分别使用滚动条或直接输入值3、13；在Energy、

Tilt 和 Rotation 中分别输入值 20、7、30；Model 默认为 Dual Pearson；将 Material Type 选为 Crystalline；在 Comment 栏中输入注释 Polysilicon Doping；单击 WRITE 按钮，注入语句将会出现在文本窗口中：

```
#Polysilicon Doping
implant phosphor dose = 3 e13 energy = 20 crystal
```

（2）单击 Deckbuild 控制栏上的 Cont 键，继续进行 ATHENA 仿真，单击 Display（2D Mesh）菜单上的 Contours 键及 Apply 按钮，将结构的 Net Doping 绘制出来，如图 3.35 所示。

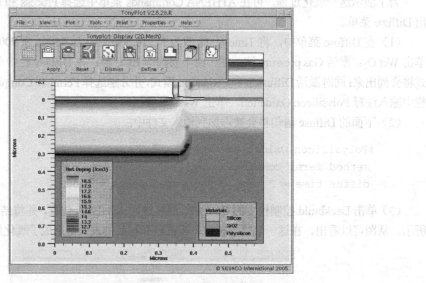

图 3.35　多晶硅注入离子后的净掺杂分布图

（3）为了看到注入磷后的杂质分布图，可在 Display（2D Mesh）菜单中单击 Define 子菜单并选择 contours…，TonyPlot：contours 窗口将会出现。在 Quantity 选项中，默认值为 Net Doping。现在将 Net Doping 改为 Phosphorus。

（4）依次单击 Apply 按钮和 Dismiss 按钮；注入磷杂质的剖面图将会出现，如图 3.36 所示。

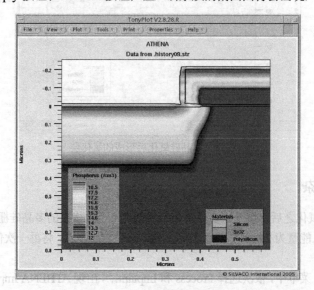

图 3.36　注入磷杂质的剖面图

3.1.14 隔离氧化层淀积

在源极和漏极植入之前,首先需要进行的是侧墙隔离氧化层的淀积。这里侧墙隔离氧化层淀积的厚度为 0.12 μm,可通过 ATHENA Deposit 菜单实现,步骤如下。

(1) 在 ATHENA Commands 菜单中,依次选择 Process、Deposit 和 Deposit…菜单项,ATHENA Deposit 菜单将会出现。

(2) 在 Material 菜单中选择 Oxide,并将其厚度值设为 0.12;将 Grid specification 参数 "Total number of grid layers" 设为 10;在 Comment 栏中添加注释语句 Spacer Oxide deposition,并单击 WRITE 按钮;淀积语句将会出现在 Deckbuild 文本窗口中:

```
#Spacer Oxide Deposition
Deposit oxide thick = 0.12 divisions = 10
```

(3) 单击 Deckbuild 控制栏上的 Cont 键,继续进行 ATHENA 仿真,并将图示的结构用网格表示出来,如图 3.37 所示。

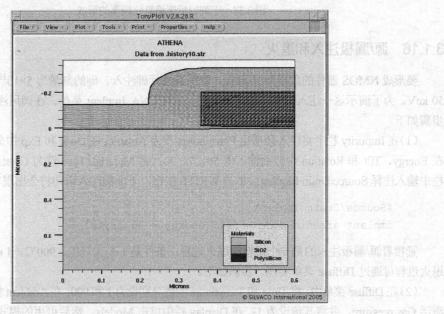

图 3.37 隔离氧化层淀积后的结构网格

3.1.15 侧墙氧化隔离的形成

为了形成侧墙氧化隔离,必须进行干法刻蚀,这可以通过 ATHENA Etch 菜单来完成,步骤如下。

(1) 在 Etch 菜单的 Geometrical type 一栏中,单击 Dry thickness;在 Material 一栏中,选择 Oxide;在 thickness 栏中输入值 0.12;在 Comment 栏中添加注释 Spacer Oxide etch;单击 WRITE 按钮后将会出现如下语句:

```
#Spacer Oxide Etch
etch oxide dry thick = 0.12;
```

(2) 继续 ATHENA 仿真,将刻蚀后的结构图绘制出来,如图 3.38 所示。

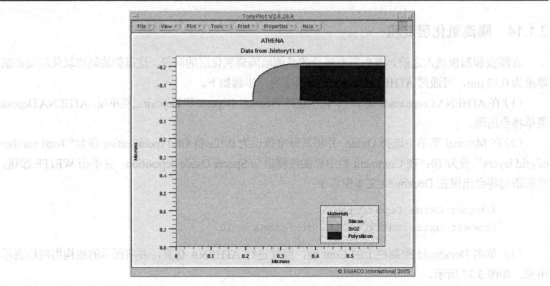

图 3.38　干刻蚀后侧墙氧化隔离的形成

3.1.16　源/漏极注入和退火

要形成 NMOS 器件的重掺杂源/漏极，就需要进行砷注入。砷的剂量为 5×10^{15} cm^{-2}，注入能量为 50 keV。为了演示这一注入过程，将再一次使用 ATHENA Implant 菜单。在调用注入菜单以后，具体步骤如下。

（1）在 Impurity 栏中将注入杂质由 Phosphorus 改为 Arsenic；在 Dose 和 Exp 中分别输入值 5 和 15；在 Energy、Tilt 和 Rotation 中分别输入值 50、7、30；将 Material Type 选为 Crystalline；在 Comment 栏中输入注释 Source/Drain Implant；单击 WRITE 按钮，下面的注入语句将会出现在文本窗口中：

```
#Source/Drain Implant
implant arsenic dose = 5e15 energy = 50 crytal
```

紧接着源/漏极注入的是一个短暂的退火过程，条件是 1 个大气压，900℃，1 min，氮气环境。该退火过程可通过 Diffuse 菜单实现，步骤如下。

（2）在 Diffuse 菜单中，将 Time 和 Tempreture 的值分别设为 1 和 900；在 Ambient 栏中，单击 Nitrogen；激活 Gas pressure，并将其值设为 1；在 Display 栏中单击 Models，然后可用的模式将会列出来；选中 Diffusion 模式并选择 Fermi 项，不要选择 Oxidation 模式；在 Comment 栏中添加注释 Source/Drain Annealing 并单击 WRITE 按钮；下面这些扩散语句将会出现在文本窗口中：

```
#Source/Drain Annealing
method Fermi
diffus time = 1 temp = 900 nitro press = 1.00
```

（3）单击 Deckbuild 控制栏上的 Cont 键，继续进行 ATHENA 仿真，并将结构的杂质分布图表示出来，如图 3.39 所示。

接下来，将会看到退火过程前后 Net Doping（净掺杂）的一些变化，操作步骤如下。

（1）在源/漏极退火后的 TonyPlot 中依次单击 File 和 Load Structure…菜单项。

（2）为了加载在 implant arsenic dose = 5e15 energy = 50 crytal 一步中产生的历史文件（history12.str），在 filename 栏中输入.history12.str；依次单击 Load、Overlay 项，如图 3.40 所示。

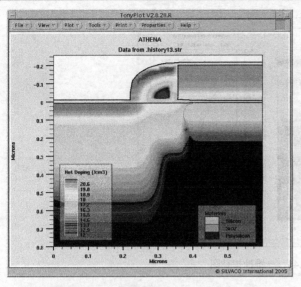

图 3.39 源/漏极的注入和退火过程

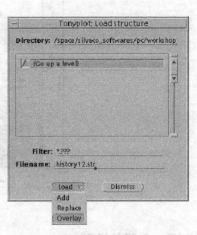

图 3.40 加载注入步骤的结构文件

（3）前述的注入结构（.history12.str）将会叠加到退火结构（.history13.str）上，如图 3.41 所示，注意图的副标题为 Data from multiple files。

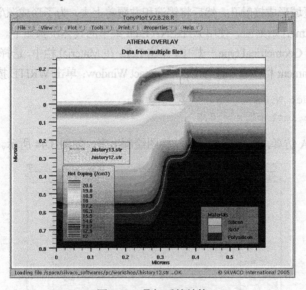

图 3.41 叠加后的结构

（4）在两个结构图相互叠加以后，依次选择 TonyPlot 中的 Tools 和 Cutline…菜单项并显示图例，Cutline 菜单将会出现。单击图 3.42 中 keyboard 按钮并输入 X 和 Y 的值。

（5）完成后，单击 keyboard 的 return 键，TonyPlot 将会提示确认，单击 Confirm 键。

图 3.43 中右边的一维图便是最终的结果。从图可以看出，短暂的退火过程将杂质粒子从 MOS 结构的表面转移了。

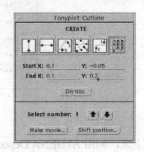

图 3.42 使用 Cutline 菜单的 keyboard 选项

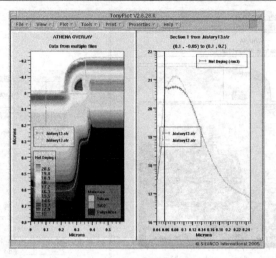

图 3.43　一维净掺杂图

3.1.17　金属的淀积

ATHENA 可以在任何金属、硅化物或多晶硅区域上增加电极。一种特殊的情况就是可以将电极放在背部（backside）而不需要淀积金属。这里，对半个 NMOS 结构的金属淀积是通过下面这种方法完成的：首先在源/漏极区域形成接触孔，然后将铝淀积并覆盖上去。为了形成源/漏极区域的接触孔，氧化层应从左边 $X = 0.2\ \mu m$ 开始刻蚀。使用 ATHENA Etch 菜单的具体步骤如下。

（1）在 Etch 菜单的 Geometrical type 一栏中，单击 Left；在 Material 栏中，选择 Oxide；在 Etch location 栏中输入值 0.2；在 Comment 栏中添加注释 Open Contact Window；单击 WRITE 按钮将会出现如下语句：

```
#Open Contact Window
etch oxide left p1.x = 0.2
```

（2）继续 ATHENA 仿真，并将刻蚀后的结构图绘制出来，如图 3.44 所示。

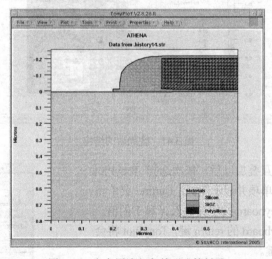

图 3.44　在金属淀积之前形成接触孔

接下来，利用 ATHENA Deposit 菜单，一个厚度为 $0.03\ \mu m$ 的铝层将被淀积到这半个 NMOS 器件表面，具体步骤如下。

（1）在 Material 菜单中选择 Aluminum，并将其厚度值设为 0.03；对于 Grid specification 参数，将 Total number of grid layers 设为 2。

（2）在 Comment 栏中添加注释 Aluminum Deposition，并单击 WRITE 按钮。下面的淀积语句将会出现在文本窗口中：

```
#Aluminum Deposition
deposit aluminum thick = 0.03 divisions = 2;
```

（3）单击 Deckbuild 控制栏上的 Cont 键，继续进行 ATHENA 仿真，并将结构绘制出来，如图 3.45 所示。

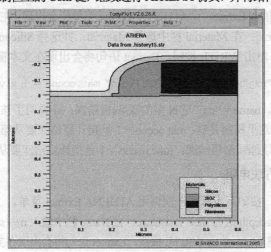

图 3.45　半个 NMOS 结构上的铝淀积

最后，利用 Etch 菜单，铝层将从 $X = 0.18\ \mu m$ 开始刻蚀，具体步骤如下。

（1）在 Etch 菜单的 Geometrical type 一栏中，单击 Right；在 Material 栏中，选择 Aluminum；在 Etch location 栏中输入值 0.18；在 Comment 栏中添加注释 Etch Aluminum；单击 WRITE 按钮将会出现如下语句：

```
#Etch Aluminum
etch aluminum right p1.x = 0.18
```

（2）继续 ATHENA 仿真，并将刻蚀后的结构图绘制出来，如图 3.46 所示。

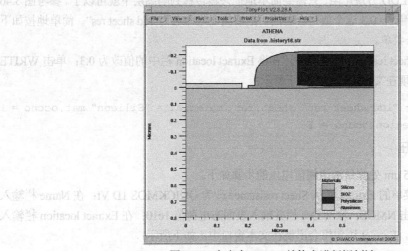

图 3.46　在半个 NMOS 结构上进行铝刻蚀

3.1.18 获取器件参数

在这一节中,将从半个 NMOS 结构中获取一些器件参数。这些参数包括结深、N+源/漏极方块电阻、氧化隔离层下的 LDD 方块电阻以及长沟道阈值电压,这可以通过 Deckbuild 里的 Extract 菜单来完成。

1. 计算结深

计算结深的步骤如下。

在 Commands 菜单里单击 Extract…,ATHENA Extract 菜单将会出现;在 Extract 栏中选择 Junction depth;在 Name 栏中输入 nxj;在 Material 栏中选择 Material…并选择 Silicon;在 Extract location 栏中单击 X 方向并输入值 0.2;单击 WRITE 按钮,Extract 语句将会出现在文本窗口中:

    extract name = "nxj"xj material = "Silicon" mat.occno = 1 x.val = 0.2 junc.occno = 1

在这个 extract 语句中,name = "nxj"是 N 型的源/漏极结深;xj 说明了该结深需要计算;material = "Silicon"是指结的材料,在这里材料是硅;mat.occno = 1 是指计算结深要从第一层材料开始;x.val = 0.2 是指在 $X = 0.2$ μm 的地方得到源/漏极结深;junc.occno = 1 是指计算结深要从指定层的第一个结开始。

2. 获得 N+源/漏极方块电阻

为了测定该方块电阻,按如下步骤再一次调用 ATHENA Extract 菜单。

将 Extract 栏从 Junction depth 改为 sheet resistance;在 Name 栏中输入 n++ sheet res;在 Extract location 栏中,选中 X 网格并输入值 0.05;单击 WRITE 按钮,Extract 语句将会出现在文本窗口中,如下所示:

    extract name = "n++ sheet res" sheet.res material = "Silicon" mat.occno = 1
    x.val = 0.05 region.occno = 1

在这个语句中,sheet.res 说明被测对象是方块电阻;mat.occno = 1 和 region.occno = 1 说明测试第一层材料和区域的方块电阻;x.val = 0.05 说明了 N+区域的测量路径,这是通过给出区域内 $X = 0.05$ μm 这点的网格来实现的。

3. 测量 LDD 方块电阻

为了在氧化层下测量 LDD 方块电阻,只需要简单地把兴趣转移到隔离层下就可以了。参考图 3.46 所示的仿真结构可知,采用 $X = 0.3$ 这个值是合理的。把被测电阻命名为"ldd sheet res"。简单地按如下步骤调用 ATHENA Extract 菜单。

将 Name 栏改为 ldd sheet res;选中 X 网格,并将 Extract location 栏中的值改为 0.3;单击 WRITE 按钮,Extract 语句将会出现在文本窗口中,如下所示:

    extract name = "ldd sheet res" sheet.res material = "Silicon" mat.occno = 1
    x.val = 0.3 region.occno = 1

4. 测量沟道阈值电压

在 NMOS 器件 $X = 0.5$ μm 处测量沟道阈值电压的步骤如下。

将 ATHENA Extract 菜单的 Extract 栏从 Sheet resistance 改为 QUICKMOS 1D Vt;在 Name 栏输入 1dvt;在 Device type 栏单击 NMOS;激活 Qss 栏并输入表面态电荷值 1e10;在 Extract location 栏输入值 0.5;单击 WRITE 按钮,Extract 语句将会出现在文本窗口中,如下所示:

    extract name = "1dvt" 1dvt ntype qss = 1e10 x.val = 0.5

在这个语句中,1dvt 说明了测量一维阈值电压的 Extract 程序;ntype 是器件类型,在这里为一个 N 型的晶体管;x.val = 0.5 是在器件沟道内的一点;qss = 1e10 是指浓度为 $1 \times 10^{10} \, \text{cm}^{-3}$ 的表面态电荷。在默认状态下,栅极偏置电压为 0~5 V,衬底电压为 0 V,以 0.25 V 为步进单位,器件温度为 300 K。

继续 ATHENA 仿真,所有测量值将会出现在 Deckbuild 输出窗口中。这些信息也会被存入现存文档文件 results.final 中。

3.1.19 半个 NMOS 结构的镜像

前面构造的是半个类似 MOSFET 的结构。在某些时候需要得到完整的结构,这必须在向器件仿真器输出结构或给电极命名前完成。在适当的边界将半个 MOSFET 进行镜像的步骤如下。

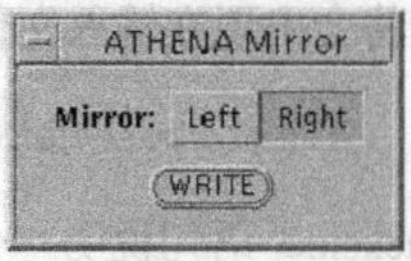

(1)在 Commands 菜单中,依次选择 Structure 和 Mirror 项,出现 ATHENA Mirror 菜单。在 Mirror 栏中选择 Right,如图 3.47 所示。

(2)单击 WRITE 按钮将下列语句写入输入文件:

图 3.47 ATHENA Mirror 菜单

```
struct mirror right
```

(3)单击 Deckbuild 控制栏上的 Cont 键,继续 ATHENA 仿真,并将完整的 NMOS 结构绘制出来,如图 3.48 所示。

从图可以看出,结构的右半边完全是左半边的镜像,包括节点网格和掺杂等。

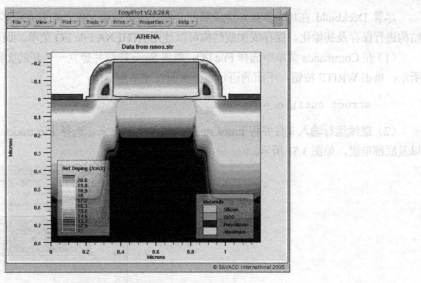

图 3.48 完整的 NMOS 结构

3.1.20 电极的确定

为了使器件仿真器 ATLAS 实现偏置,有必要对 NMOS 器件的电极进行标注。结构的电极可以通过 ATHENA Electrode 菜单进行定义,调用这个菜单的步骤如下。

(1)在 Commands 菜单中,依次选择 Structure 和 Electrode...项,ATHENA Electrode 菜单将会出现;在 Electrode Type 栏中,选择 Specified Position;在 Name 栏中,输入 source;单击 X Position 并将其值设为 0.1,如图 3.49 所示。

(2)单击 WRITE 按钮,下面的语句将会出现在输入文件中:

```
electrode name = source x = 0.1
```

类似地,使用 ATHENA Electrode 菜单在 $X=1.1$ μm 处确定漏极电极将得到如下语句:

```
electrode name = drain x = 1.1
```

多晶硅栅极电极的确定也有同样的形式。对这种结构而言,可以通过和源极或漏极相同的方式得到:

```
electrode name = gate x = 0.6
```

在 ATHENA 中,backside 电极可以放在结构的底部而不用金属片。要确定 backside 电极,在 ATHENA Electrode 菜单的 Electrode Type 栏中选择 Backside,然后输入文件名 backside。下面的底部电极语句将会出现在输入文件中:

```
electrode name = backside backside
```

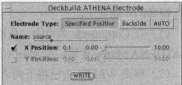

图 3.49 确定源电极图

backside 语句说明一个平面的电极(高度为 0)将会放置在仿真结构的底部。

继续运行输入文件,从 Deckbuild 输出窗口中可以看到相关说明。

随着电极的确定,NMOS 结构也已经完成了。

3.1.21 保存 ATHENA 结构文件

尽管 Deckbuild 在每一步处理完成后都会保存历史结构文件,但是在很多情况下有必要独立地对结构进行保存及初始化。保存或加载结构可以使用 ATHENA File I/O 菜单,调用步骤如下。

(1) 在 Commands 菜单中选择 File I/O;单击 Save 按钮并建立一个新的文件名 nmos.str,如图 3.50 所示;单击 WRITE 按钮,下面的语句将会出现在文本窗口中:

```
struct outfile = nmos.str
```

(2) 继续运行输入文件并将 nmos.str 结构文件绘制出来。选择 Electrodes 图像以查看源、栅、漏以及底部电极,如图 3.51 所示。

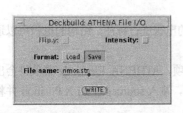

图 3.50 ATHENA File I/O 菜单

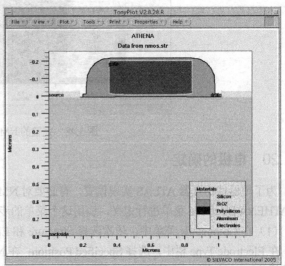

图 3.51 完整的 NMOS 结构

3.2 使用 ATLAS 的 NMOS 器件仿真

3.2.1 ATLAS 概述

ATLAS 是一个基于物理机理的二维器件仿真工具,用于仿真特定半导体器件结构的电学特性,并仿真器件工作时相关的内部物理机理。

ATLAS 可以单独使用,也可以在 SILVACO's VIRTUAL WAFER FAB 仿真平台中作为核心工具使用。通过预测工艺参数对电路特性的影响,器件仿真的结果可以用于 SPICE 模型参数的提取。

1. ATLAS 输入与输出

大多数 ATLAS 仿真使用两种输入文件:一个包含 ATLAS 执行指令的文本文件和一个定义了待仿真结构的结构文件。

ATLAS 会产生 3 种输出文件:运行输出文件(run-time output)记录了仿真的实时运行过程,包括错误信息和警告信息;记录文件(log files)存储了所有通过器件分析得到的端电压和电流;结果文件(solution files)存储了器件在某单一偏置点下有关变量解的二维或三维数据。

2. ATLAS 命令的顺序

在 ATLAS 中,每个输入文件必须包含按正确顺序排列的 5 组语句,这些组的顺序如图 3.52 所示。如果不按照此顺序,往往会出现错误信息并使程序终止,造成程序非正常运行。

Group	Statements
1. Structure Specification	MESH REGION ELECTRODE DOPING
2. Material Models Specification	MATERIAL MODELS CONTACT INTERFACE
3. Numerical Method Selection	METHOD
4. Solution Specification	LOG SOLVE LOAD SAVE
5. Results Analysis	EXTRACT TONYPLOT

图 3.52 ATLAS 命令组及各组的主要语句

3. 开始运行 ATLAS

在 Deckbuild 下开始运行 ATLAS,需要在 UNIX 系统命令提示符下输入:

```
deckbuild -as&
```

命令行选项-as 指示 Deckbuild 将 ATLAS 作为默认仿真工具开始运行。

在短暂延时之后,将会出现如图 3.53 所示的 Deckbuild 主窗口。从该窗口可以看出,命令提示已经从 ATHENA 变为了 ATLAS。

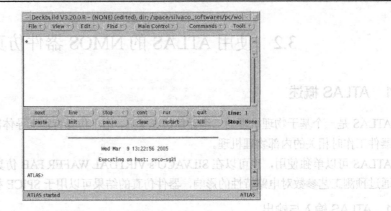

图 3.53 ATLAS 的 Deckbuild 窗口

4. 在 ATLAS 中定义结构

在 ATLAS 中，一个器件结构可以用 3 种不同的方式进行定义。

（1）从文件中读入一个已经存在的结构。这个结构可能是由其他程序创建的，如 ATHENA 或 DevEdit（Silvaco 器件结构编辑软件）；

（2）可以通过 Deckbuild 自动接口界面从 ATHENA 或 DevEdit 转化而来；

（3）可以使用 ATLAS 命令语言进行构建。

第一和第二种方法比第三种方法方便，所以应尽量采用前两种方法。本章将采用第二种方法，利用 Deckbuild 的自动接口界面，将 NMOS 结构从 ATHENA 转化为 ATLAS。

3.2.2 NMOS 结构的 ATLAS 仿真

以如下几项内容为例来介绍 ATLAS 仿真。

（1）$V_{ds}=0.1\,\text{V}$ 时，简单的 I_d–V_{gs} 曲线的产生；

（2）器件参数如 V_t、Beta 和 Theta 的确定；

（3）V_{gs} 分别为 1.1 V、2.2 V 和 3.3 V 时，I_d–V_{ds} 曲线的产生。

这里将采用由 ATHENA 创建的 NMOS 结构来进行 NMOS 器件的电学特性仿真。

3.2.3 创建 ATLAS 输入文档

为了启动 ATLAS，输入下列语句：

```
go atlas
```

载入由 ATHENA 创建的 "nmos.str" 结构文件，步骤如下。

（1）在 ATLAS Commands 菜单中，依次选择 Structure 和 Mesh…项，会弹出 ATLAS Mesh 菜单，如图 3.54 所示。

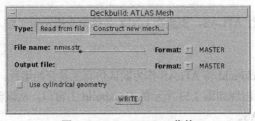

图 3.54 ATLAS Mesh 菜单

（2）在 Type 栏中，单击 Read from file，在 File name 栏中输入结构文件名"nmos.str"。
（3）单击 WRITE 按钮，将 Mesh 语句写入 Deckbuild 文本窗口中，如图 3.55 所示。

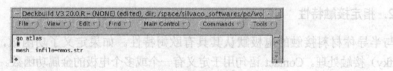

图 3.55　写入 Deckbuild 文本窗口的 Mesh 语句

3.2.4　模型命令组

在 ATHENA 中已经创建了 NMOS 结构，跳过结构命令组而直接进入模型命令组。在这个命令组中，分别用 Model 语句、Contact 语句和 Interface 语句来定义模型、接触特性和接触面特性。

1．指定模型

对于简单的 MOS 仿真，使用 SRH 和 CVT 参数来定义推荐模型。其中，SRH 是 Shockley-Read-Hall 复合模型；CVT 是来自 Lombardi 的倒置层模型（参见 ATLAS 用户手册），它设定了一个全面的目标动态模型，包括浓度、温度、平行场和横向场的依赖性。定义这两种 NMOS 结构模型的步骤如下。

（1）在 ATLAS Commands 菜单中，依次选择 Models 和 Models…项。Deckbuild：ATLAS Model 菜单将会出现，如图 3.56 所示。

（2）在 Catagory 栏中，选择 Mobility 模型；一组动态模型将会出现，选择 CVT；为了运行时能够在运行输出区域中记录模型的状态，在 Print Model Status 选项中单击 Yes。

必要时可以改变 CVT 模型默认参数值，方法为：依次单击 Define Parameters 和 CVT 选项，ATLAS Model-CVT 菜单将会出现；在参数修改完毕后单击 Apply。

也可以在其中添加复合模型，步骤如下。

（1）在 Catagory 栏中选择 Recombination 选项，3 种不同的复合模型将会出现，如图 3.57 所示，分别为 Auger、SRH（fixed lifetimes）以及 SRH（conc.dep. lifetimes）。

图 3.56　Deckbuild：ATLAS Model 菜单

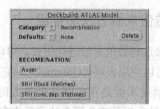

图 3.57　复合模型

(2) 选择 SRH (fixed lifetimes) 模型仿真 NMOS 结构。
(3) 单击 WRITE 按钮，Model 语句将会出现在 Deckbuild 文本窗口中。

2. 指定接触特性

与半导体材料接触的电极默认其具有欧姆特性。如果定义了功函数，电极将被作为肖特基（Shottky）接触处理。Contact 语句用于定义有一个或多个电极的金属功函数。用 Contact 语句定义 N 型多晶硅栅极接触功函数的步骤如下。

(1) 在 ATLAS Commands 菜单中，依次选择 Models 和 Contacts…项，Deckbuild: ATLAS Contact 菜单将会出现；在 Electrode name 一栏中输入 gate；选择 n-poly，代表 N 型多晶硅，如图 3.58 所示。

(2) 单击 WRITE 按钮，语句 Contact name = gate n.poly 将会出现在输入文件中。

3. 指定接触面特性

为了定义 NMOS 结构的接触面特性，需要使用 Interface 语句。这个语句用来定义接触面的电荷浓度以及半导体和绝缘体材料接触面的表面复合率。定义硅和氧化物接触面固定电荷密度为 3×10^{10} cm^{-2}，步骤如下。

(1) 在 ATLAS Commands 菜单中，依次选择 Models 和 Interface…项，Deckbuild: ATLAS Interface 菜单将会出现；在 Fixed Charge Density 一栏中输入 3e10，如图 3.59 所示。

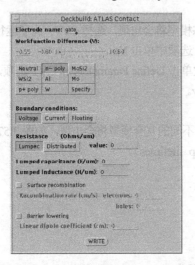
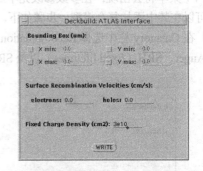

图 3.58　Deckbuild: ATLAS Contact 菜单　　　　图 3.59　Deckbuild: ATLAS Interface 菜单

(2) 单击 WRITE 按钮将 Interface 语句写入 Deckbuild 文本窗口中。
Interface 语句为：Interface s.n = 0.0 s.p = 0.0 qf = 3e10

3.2.5　数值求解方法命令组

接下来选择数值方法进行仿真。可以用几种不同的方法对半导体器件问题进行求解。对 MOS 结构而言，可以使用去耦（Gummel）和完全耦合（Newton）这两种方法。简单地说，以 GUMMEL 法为例的去耦技术就是在求解某个参数时保持其他变量不变，不断重复直到获得一个稳定解。而以 NEWTON 法为例的完全耦合技术是指在求解时，同时考虑所有未知变量。Method 语句可以采用如下方法设定。

第 3 章 工艺及器件仿真工具 SILVACO-TCAD

（1）在 ATLAS Commands 菜单中，依次选择 Solutions 和 Method…项。Deckbuild：ATLAS Method 菜单将会出现；在 Method 栏中选择 Newton 和 Gummel 选项，如图 3.60 所示；默认设定的最大重复数为 25，这个值可以根据需要修改。

（2）单击 WRITE 按钮将 Method 语句写入 Deckbuild 文本窗口中。

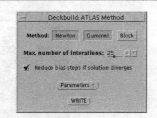

图 3.60　Deckbuild：ATLAS Method 菜单

（3）出现的 Method 语句如图 3.61 所示。应用此语句可以先用 Gummel 法进行重复求解，如果找不到答案，再使用 Newton 法进行计算。

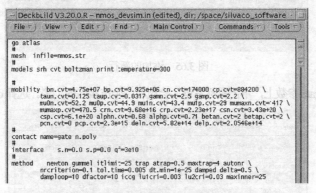

图 3.61　Method 语句

3.2.6　解决方案命令组

在解决方案命令组中，需要使用 log 语句来输出并保存包含端口特性计算结果在内的记录文件，用 solve 语句来对不同偏置条件进行求解，并用 load 语句来加载结果文件。这些语句都可以通过 Deckbuild：ATLAS Test 菜单来完成。

1. V_{ds} = 0.1 V 时，获得 I_d–V_{gs} 曲线

下面要在 NMOS 结构中，获得 V_{ds} = 0.1 V 时的简单 I_d–V_{gs} 曲线，具体步骤如下。

（1）在 ATLAS Commands 菜单中，依次选择 Solutions 和 Solve…项，Deckbuild：ATLAS Test 菜单将会出现，如图 3.62 所示；单击 Props…键以调用 Atlas Solve Properties 菜单；在 Log file 栏中将文件名改为 "nmos1_"，如图 3.63 所示，完成以后单击 OK 按钮。

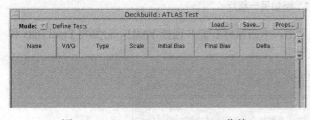

图 3.62　Deckbuild：ATLAS Test 菜单

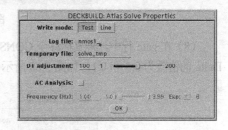

图 3.63　Atlas Solve Properties 菜单

（2）将鼠标移至 Worksheet 区域，单击鼠标右键并选择 Add new row，如图 3.64 所示。

（3）一个新行被添加到了 Worksheet 中，如图 3.65 所示。

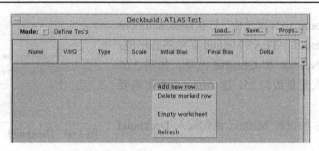

图 3.64 添加新行

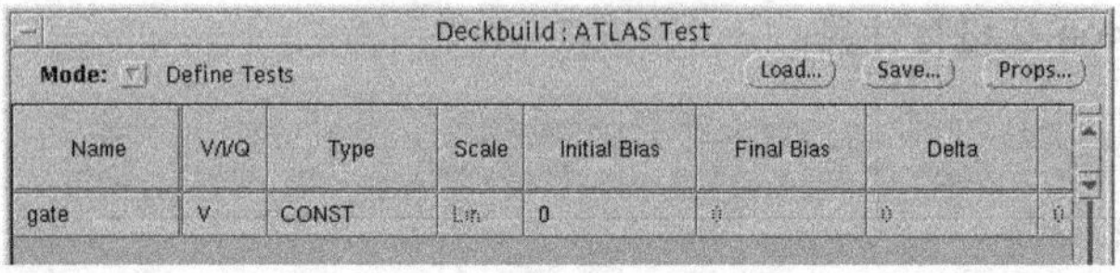

图 3.65 添加的新行

（4）将鼠标移至 gate 参数上，单击鼠标右键，会出现一个电极名的列表。选择 drain，如图 3.66 所示。

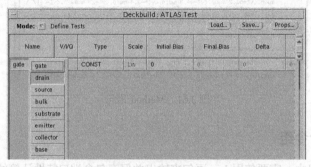

图 3.66 将 gate 改为 drain

（5）单击 Initial Bias 栏下的值并将其值改为 0.1，然后单击 WRITE 按钮。
（6）将鼠标移至 Worksheet 区域，单击鼠标右键并选择 Add new row。
（7）这样就在 drain 行下又添加了一个新行，如图 3.67 所示。

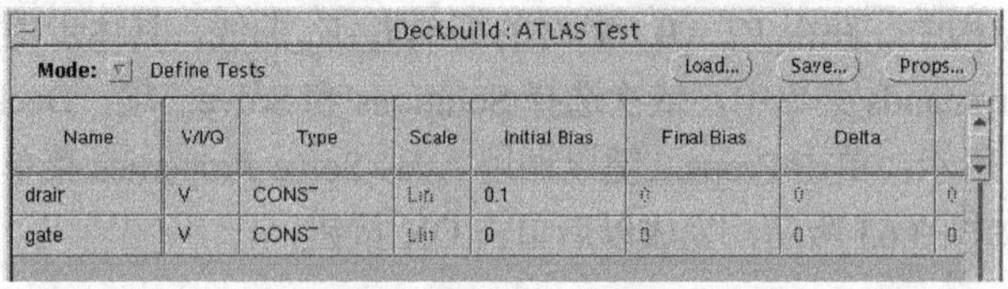

图 3.67 添加另一新行

（8）在 gate 行中，将鼠标移至 CONST 类型上，单击鼠标右键并选择 VAR1。分别将 Final Bias 和 Delta 的值改为 3.3 和 0.1，如图 3.68 所示。

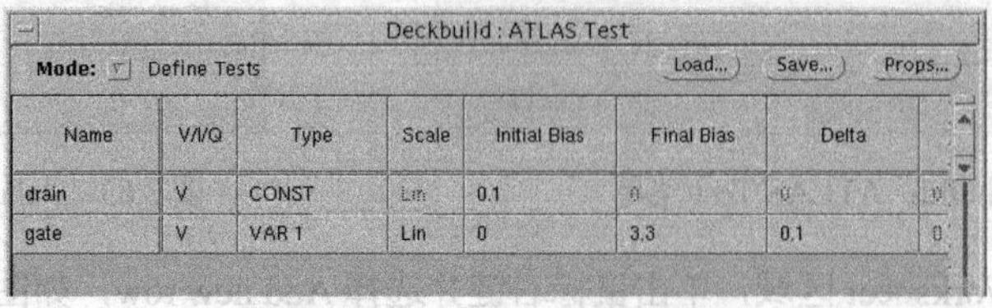

图 3.68 设置栅极偏置参数

(9) 单击 WRITE 按钮，如下语句将会出现在 Deckbuild 文本窗口中，如图 3.69 所示。

```
solve init
solve vdrain = 0.1
log outf = nmos1_0.log
solve name = gate vgate = 0 vfinal = 3.3 vstep = 0.1
```

图 3.69 $V_{ds}=0.1\text{ V}$ 时仿真 I_d–V_{gs} 曲线所用的语句

上述语句以 solve init 语句开始。这条语句提供了一个初始猜想，即零偏置（或热平衡）情况下的电势和载流子浓度。

在得到了零偏置解以后，第二条语句即 solve vdrain = 0.1 将会仿真漏极直流偏置为 0.1 V 的情况。如果 solve 语句没有定义某电极电压，则该电极电压默认为零。因此，不需要对所有电极电压都用 solve 语句进行定义。

第三条语句是 log 语句，即 log outf = nmos1_0.log。这条语句用来将由 ATLAS 计算得出的所有仿真结果保存在 nmos1_0.log 文件中。这些结果包括在直流仿真下每个电极的电流和电压。要停止保存这些信息，可以使用带有"off"的 log 语句如 log off，或使用不同的 log 文件名。

最后一条 solve 语句 solve name = gate vgate = 0 vfinal = 3.3 vstep = 0.1 使栅极电压从 0 V 变化到 3.3 V，间隔为 0.1 V。注意在这条语句中 name 参数是不能缺少的，而且电极名区分大小写。

2. 获取器件参数

在这个仿真中，还要获取一些器件参数，例如 V_t、Beta 和 Theta。这可以通过 ATLAS Extract 菜单来完成。

（1）在 ATLAS Commands 菜单中，依次选择 Extract 和 Device…项，Deckbuild：ATLAS Extraction 菜单将会出现，如图 3.70 所示；在默认情况下，Test name 栏中选择的是 V_t。用户可以修改默认的计算表达式；单击 WRITE 按钮，V_t extract 语句将会出现在 Deckbuild 文本窗口中：

```
extract name = "vt" (xintercept(maxslope(curve(abs(v."gate"),abs(i."drain"))))
         -abs(ave(v."drain"))/2.0)
```

（2）继续调用 Deckbuild：ATLAS Extraction 菜单，然后单击 Test name 并将其改为 Beta，如图 3.71 所示。

（3）单击 WRITE 按钮，Beta extract 语句将会出现在 Deckbuild 文本窗口中：

```
extract name = "beta"slope(maxslope(curve(abs(v."gate"),abs(i."drain"))))
        *(1.0/abs(ave(v."drain")))
```

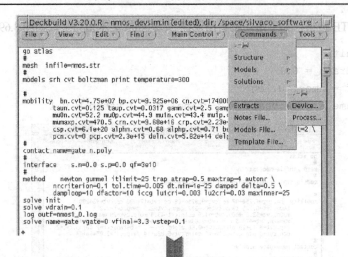

图 3.70　Deckbuild：ATLAS Extraction 菜单

图 3.71　设置 Beta 计算语句

（4）最后要再一次调用 Deckbuild：ATLAS Extraction 菜单来设置计算 Theta 参数的 Extract 语句。然后，单击 Test name 栏并将其改为 Theta，如图 3.72 所示。

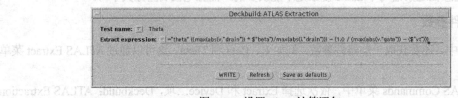

图 3.72　设置 Theta 计算语句

（5）单击 WRITE 按钮，Theta extract 语句将会出现在 Deckbuild 文本窗口中：

```
extract name = "theta" ((max(abs(v."drain"))*$"beta")/max
(abs(i."drain")))-(1.0/(max(abs(v."gate"))-($"vt")))
```

在开始仿真之前，还需要使用 TonyPlot 语句便将仿真结果绘制出来。为了自动绘制出 I_d–V_{gs} 曲线，只要在最后一条 extract 语句后简单地输入如下的 TonyPlot 语句即可：

```
tonyplot nmos1_0.log
```

下面开始仿真。单击 Deckbuild 控制栏上的 run 键，运行器件仿真程序。

仿真完成后，TonyPlot 将被自动调用，绘出 I_d-V_{gs} 曲线，如图 3.73 所示。

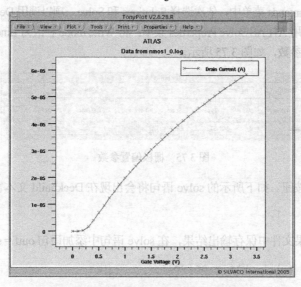

图 3.73 NMOS 器件的 I_d-V_{gs} 曲线图

同样，所获得的器件参数如 V_t、Beta 和 Theta 也可以在 Deckbuild 运行输出窗口看到，如图 3.74 所示。

图 3.74 显示器件参数的 Deckbuild 运行输出窗口

3. 使用 log、solve 和 load 语句生成曲线族

下面要在 V_{gs} 分别为 1.1 V、2.2 V 和 3.3 V 时生成 I_d-V_{ds} 曲线族，V_{ds} 变化范围是 0～3.3 V。为了不使后面的端口特性写入到前面的 log 文件 nmos1_0.log 中，需要使用另一条 log 语句，如下所示：

```
log off
```

为了得到曲线族，首先需要使用 Deckbuild：ATLAS Test 菜单得到每个 V_{gs} 的结果，步骤如下。

（1）在 ATLAS Commands 菜单中，依次选择 Solutions 和 Solve…项以调用 Deckbuild：ATLAS Test 菜单；单击 Props…键以调用 ATLAS Solve Properties 菜单；将 Write mode 栏改为 Line，然后单击 OK 按钮。

（2）设置栅极偏置参数，如图 3.75 所示。

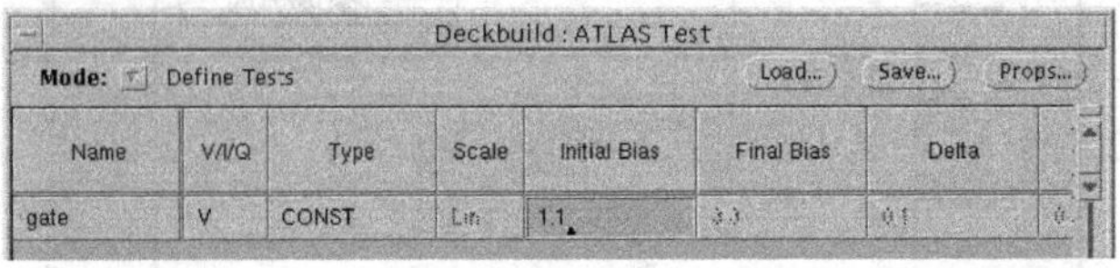

Name	V/I/Q	Type	Scale	Initial Bias	Final Bias	Delta
gate	V	CONST	Lin	1.1	3.3	0.1

图 3.75　栅极偏置参数

（3）单击 WRITE 按钮。如下所示的 solve 语句将会出现在 Deckbuild 文本窗口中：

```
solve vgate = 1.1
```

为了在 ATLAS 结果文件中保存输出结果，在 solve 语句中添加语句 outf = solve1：

```
solve vgate = 1.1 outf = solve1
```

（4）当栅极偏置为 2.2 V 和 3.3 V 时，分别重复运用上述语句：

```
solve vgate = 2.2 outf = solve2
solve vgate = 3.3 outf = solve3
```

接下来将再一次使用 ATLAS Test 菜单设置 solve 语句，使得漏极电压的变化范围为 0～3.3 V，步骤如下。

（1）在 ATLAS Commands 菜单中，依次选择 Solutions 和 Solve…项以调用 Deckbuild：ATLAS Test 菜单；单击 Props…键以调用 ATLAS Solve Properties 菜单；将 Write mode 栏改为 Test；将 Log file 栏中的文件名改为 nmos2_。

（2）完成后单击 OK 按钮。

（3）在工作区中，将 Name 栏的 gate 改为 drain，Type 栏的 CONST 改为 VAR1（由常量改为变量），Initial Bias、Final Bias 和 Delta 分别设为 0、3.3 和 0.3。

单击 WRITE 键，下列语句将会出现在 Deckbuild 文本窗口中：

```
solve init
log outfile = nmos2_0.log
solve name = drain vdrain = 0 vfinal = 3.3 vstep = 0.3
```

接下来将使用 Load 菜单加载栅极偏置为 1.1 V 时的结果文件 solve1，并用它替换 solve init 语句，步骤如下。

选中 solve init 语句，如图 3.76 所示；在 ATLAS Commands 菜单中，依次选择 Solutions 和 Load…项以调用 Deckbuild：ATLAS Load 菜单；在 Deckbuild：ATLAS Load 菜单的 File name 栏中输入 solve1；在 Format 栏中，选择 SPISCES 格式；单击 WRITE 按钮，则出现确认提示窗口，选择"Yes, replace selection"。load 语句将会在 Deckbuild 文本窗口中替换 solve init 语句，如图 3.77 所示。

这样，从 load 语句开始到 solve 语句为止的语句组将会生成 V_{gs} = 1.1 V 时的 I_d–V_{ds} 曲线数据。要生成 V_{gs} = 2.2 V、V_{gs} = 3.3 V 时的 I_d–V_{ds} 曲线数据，只要重复这 3 个语句即可，并且：

（1）将 load 语句中的输入文件名从 solve1 改为 solve2 或 solve3；

（2）将 solve 语句中的 log 文件名从 nmos2_0.log 改为 nmos3_0.log 或 nmos4_0.log。

第 3 章 工艺及器件仿真工具 SILVACO-TCAD

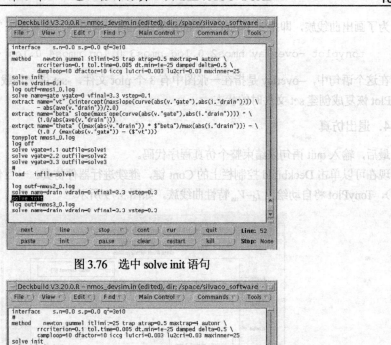

图 3.76 选中 solve init 语句

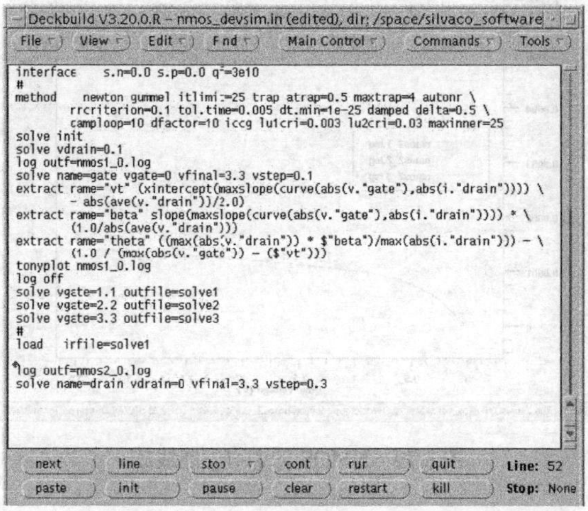

图 3.77 load 语句替换 solve init 语句

最终的语句如图 3.78 所示。

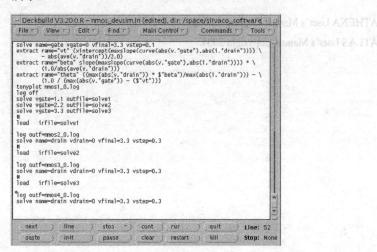

图 3.78 $V_{gs} = 2.2\,V$、$V_{gs} = 3.3\,V$ 时生成 I_d–V_{ds} 曲线族数据的语句

为了画出曲线族，即把 3 个 plot 文件的结果画在同一张图中，输入如下 TonyPlot 语句：

tonyplot -overlay nmos2_0.log nmos3_0.log nmos4_0.log -set nmos.set

在这个语句中，-overlay 是指在一张图中有 3 个 plot 文件，-set 用来加载已存在的 set 文件，并将 TonyPlot 恢复成创建 set 文件时的状态。

4. 退出仿真

最后，输入 quit 语句来结束整个仿真程序代码。

现在可以单击 Deckbuild 控制栏上的 Cont 键，继续进行器件仿真。一旦仿真完成以后（执行 quit 语句），TonyPlot 将自动绘出 I_d-V_{ds} 特性曲线族，如图 3.79 所示。

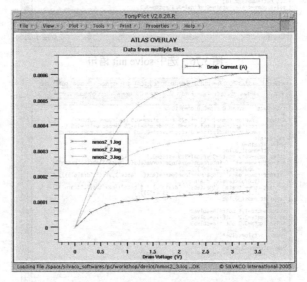

图 3.79 NMOS 的 I_d-V_{ds} 曲线族

参 考 文 献

1. ATHENA User's Manual Copyright 2008.
2. ATLAS User's Manual Copyright 2004.

第 4 章 工艺及器件仿真工具 ISE–TCAD

工艺及器件仿真工具 ISE–TCAD(Technology Computer Aided Design, TCAD)是瑞士 ISE（Integrated Systems Engineering）公司（已经被 Synopsys 公司收购）开发的 DFM（Design For Manufacturing）软件，是一种建立在物理基础上的数值仿真工具，它既可以进行工艺流程的仿真、器件的描述，也可以进行器件仿真、电路性能仿真及电缺陷仿真等。

TCAD（如未说明，下文中的 TCAD 均指 ISE–TCAD 10.0 版本）软件包是由多个模块组成的，主要包括工艺仿真工具 DIOS、器件描述工具 MDRAW 和器件仿真工具 DESSIS。

DIOS 可以对半导体工艺步骤进行仿真；MDRAW 用于生成和修改 TCAD 仿真模型，以满足仿真的需要，用户可以用 MDRAW 建立二维器件的边界和结构，描述掺杂浓度以及建立网格，DESSIS 是一个支持混合模式仿真的多维（一、二、三维）器件仿真器，它整合了先进的物理模型，以数字化的方法仿真大多数类型的半导体器件，DESSIS 能够数字化地仿真单个半导体器件或一个电路中的几个物理器件的电行为。

以上的所有模块都可以在 GENESISe 平台中打开和运行。GENESISe 平台是 TCAD 软件中一个综合性很强的平台，是 TCAD 软件中工艺及器件仿真工具的总的软件界面，可以使 ISE–TCAD 软件中各种仿真工具的使用和结合更加方便。运行 GENESISe 命令就可以得到一个非常直观的图形用户界面（GUI），在这个界面上操作可以把复杂的仿真工作变得更加简单、易处理。

除了接下来要介绍的 DIOS、MDRAW 和 DESSIS 外，ISE–TCAD 还有三维工艺仿真软件 DEVISE、三维结构编辑器 DIP、多参数优化工具 OPTIMISE 和 FAB 工艺流程编辑工具 LIGAMENT 等。

4.1 工艺仿真工具 DIOS

4.1.1 关于 DIOS

1. DIOS 简介

DIOS 输入文件由一系列连续执行的命令构成。DIOS 输入文件的后缀及扩展名为"_dio.cmd"。DIOS 的输入语言并不区分字母的大小写，但是，文件名和电极触点名是区分大小写的。

一个典型的 DIOS 文件一般以初始化命令开始，并且初始化命令不可以省略，如下所示。

    Title(…)
    Grid(…)
    Substrate(…)

之后，可以根据需要选择性地添加仿真命令语句，如下所示。

    Mask(…)
    Implant(…)
    Diffusion(…)
    Deposit(…)
    Etching(…)

在完成了这些仿真语句之后，可以使用如下命令对仿真结果进行保存，并用"End"命令作为整个文件的结束。

```
1D(…)
Save(…)
```

2. 文件输出和交互图形界面

当单独运行 DIOS 之后，"*.log" 文件会自动产生，用来记录软件运行时的相关信息。例如，当 DIOS 运行的命令文件为 "filename.cmd" 时，输出文件的名称就为 "filename.log"。

当 DIOS 软件在 GENESISe 平台运行时，不会产生 log 文件，而是产生另外一个文件 "filename_dio.out"。

DIOS 软件提供交互图形输出窗口，允许用户按照仿真步骤观察工艺仿真的结果，同时还可以控制观察不同的输出特性，如显示网格、显示掺杂浓度、显示不同层次和控制程序的运行等。

DIOS 在运行的时候，可以通过在输入文件中输入 "break" 命令或在输出图形界面单击 "Break" 按钮来暂停 DIOS 的运行，从而使得用户可以改变图形设置、细化网格、保存仿真结果，然后输入 "go" 或单击 "Go" 按钮继续运行输入的文件。输出图形界面的 "Exit" 按钮相当于 "bye" 命令，可以中止 DIOS 的运行。

4.1.2 各种命令说明

1. "Title( )" 命令

该命令总是出现在 DIOS 输入文件最开始的地方，用来对仿真进行初始化。

例如：

```
Title("simple nmos example")
```

这条指令对仿真进行了初始化，并且把图形窗口命名为 "simple nmos example"。

```
Title("test", SiDiff = Off, NewDiff = 1)
```

该命令同样是对仿真进行初始化，并把图形窗口命名为 "test"，同时，SiDiff = Off 表示仅在除硅以外的层次仿真扩散（如氧化层和多晶硅内），以节约仿真时间。NewDiff = 1 表示对所有新层次都定义网格和掺杂。默认的参数值 SiDiff = on，NewDiff = 1。

2. "Comment( )" 命令

该命令允许在图形窗口由 "Title" 命令命名后形成一个副标题，作为在整个工艺模拟过程中某一个单独工艺进行模拟时的名字。该命令一般加在某一单项工艺之前，以说明要进行的新工艺的名称。

例如：

```
Comment("Gate Oxidation")
```

当运行这条命令时，在图形窗口顶部就会出现 "Gate Oxidation" 的标题，这时若用 1D 命令保存其掺杂剖面图，其标题也会是 "Gate Oxidation"。

3. "Grid( )" 命令

网格命令一般跟在 "Title" 命令之后，它是用来定义器件结构初始化网格的，同时也包括了器件的横向和纵向范围。在默认情况下，DIOS 在每一步仿真之后都会对网格进行重新编制，这样可以解决在制作工艺中由几何尺寸和掺杂浓度改变而引起的问题。如果没有明确指定网格调整参数，那么 DIOS 将会通过默认的调整标准对网格进行调整。

例如：

```
GRID (X (0.0, 0.4), Y (-10.0, 0.0), Nx = 2)
```

在该命令中没有指定对网格的调整标准。它对器件横向范围为 $0 \sim 0.4 \mu m$，纵向范围为$-10.0 \sim 0 \mu m$ 的网格进行了初始化的指定。参数 $Nx = 2$ 定义了所包含的三角形个数为 2，即网格 X 方向由两个三角形构成。

```
Replace (Control (MaxTrl = 6, RefineBoundary = -6, RefineGradient = -5,
         RefineMaximum = 0, RefineJunction = -3))
```

该命令对网格进行调整，指定了网格的调整标准。如 MaxTrl = 6 表示三角形最大的优化级别为 6，其后的优化级别（以负号表示）不能超过 6。RefineBoundary = -6 表示网格边界最大的优化级别为-6，RefineGradient = -5 表示最大的掺杂梯度优化级别为-5，RefineMaximum = 0 表示掺杂浓度最大处取消优化，RefineJunction = -3 表示结处三角形网格优化级别为-3。每一级别网格中三角形的边长是低一级别的 $\frac{1}{2}$。该命令可以根据需要在任何一步工艺之前对网格进行重新调整。

4. "Substrate( )" 命令

定义衬底的材料、晶向和本底掺杂元素及浓度。
例如：

```
Substrate(Element = B, Concentration = 5.0e15, Orientation = 100)
```

该命令定义了硅衬底的晶向是<100>，掺杂硼浓度为 $5.0 \times 10^{15} cm^{-3}$，默认的衬底表面是在 Y 轴 0.0 处。

5. "Mask( )" 命令

在 DIOS 中，这条命令用来对仿真中所要用到的掩膜版进行仿真，并完成掩膜版形成图案的沉积。
例如：

```
Mask (Material = Resist, Thickness = 800 nm, X (0.1, 0.3))
```

该命令定义了一层厚度为 800 nm 的光刻胶（Resist 表示 photoresist 的意思，即光刻胶），其覆盖的横向位置范围是 $0.1 \sim 0.3 \mu m$。

```
Mask (Material = Po, Element = P, Concentration = 3e19, Thickness = 180 nm,
      XLeft = 0.2, XRight = 0.4)
```

该命令表示沉积了一层厚度为 180 nm 的掺入杂质磷的多晶硅层，经过光刻后保留的多晶硅层在 X 轴方向上范围为 $0.2 \sim 0.4 \mu m$。

6. "Implant( )" 命令

这条命令用来对离子注入进行仿真。在命令中注入的杂质类型、注入的能量和注入的剂量必须用相关参量详细指定。其中的 "Function" 参数允许用户选择使用 "分析注入" 还是 "Monte Carlo 注入"。如果用户选择前一种，则注入参数来自默认图表；如果需要使用其他注入参数，可以另外创建注入图表，并在仿真中使用。
例如：

```
Implant(Element = BF2, Dose = 5.0e12, Energy = 25keV, Tilt = 7)
```

该命令表示注入的倾斜角为 7°，能量为 25keV，BF_2 离子注入剂量为 $5.0 \times 10^{12} cm^{-2}$。

```
Implant(Element = As, Dose = 1.0e14, Energy = 300keV, Tilt = 0,
        Rotation = -90, Function = CrystalTrim)
```

该命令表示用 Monte Carlo 方式仿真,用 CrystalTrim 函数来模拟注入砷离子的垂直分布。在"Implant()"命令中"Tilt"和"Rotation"两个参数的具体含义说明如图 4.1 所示。

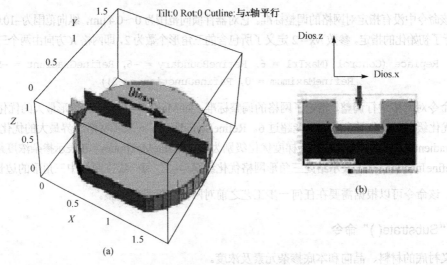

图 4.1 "Tilt"和"Rotation"参数的说明

如图 4.1 所示是旋度和倾斜角都为 0°的情况。在这种情况下,离子束注入方向为晶片 z 轴方向。

在默认情况下,通常选取旋度为–90°,倾斜角为 7°,如图 4.2 所示,采用这种方式进行离子注入对于晶格的损伤最小。

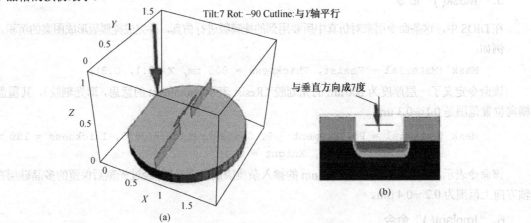

图 4.2 通常选取旋度为–90°,倾斜角为 7°

7. "Diffusion( )"命令

在 DIOS 中,"Diffusion"是用来对器件制作工艺中所有高温步骤进行仿真的命令,包括热退火、预淀积、氧化、外延层的生长和硅化物的生长。

可以选择的扩散模型中既有简单的常量扩散模型,也有将杂质和点缺陷配对等都包括在内的复杂完整模型,可以通过"ModDiff"参数来设置。平衡态和瞬态聚集模型允许考虑杂质激活效应的精确仿真。另外,还支持杂质和点缺陷等参数的自定义。

例如:

```
Diffusion(Temperature = 1050, Time = 10s)
```

该命令仿真了温度为1050℃，时间为10 s的快速热退火工艺，默认气氛为氮气。

```
Diffusion(Temperature = 1000, Time = 20min, Atmosphere = O2)
```

该命令仿真了干氧氧化，温度为1000℃，时间为20 min，气体为O_2。

```
Diffusion(Atmosphere = Epitaxy, Time = 1.0min, Temperature = 1050,
         GrowthRate = 1000 nm/min, Element = Ge, Concentration = 1.0e20)
```

该命令仿真了一个SiGe外延层的生长，在生长外延的环境中加入Ge（浓度为$1.0\times10^{20}\,cm^{-3}$），就形成了SiGe的外延层，时间为1.0 min，温度为1050℃，生长速率为1000 nm/min。

8. "Deposit( )" 命令

在DIOS中，该命令是用来沉积物质层的，用于各向同性或异性沉积、表面平整化、选择性沉积以及化学机械抛光。其默认的淀积方法是低压化学气相沉积（LPCVD），也即各向同性的沉积。

例如：

```
Deposit(Material = Po, Thickness = 0.2 μm, Element = P, Conc = 3.0e19)
```

该命令表示多晶硅层的沉积仿真，厚度为0.2 μm，掺杂的磷原子浓度为$3.0\times10^{19}\,cm^{-3}$。

```
Deposit (Material = OX, DType = Fill, YFill = 2.0 μm)
```

该命令用以仿真化学机械抛光。Fill表示平整化，YFill = 2.0 μm表示机械抛光的纵向距离。

9. "Etching( )" 命令

该命令用来仿真刻蚀，并非严格的物理或化学刻蚀过程，实际上只是一系列几何学上的操作来表现刻蚀的工艺。该命令包含多个选项，可以在仿真中灵活地定义刻蚀形状。

例如：

```
Etching (Material = Ox, Time = 5.0min, Rate(Iso = 100 nm/min))
```

该命令仿真了一个刻蚀时间为5 min，刻蚀速率为100 nm/min的各向同性的氧化物的刻蚀。

10. "1D( )" 命令

这是一个保存命令，进行过仿真的器件，任何X-Y分布的DIOS变量都可以通过该命令进行保存。

例如：

```
1D (File = Channel, XSection(0.0), Species (BTotal, PTotal), Fac = -1.0, Append = Off)
```

这是对在$X=0.0$处的硼和磷的浓度进行保存，保存的文件名为Channel，Fac = −1.0为坐标比例缩小因子。默认的文件类型为plx文件，可以用公用文件XGRAPH打开，也可以通过"Format"参数来指定文件类型。

11. "Save( )" 命令

这条命令用来保存器件的最终结构，并且文件可以载入重新进行仿真。在"Save"命令执行之后，文件可以由DESSIS载入进行器件仿真。

例如：

```
Save(File = "tst")
```

把器件保存为文件"tst.dmp.gz"，文件用gzip系统命令进行了压缩，可以重新载入到DIOS继续进行工艺仿真，也可以保存为其他的文件。

```
Save(File = "nmos", Type = MDRAW)
```

保存为 MDRAW 格式，提供 DESSIS 作为器件仿真文件，文件名为 nmos，而实际上产生的文件有 4 个：nmos_mdr.bnd（包含最终的区域边界描述）、nmos_mdr.cmd（包含一系列在 MDRAW 上使用的命令）、nmos_dio.grd.gz（包含 DIOS 的网格文件）和 nmos_dio.dat.gz（包含 DIOS 的数据文件）。

4.1.3 实例说明

以下以一个 0.18 μm 的 NMOS 器件工艺流程为例子，介绍 DIOS 基本的工艺控制命令，对这个器件进行二维工艺仿真。

首先，给出最简单的描述文件（采用默认模型和网格），然后给出较为复杂的描述文件（采用特定的模型和一些修正）。

"!" 引导注释行。

在实例中，对参数默认的单位进行如下说明：

长度单位为μm；时间单位为 min；温度单位为℃；浓度单位为 atoms/cm^3；剂量单位为 cm^{-2}，速率的单位为 nm/min。

1. 简单 NMOS 器件工艺仿真

```
Title("simple nmos example")
! Title命令是DIOS输入文件的第一个命令。
Grid(X(0.0, 0.4), Y(-10.0, 0.0), Nx = 2)
! 建立网格点和区域。
Substrate (Orientation = 100, Element = B, Conc = 5.0e14, Ysubs = 0.0)
! 定义衬底晶向(100)，掺杂为硼，浓度为5.0×10$^{14}$ atoms/cm$^3$，衬底顶点的坐标为0.0。
Replace(Control(ngra = 10))
! 在图形模式下，ngra = 10 表示每 10 步工艺步骤仿真刷新一次图形。
Graphic(triangle = on, plot)
! 开始显示和控制DIOS图形输出，triangle = on 表示显示网格，如图4.3所示。
Implant(Element = B, Dose = 2.0e13, Energy = 300keV, Tilt = 0)
! 注入硼，剂量为2.0×10$^{13}$，能量为300keV，倾斜角为0°。
Implant(Element = B, Dose = 1.0e13, Energy = 80keV, Tilt = 7)
! 注入硼，剂量为1.0×10$^{13}$，能量为80keV，倾斜角为7°。
Implant(Element = BF2, Dose = 2.0e12, Energy = 25keV, Tilt = 7)
! 注入BF$_2$，剂量为2.0×10$^{12}$，能量为25keV，倾斜角为7°，如图4.4所示。
Break
! 中断仿真。
Diffusion(Time = 10sec,Temperature = 1050)
! 退火氧化，时间为10 s，温度为1050℃。
1D(File = channel,xsection(0.0),Species(BTotal),Fac = -1,Append = On)
Diffusion(Time = 10,Temperature = 900,Atmosphere = O2)
! 退火氧化，时间为10 min，温度为900℃，气体为O$_2$。
Deposit(Material = Po, Thickness = 180 nm)
! 淀积，材料为多晶硅，厚度为180 nm。
Mask(Material = Resist, Thickness = 800 nm, Xleft = 0, Xright = 0.09)
! 涂光刻胶，厚度为800 nm，光刻胶覆盖区域：左侧坐标为0，右侧坐标为0.09，如图4.5所示。
Etching(Material = Po, Stop = Oxgas, Rate(Anisotropic = 100))
! 刻蚀多晶硅，截止面为二氧化硅，刻蚀各向异性，刻蚀速率为100 nm/min。
Etching(Material = Ox, Time = 0.5, Rate(Anisotropic = 10))
! 刻蚀二氧化硅，时间为0.5 min，刻蚀各向异性，刻蚀速率为10 nm/min。
```

```
Etching(Material = Resist)
! 刻蚀光刻胶。
Diffusion(Time = 20, Temperature = 900, Atmosphere = O2, PO2 = 0.5)
! 退火氧化,时间为 20 min,温度为 900℃,气体为 O2,如图 4.6 所示。
```

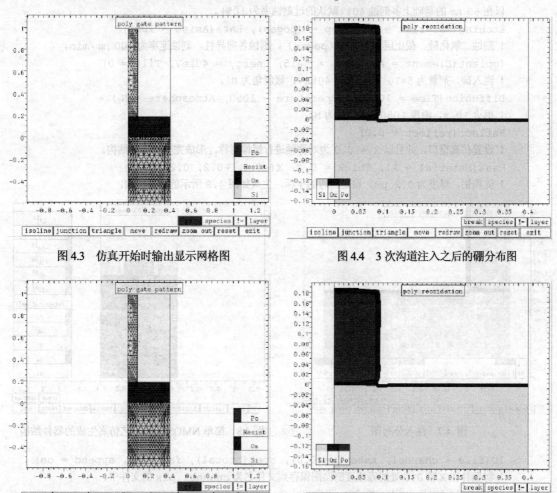

图 4.3 仿真开始时输出显示网格图　　　图 4.4 3 次沟道注入之后的硼分布图

图 4.5 涂胶（掩膜）之后的器件结构和网格分布　　　图 4.6 多晶硅刻蚀之后的放大图

```
Implant(Element = As, Dose = 4.0e14, Energy = 10keV, Tilt = 0)
! 注入砷,剂量为 4.0×10^14,能量为 10keV,倾斜角为 0°,如图 4.7 所示。
Implant(Element = B, Dose = 0.25e13, Energy = 20keV, Rotation = 0, Tilt = 30)
! 注入硼,剂量为 0.25×10^13,能量为 20keV,旋度为 0°,倾斜角为 30°。
Implant(Element = B, Dose = 0.25e13, Energy = 20keV, Rotation = 90, Tilt = 30)
! 注入硼,剂量为 0.25×10^13,能量为 20keV,旋度为 90°,倾斜角为 30°。
Implant(Element = B, Dose = 0.25e13, Energy = 20keV, Rotation = 180, Tilt = 30)
! 注入硼,剂量为 0.25×10^13,能量为 20keV,旋度为 180°,倾斜角为 30°。
Implant(Element = B, dose = 0.25e13, Energy = 20keV, Rotation = 270, Tilt = 30)
! 注入硼,剂量为 0.25×10^13,能量为 20keV,旋度为 270°,倾斜角为 30°。
Diffusion(Time = 5 s, Temperature = 1050)
! 氧化退火,时间为 5 s,温度为 1050℃。
```

```
Deposit(Material = Nitride, Thickness = 60 nm)
```
! 淀积氮化物,厚度为 60 nm。
```
Etching(Material = Nitride, Remove = 60 nm, Rate(Aniso = 100), over = 40)
```
! 刻蚀氮化物,厚度为 60 nm,刻蚀各向异性,刻蚀速率为 100 nm/min。over = 40 表示刻蚀可以在 60 nm 的基础上多刻蚀 40%(默认的过刻蚀率为 10%)。
```
Etching(Material = Ox, stop = (pogas), Rate(Aniso = 100))
```
! 刻蚀二氧化硅,截止层为多晶硅(pogas),刻蚀各向异性,刻蚀速率为 100 nm/min。
```
Implant(Element = As, Dose = 5e15, Energy = 40keV, Tilt = 0)
```
! 注入砷,剂量为 5×10^{15},能量为 40keV,倾斜角为 0°。
```
Diffusion(Time = 10 s, Temperature = 1050, Atmosphere = N2)
```
! 退火 10 s,温度 1050℃,气体为 N_2。
```
Reflect(reflect = 0.0)
```
! 设置仿真窗口,并且以 X = 0.0 为对称轴进行镜像对称,形成完整的器件结构。
```
Mask(Material = Al, Thick = 0.2, X(-0.4, -0.2, 0.2, 0.4))
```
! 淀积铝,厚度为 0.2 μm,设定四边的坐标,生成如图 4.8 所示的器件结构。

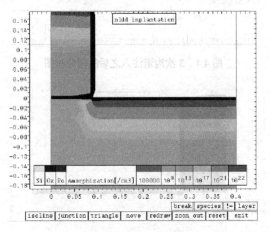 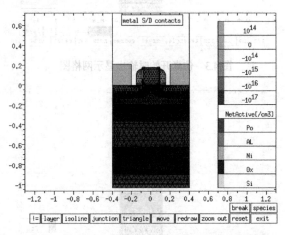

图 4.7 注入分布图　　　　　图 4.8 简单 NMOS 器件工艺仿真生成的器件结构

```
1D(file = channel, xsection(0.0), spec(btotal), fac = -1, append = on)
```
! 将器件在 X 轴 0.0 处的硼浓度剖面图保存到文件名为 channel.plx 的文件中。
```
1D(file = sd, xsection(0.35), spec(btotal, astotal, netactive), fac = -1, append = on)
```
! 将器件在 X 轴 0.35 μm 的 B 和 As 的浓度及净浓度剖面图保存到文件名为 sd.plx 的文件中。
```
Save(file = simple_nmos)
```
! 保存工艺仿真结果。
```
Save(file = 'simple_nmos', type = MDRAW, synonyms(po = metal, al = metal)
```
! 保存工艺仿真结果成 MDRAW 软件适用的文件。Synonyms 语句表示把多晶硅和铝都定义为金属。
```
contacts(contact1(name = 'source', -0.3, 0.005)
         contact2(name = 'gate', 0.0, 0.05)
         contact3(name = 'drain', 0.3, 0.005)
         contact4(name = 'subs', location = bottom)
)
```
! 设定器件的 4 个电极触点,(-0.3, 0.005 表示在 X 轴上的坐标位置)。
```
)
End
```
! 结束仿真

2. 复杂 NMOS 器件工艺仿真

```
#header
!定义这部分适用于 GENESISe 平台，和 #endheader 一起使用。每个输入文件只能定义一个 header。
TITLE("nmos example", NewDiff = 1, SiDiff = 0)
set pwell = 1.0（定义 pwell 中间隙原子的比例因子为 1.0）
set phalo = 1.0（定义 phalo 中间隙原子的比例因子为 1.0）
set nldd = 1.0
set nsd = 1.0
! set 语句定义某些参数名称，并赋值给这些参数。
#endheader
Grid(x(0.0, 0.4), y(-10.0, 0.0), Nx = 2)
! 建立网格点和区域，并初始化网格。
Substrate (Orientation = 100, Element = B, Conc = 5.0e14, ysubs = 0.0)
! 定义衬底晶向（100），掺杂为硼，浓度为 $5.0\times10^{14}$ atoms/cm$^3$，衬底顶点的坐标为 0.0。
Replace(Control(ngra = 10))
! 在图形模式下，ngra = 10 表示每 10 步工艺仿真步骤刷新一次图形。
Graphic(triangle = on)
! 开始显示和控制 DIOS 图形输出，triangle = on 表示显示网格。
Replace(Control(MaxTrl = 6, RefineBoundary = -5, RefineGradient =
                -2, RefineMaximum = 0, RefineJunction = -2))
! 针对所有的材料定义一些全局优化变量。
Replace(Control(si(MaxTrl = 8, RefineBoundary = -6, RefineGradient = -5,
RefineJunction = -3, RefineBeforeFront = -3, RefineACInterface = -5)))
! 针对硅材料定义一些全局优化变量。
! RefineBeforeFront = -3 表示掺杂前端最大优化级别为 3。
! RefineACInterface = -5 表示晶界的最大优化级别为 5。
adapt()
! *************      开始工艺仿真      *************
Implant(Element = B, Dose = 2.0e13, Energy = 300keV, Tilt = 0, vfac = 0, ifac = $pwell)
! vfac = 0 表示不计空位的影响，ifac = $pwell 表示考虑 p 阱间隙原子的影响。
Implant(Element = B, Dose = 1.0e13, Energy = 80keV, Tilt = 7, vfac = 0, ifac = $pwell)
Implant(Element = BF2, Dose = 2.0e12, Energy = 25KeV, Tilt = 7, vfac = 0, ifac = $pwell)
1D(file = channel, xsection(0.0), species(btotal), fac = -1, append = on)
! 沟道注入后的快速热退火（RTA），调节沟道阈值电压。
Diffusion(Time = 10 s, Temperature = 1050, ModDiff = PairDiffusion)
! 退火氧化，时间为 10s，温度为 1050℃，ModDiff = PairDiffusion 表示采用双扩散模型。
1D(file = channel, xsection(0.0), species(btotal), fac = -1, append = on)

Comment('gate oxidation')
Diffusion:(ModDiff = looselycoupled, si(b(ModClust = no)
      si(nox0 = 1.0 nm, noxW = 0eV)
      dthickness = 0.2 nm
      )
! ModDiff = looselycoupled 表示采用 looselycoupled 扩散模型，且不考虑硼对晶格的损伤。
   nox0 = 1.0 nm, noxW = 0eV 分别表示设置硅的初始氧化层厚度和初始氧化厚度的激活能量
       （仿真模型参数一般都采用默认值 0）；dthickness = 0.2 nm 设置氧化层厚度的最大变化率。
Diffusion(Time = 8.0, Temperature = 900, Atmosphere = O2, pO2 = 0.75)
! 退火氧化，生长栅氧，时间为 8 min，温度为 900℃，气体为 $O_2$，氧气分压为 0.75 个大气压。
Comment('poly gate')
Deposit(Material = Po, Thickness = 180 nm)
```

```
Mask(Material = Resist, Thickness = 800 nm, xleft = 0, xright = @<0.5*Lg>@)
```
！栅的左边界位置为 0，右边界为总栅长 L_g 的一半。
```
Etching(Material = Po, stop = oxgas, Rate(Aniso = 100))
Etching(Material = Ox, stop = sigas, Rate(Aniso = 100))
Etching(Material = Resist)
Comment('poly reoxidation')
Replace(Control(ox(dx = 2 nm), MAsteps = 10))
```
！在氧化过程中，重新调整氧化层中网格最小三角形的尺寸以及时间步长的最大值。
```
Diffusion:( ox(my0 = 2000poise o2(Vd = 6.0e-11um³))lmin = 0.2 nm, lmax = 1 nm)
```
！依据氧化参数改变压力，控制多晶硅栅底部弯角处的氧化层形状，调整边界元素的最小尺寸以产生更平滑的氧化层。my0 是氧化粘滞系数的指前因子（单位：poise，泊）；V_d 是一个控制氧化过程中压力的参数，与氧化层扩散系数的指数成反比；l_{min} 和 l_{max} 表示网格三角形最小和最大边长。
```
Diffusion(Temperature = (700,900), temprate = 5, Atmosphere = N₂, kmin/kref = 1.0)
```
！从 700℃开始以每分钟 5℃的步长升温至 900℃，不计过程中压力对氧化反应速率的影响。
```
Diffusion(Time = 20, Temperature = 900, atmo = O₂, pO₂ = 0.5, kmin/kref = 1.0)
```
！在 900℃下，扩散 20 min 的氧气，氧气压强为 0.5 个大气压。
```
Diffusion(Temperature = (900,700), temprate = 5, atmo = N₂, kmin/kref = 1.0)
Comment('nldd implantation')
Replace(Control(rec1(RefineAll = -7, xleft = @<0.5*Lg-0.025>@, xright =
        @<0.5*Lg+0.015>@, ytop = 0.00, ybottom = -0.06)))
```
！在栅边缘及横向 LDD 结处建立优化网格。
```
adapt()
```
！选择注入模型：
```
Implant:(damage = +1, amorphization = hobler, vfactor = 0.0)
```
！damage 参数表示注入对晶格的损伤程度，amorphization = hobler 表示对注入产生的无定形化损伤使用 hobler 模型来仿真。
```
Implant(Element = As, Dose = 4.0e14, Energy = 10, Rotation = 0, Tilt = 0, ifac = $nldd)
```
！ifac = $nldd 表示考虑在 N 型 LDD 中间隙原子的影响。
```
Comment('halo implantation')
Reflect(window(left = 0.0, right = 0.4))
Reflect(reflect = 0)
```
！以 x = 0.0 为对称轴进行镜像操作。
```
Implant(Element = B, Dose = 0.25e13, Energy = 20, Rotation = 0, Tilt = 30, ifac = $phalo)
Implant(Element = B, Dose = 0.25e13, Energy = 20, Rotation = 90, Tilt = 30, ifac = $phalo)
Implant(Element = B, Dose = 0.25e13, Energy = 20, Rotation = 180, Tilt = 30, ifac = $phalo)
Implant(Element = B, Dose = 0.25e13, Energy = 20, Rotation = 270, Tilt = 30, ifac = $phalo)
Replace(Control(rec2(Maxtrl = 7, RefineAll = -1, RefineGradient =-6,
        RefineJunction = -5, RefineBoundary = -5, xleft =@<0.5*Lg-0.015>@,
        xright = @<0.5*Lg>@, ytop = 0, ybottom = -0.06)))
```
！优化产生的新轮廓
```
adapt()
Comment('RTA of LDD/HALO implants')
Diffusion:(ModDiff = PairDiffusion, dt(dtbegin = 1.e-5s)（退火工艺中的初始时间步长）)
```
！对退火采用双扩散模型，dtbegin = 1.e-5s 表示退火工艺中的初始时间步长为 $1×10^{-5}$s。
```
Diffusion(Time = 5, Temperature = 1050)
Comment('nitride spacer')
Deposit(Material = Ni, Thickness = 70 nm)
Diffusion(Time = 30, Temperature = 790)
Etching(Material = ni, Remove = 70 nm, Rate(Aniso = 100), over = 40)
```
！刻蚀氮化物，厚度为 70 nm，刻蚀各向异性，刻蚀速率为 100 nm/min，并可在 70 nm 的基础上多刻蚀 40%。

```
Etching(Material = Ox, stop = (pogas), Rate(Aniso = 100))
! 刻蚀二氧化硅，刻蚀停止在多晶硅表面，刻蚀各向异性，刻蚀速率为 100 nm/min。
Comment('N+ implantation & final RTA（退火工艺）')
Implant(Element = As,Dose = 5e15,Energy = 40,Rotation = 0,Tilt = 0,ifac = $nsd)
Diffusion(Time = 10s, Temperature = 1050, Atmosphere = N₂)
1D(file = channel, xsection(0.0), spec(btotal), fac = -1, append = on)
1D(file = sd, xsection(0.0), spec(btotal, astotal), fac = -1, append = on)
Comment('full device structure')
Reflect(window(bottom = -1.0))
! 把图像中-1.0 μm 以下的衬底部分去掉。
Reflect(reflect = 0.0)
Comment('metal S/D contacts')
Mask(Material = al, Thick = 0.03, x(-0.5, -0.2, 0.2, 0.5))
Comment('save final cross section (cutlines)')
1D(file = channel,xsection(0.0),spe(btotal),fac = -1,append = on)
1D(file = sd,xsect(0.0),spe(btotal,astotal,netactive),fac = -1,append = on)
Comment('save final DIOS simulation file')
save(file = nmos)
Comment('save final structure for device simulation')
save(file = 'nmos', type = MDRAW, synonyms(po = metal, al = metal)
contacts( contact1(name = 'source', -0.3, 0.005)
          contact2(name = 'gate', 0.0, 0.05)
          contact3(name = 'drain', 0.3, 0.005)
          contact4(name = 'substrate', location = bottom)
)
species(netactive, btotal, astotal, ptotal)
MinElementWidth = 0.01, MaxElementWidth = 0.10,
MinElementHeight = 0.01, MaxElementHeight = 0.10,
! 为 MDRAW 定义杂质的综合优化标准
gate(MaxElementWidth = @<Lg/10.0>@
MinElementWidth = @<Lg/40.0>@
! 定义栅下的优化参数，为 MOSFET 提供额外的沟道优化。
)
)
End
```

4.2 器件描述工具 MDRAW

4.2.1 关于 MDRAW

1. MDRAW 软件简介

MDRAW 软件主要提供灵活的二维器件结构描述，包括结构的边界、掺杂及其优化等。它和 ISE TCAD 的其他软件组合在一起使用，采用统一的 DF-ISE 数据格式。由于 MDRAW 软件中已经集成了二维网格生成工具，所以不再需要其他软件进行二维网格编辑。

MDRAW 软件作为 ISE TCAD 环境中的一部分，包括以下功能：

（1）边界编辑
（2）掺杂及其优化编辑
（3）脚本插件（Tcl 语法）

(4) 网格插件

以上功能用来建立边界、掺杂、优化信息,并为之后的器件仿真建立适当的网格。MDRAW 软件中的网格生成是在图形界面下进行的,也可以在命令行中直接调用。MDRAW 还可以生成和修改 TCAD 器件模型,从而满足仿真的需要。

MDRAW 软件包括两部分单独的内容:边界编辑器和掺杂及其优化编辑器,两者使用同一个图形用户界面。

2. GUI(图形用户界面)

在 MDRAW 图形界面中,边界编辑窗口包括主菜单栏、工具选择区、接触操作区、参数选择区、环境选择区(边界或掺杂)、信息栏、坐标指示器和绘图区(如图 4.9 所示)。这些部分构成了友好的图形界面,帮助用户更快地熟悉并使用 MDRAW 软件。

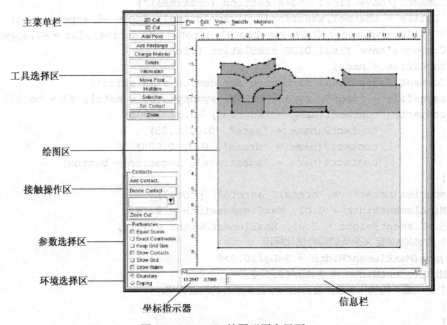

图 4.9 MDRAW 的图形用户界面

环境选择区:在这一区域,用户可以选择所需要的环境。通过选择"边界"或"掺杂",MDRAW 的菜单栏及相关区域都会随之改变。

主菜单栏和工具选择区:主菜单栏使得用户可以更加方便地使用 MDRAW 的命令,包括"建立新器件"、"编辑器件"、"合并掺杂"等;工具选择区包含了最常用的一些命令,其中多数通过单击选择就可以直接在绘图区应用。

接触操作区:接触操作区中可定义器件的某一部分作为接触,部分命令在菜单栏里也可以找到。

参数选择区:参数选择区中的选项可以用来控制环境设置,如"显示标尺"和"掺杂信息"等。

4.2.2 MDRAW 的边界编辑

边界编辑器主要用于生成、修改和实现器件的结构。通过选择环境选择区的边界选项可以打开边界编辑器。

在 MDRAW 软件中,编辑器件结构的方法一般有以下两种。

第4章 工艺及器件仿真工具 ISE–TCAD

（1）直接在 MDRAW 中创建一个新的结构，从而可以不通过工艺仿真步骤就可以得到器件的结构原型；

（2）编辑、修改一个已经存在的器件结构，如果器件结构来自工艺仿真器（如 DIOS），则可以去掉一些不需要的网格点，从而简化器件结构。

1. 器件的创建和保存

在 MDRAW 中创建器件结构主要通过"增加矩形"来实现，这个矩形层次包含特定的材料。如果要实现很复杂的层次结构，可以修改矩形层次、增加新层次或切分存在的层次。

（1）增加矩形

① 单击工具栏中的 "Add Rectangle"；

② 在"Materials"中选择所需要的材料，如图 4.10 所示；

③ 拖动鼠标在所需要的地方画出框架，如图 4.11 所示。

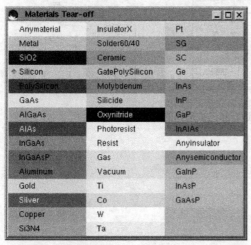

图 4.10 Materials 菜单　　　　　图 4.11 第一层矩形区域

（2）打开器件

MDRAW 软件可以打开一个 DF–ISE 格式的边界文件，其后缀名为 "*.bound"（旧版本的扩展名）和 "*.bnd"（新版本的扩展名）。

（3）打开文件

① File→Open；

② 选择需要打开的文件目录，或在文本框中输入文件名；

③ 单击 OK 按钮。

如果文件格式正确，它将会被读出并显示在绘图区（可以识别的文件格式包括 DF–ISE，BOUNDARY 1.0，BOUNDARY 2.0，BOUNDARY 2.1 及 BOUND）。如果格式不正确，会显示出错信息。

（4）保存边界

当器件结构在边界编辑器中打开后，MDRAW 对器件的编辑只保存在计算机的内存中，在编辑过程中注意保存文件。

用 DFISETOOLS（DF–ISE TOOLS）格式保存的文件有时会很难在图形界面下进行手工编辑（可以用文本编辑器编辑），所以 MDRAW 依旧保存了对旧边界文件格式输出的支持。

2. 器件的编辑

当器件被打开之后,用户可以编辑它的边界,包括移动节点、增加节点、删除节点、修改材料类型及定义新的接触。

要编辑节点首先要选择节点,选择节点后可以完成一系列的操作,如移动、删除,以及平滑一组节点。

(1) 选择一组节点

① 在工具选区选择 Selection;

② 拖动鼠标使得框架包括了所有希望选择的节点,每一个被选择的节点都会变成一个白色的矩形,如图 4.12 所示;

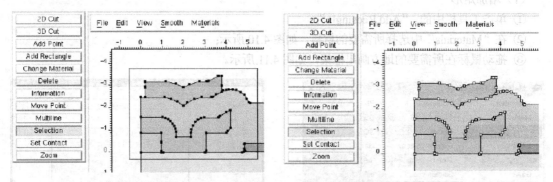

图 4.12 Point Selection:框定的点(左边)和已被选择的点(右边)

(2) 增加选择节点

① 在工具选区中选择 Selection;

② 按住 Shift 键,拖动鼠标进行选择。

(3) 选择所有节点:

Edit→Select All

器件中的所有节点都将被选择,变为白色的矩形。

在 GUI 下移动节点是器件编辑中最常用的方法,可以用来增大器件的体积、修正错误等。在 MDRAW 中可以移动单个节点或一组节点。

(4) 移动单个节点

① 在工具选区中选择 Move Point;

② 拖动鼠标移动节点到所需要的位置,如图 4.13 所示(这个操作的快捷操作是在节点上按下并且拖动鼠标中键到达所需要的位置)。

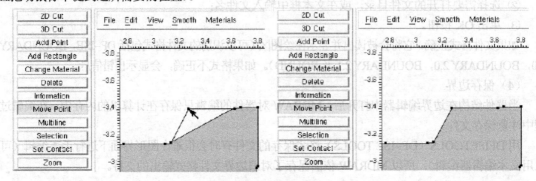

图 4.13 移动单个节点

第4章 工艺及器件仿真工具 ISE–TCAD

(5) 移动一组节点

① 选择一组节点，如果还要增加选择节点，在选择时按住 Shift 键；

② 拖动节点到所期望的位置。

(6) 增加节点

① 在工具选区中选择 Add Point；

② 在所需要增加节点的位置单击鼠标，一个新的节点将会被插入在离单击点最近的边界处。

(7) 器件的部分删除

工具选区中的 Delete 工具可以用来删除区域、边界、节点以及一组节点，这些操作将由所选择的对象所决定。例如，删除一组节点的方法如下：

① 在工具选区中选择 Delete；

② 拖动鼠标选择需要删除的节点，如图 4.14 所示。

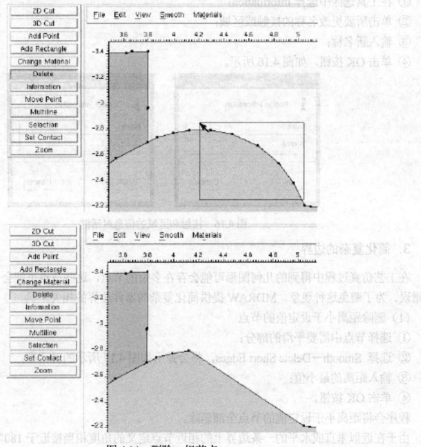

图 4.14 删除一组节点

(8) 改变层次的材料：MDRAW 可以用多种材料来定义器件，材料内在的定义在 dataxcodes.txt 文件中有详细说明。

(9) 修改层次的材料

① 在工具选区中选择 Change Material；

② 在 Materials 菜单中选择所需要的材料；

③ 单击需要改变的层次，如图 4.15 所示。

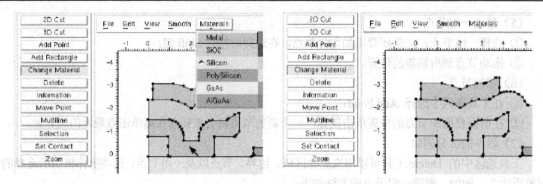

图 4.15 将层次的材料改变为 SiO_2

（10）改变接触或区域的名称
① 在工具选区中选择 Information；
② 单击所要更改名称的接触或区域；
③ 输入新名称；
④ 单击 OK 按钮，如图 4.16 所示。

图 4.16 接触和区域的信息对话框

3. 简化复杂的边界

在工艺仿真过程中得到的几何图形可能会存在多余的节点，这些节点可能会使网格构建的时候发生错误。为了避免这种现象，MDRAW 提供简化复杂的器件边界的相关工具。

（1）删除距离小于设定值的节点
① 选择节点中需要平滑的部分；
② 选择 Smooth→Delete Short Edges，将会弹出如图 4.17 所示的对话框；
③ 输入距离的最小值；
④ 单击 OK 按钮。

程序会将距离小于设定值的节点全部删除。

由于在近似垂直或水平的一条边界上的相近节点定义的角度相当接近于 180°，所以可能导致过多的优化。

（2）删除相近共线节点
① 选择节点中需要平滑的部分，选择 Smooth→Delete Nearly-Collinear Points，将会弹出如图 4.17 所示的删除短距离节点对话框和如图 4.18 所示的删除相近共线节点对话框；
② 输入共线两点的最小距离；
③ 单击 OK 按钮。

所有由相邻节点定义的直线上距离小于设定值的节点都将被删除，如图 4.19 所示。

第 4 章　工艺及器件仿真工具 ISE–TCAD

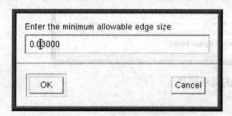
图 4.17　删除短距离节点对话框

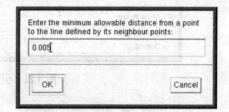
图 4.18　删除相近共线节点对话框

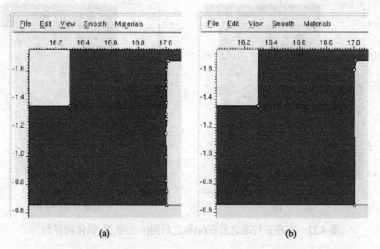
图 4.19　删除相近共线节点之前图(a)和之后图(b)的金属-氧化物界面

近似垂直或水平的线条可能在网格优化中导致建立过多的网格。

(3) 处理近似水平、垂直线条

① 选择定义要处理线条的节点；

② Smooth→Break Nearly-Horizontal/Vertical Lines，如图 4.20 所示的对话框将会弹出；

③ 输入所有选择的线条中与水平线（或垂直线）的最小夹角的读数（以度为单位）。

【注意】在第一次处理近似水平、垂直线条的时候，推荐将最小角度设置为 5°。

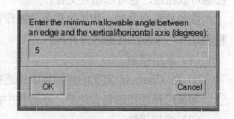
图 4.20　处理近似水平、垂直线条对话框

④ 单击 OK 按钮。

程序将会对所选择的线段中所有与水平或垂直线夹角小于设定值的线条进行处理。

(4) 校准节点组的位置

上面提到近似水平或垂直的线条将会在网格生成的时候产生困难，另外一个解决该问题的办法就是将这些线条校准到某一个设定节点上。

(5) 校准节点组的位置到某一个节点

① 选择需要校准的节点；

② Smooth→Align Points Horizontally or Smooth→Align Points Vertically，将会有如图 4.21 所示的提示信息显示；

③ 单击需要校准的节点。

如果单击选择了一个现有的节点，MDRAW 将以这个节点为准做出调整（如图 4.22 所示）。如果单击了其他位置，MDRAW 将会以该位置为准做出调整，这将会在精度上受到影响。

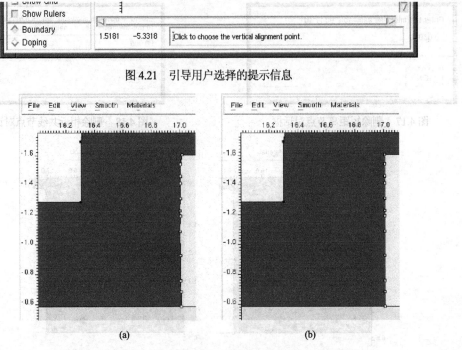

图 4.22　在垂直校准之前图(a)和之后图(b)的金属-氧化物界面

4．定义接触

在 MDRAW 中，接触定义为一系列的边界，接触边界显示为红色，可以定义不同的接触区，这些接触可以相连，也可以相互交叠。

接触相互交叠时，和接触相关的操作都将只会对已经激活的接触起作用，激活的接触将会使用加粗的红线与未激活接触区分开来。

(1) 激活接触

① 在 Contacts 定义的接触列表中选择需要的接触。

如果选择的接触包含边界，在器件中将会出现一个粗红色的线条。

(2) 增加接触

① 在 Contacts 下选择 Add Contact；

② 输入新接触的名称；

③ 单击 OK 按钮。

(3) 删除接触

① 在 Contacts 下选择 Delete Contact；

② 在列表中选择需要删除的接触；

③ 单击 OK 按钮。

(4) 为已定义的接触添加边界

① 在工具选区中选择 Set Contact；

② 单击边界，边界将会突出显示并且添加到激活接触中。

【注意】如果单击一个区域，定义这个区域的边界将会被添加到激活区中。如果单击的是已经激活的边界，这些边界将从激活的接触中移除。

(5) 重命名接触
① 在工具选区中选择 Information；
② 单击一个接触；
③ 输入新的接触名称。
(6) 更改激活的接触名称
在接触操作区 Contacts 下的文本框中输入新的名称。

5. 定义新层次

在 MDRAW 中完成器件新层次的定义是十分方便的，主要有 3 种方法：在器件的周围增加图层；将一个层次切成两个；在一个已经存在的层次中定义新的层次。

(1) 在器件的周围增加一个复杂的层次
① 在 Materials 菜单中选择一种材料；
② 在工具选区中单击 Multiline；
③ 单击新图层的起始点或器件外的部分；
④ 再次单击器件外的部分来定义其余的节点，如图 4.23 所示；
⑤ 单击鼠标右键以结束定义。

如果起始点或终止点与所有存在的节点都不一致，新建层次将被插入在离它最近的边缘上。

【注意】定义用的线条不能相交，而且不能在器件中的其他层次中被定义，否则，在完成定义时将会有信息提示停止操作。

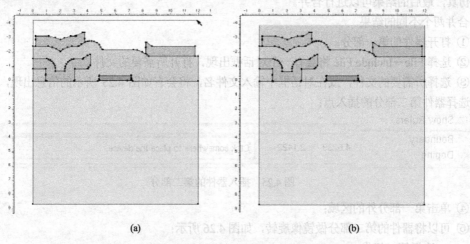

图 4.23 定义一个新的复杂层次图(a)和最终定义结果图(b)

(2) 在器件周围增加一个简单（矩形）层次
① 在 Materials 菜单下选择一种材料；
② 在工具栏菜单中选择 Add Rectangle；
③ 拖动鼠标直到矩形的至少一个角接触到器件的某一节点。

【注意】如果应用 Preferences 参数下的 Exact Coordinates 选项，在定义矩形层次的时候就不再需要接触器件的节点。如果定义了一个与器件不接触的层次，可以将其合并入器件。

(3) 拆分层次
将一个层次拆分为同一种材料组成的两个层次，如图 4.24 所示。

① 在工具选区中选择 Multiline；
② 单击新图层的起始点或单击器件图层内部的任何部分；
③ 继续定义新层次的其他节点；
④ 单击鼠标右键以结束定义。

如果定义的起始点或终止点与现有的节点不一致，将会在最近的边缘处增加一个新的节点。

【注意】定义用的线条不能相交，不能在器件中的其他层次中被定义，否则，在完成定义时将会有信息提示停止操作。

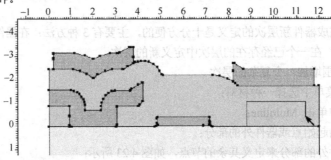

图 4.24 将一个层次拆分成两个新的层次（如箭头所示区域）

6. 合并不同的结果

仿真是需要耗费很长时间的，有一些器件有对称性，有一些器件可以被分解，并且在不同的计算机上仿真，最后的结果可以进行合并。

合并两个不同的结果
① 打开器件的第一部分；
② 选择 File→Include File 将会有一个对话框出现，打开所需要的文件；
③ 选择所需要的文件，或在对话框中输入文件名，将会有如图 4.25 所示的信息出现，提示用户单击选择器件第二部分的插入点；

图 4.25 插入器件的第二部分

④ 单击第一部分外的区域；
⑤ 可以将器件的第二部分做镜像旋转，如图 4.26 所示；
  ● 选择第二部分
  ● 选择 Edit→Reflect X 或 Edit→Reflect Y
⑥ 将作为接触的界面上的点拉直；
Smooth→Align Points Horizontally 或 Smooth→Align Points Vertically
⑦ 选择并拖动第二部分，将相互连接的界面上的点拖动到第一部分界面的点之上。两部分器件将会被合并成一个单一的器件，接触的边界将会被删除，如图 4.27 所示。

7. 子器件的提取

从一个器件中提取子器件：
① 在工具选区中选择 2D Cut；

② 拖动鼠标选择将要提取的部分，会弹出 Save As 对话框；
③ 将子器件文件保存；
④ 在目录列表中，选择子器件文件要保存的目录；
⑤ 指定所需要保存的格式；
⑥ 单击 OK 按钮。

所提取出来的子器件将会被保存为 DF-ISE 边界格式。

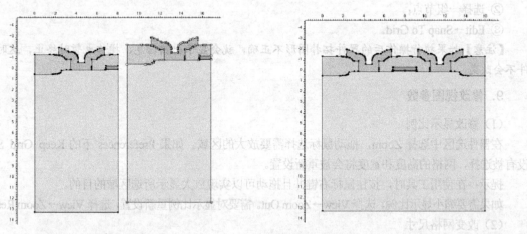

图 4.26　插入第二部分器件之后　　　　图 4.27　将两部分合并到一起且删除界面后的器件

8. 提高设计的精度

在器件的编辑中，对边界的精度有较高的要求。在 MDRAW 的坐标系中，长度等相关参量是以微米为单位给出的，而在显示设备中一般以像素给出。当程序在微米与像素之间做转化时，就会出现精度上的问题。另外，在图形界面中进行手工编辑时，也不能很好地保证编辑的精度。在 MDRAW 中可以通过以下方式解决这个问题。

（1）精确指定坐标

在边界编辑中定义节点时，可以精确地指定坐标以改善编辑精度。在 Preferences 中，勾选 Exact Coordinates。之后，当单击节点时，所有的工具选项都会弹出一个需要指定坐标值的对话框，如图 4.28 所示。

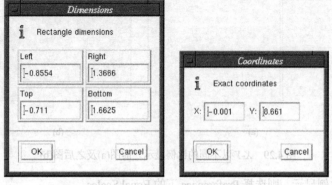

图 4.28　精确定义坐标对话框

（2）强制角度

一般情况下，MDRAW 中允许用 Multiline 建立任何方向的线条。当人为限制 Multiline 工具之后，只能做出水平、垂直或 45°方向的线条，方法是在拖动鼠标进行线条定义的同时按住 Shift 键。

(3) 定义网格

为了更加直观、精确地确定坐标，MDRAW 提供了网格工具，可以通过 Preferences 下的 Show Grid 选项将此调出。在网格工具被激活后，每移动一个节点时，将会与距离其最近的网格节点相对齐。这也可以用来抓取每一个离网格节点最近的节点。

(4) 将多个节点对齐到网格节点上

① 激活网格抓取选项；
② 选择一组节点；
③ Edit→Snap To Grid。

【注意】如果执行操作后的器件拓扑图形不正确，就会显示出错信息，操作也暂时终止，这时器件不会改变。

9. 修改视图参数

(1) 修改显示比例

在器件选区中选择 Zoom，拖动鼠标选择需要放大的区域。如果 Preferences 下的 Keep Grid Size 没有被选择，网格的高度和宽度将会被重新设置。

提示：在使用工具时，按住鼠标右键并且拖动可以实现放大显示所选区域的目的。

如果需要缩小显示比例，选择 View→Zoom Out。需要对显示比例重新设置，选择 View→Zoom Reset。

(2) 改变网格尺寸

在 MDRAW 中，标尺是根据网格定义的，如果改变了网格单元的尺寸，标尺也会自动改变。

网格大小可以在 View→Change Grid Spacing 中进行设置。

(3) X-Y 以不同的比例显示

在一些情况下，器件可能是狭窄或扁平的，细节将不会被显示，这时可以通过选择 X-Y 以不同的比例显示，使器件更容易编辑，如图 4.29 所示。

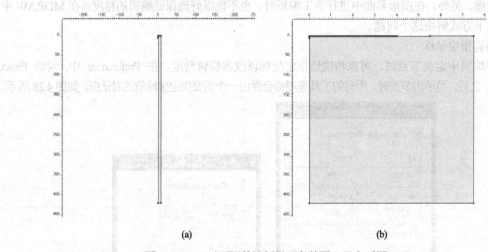

图 4.29　X-Y 以不同的比例显示之前图(a)及之后图(b)

如果要以相同比例显示，则选择 Preferences 下的 Equal Scales。

10. 撤销操作

可以应用 Edit 下的 Undo 或 Redo 命令来撤销或重做操作。

4.2.3 掺杂和优化编辑

1. 概述

掺杂和优化编辑器的主要功能是产生、修改和实现器件的掺杂，它也允许用户定义特定的掺杂优化信息，定义局部区域网格尺寸，改变网格的产生。

在环境选择区选择 Doping，就打开了掺杂和优化编辑器，编辑界面如图 4.30 所示。

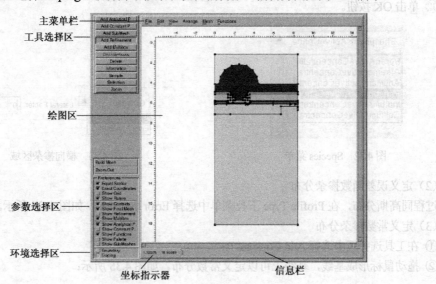

图 4.30 掺杂和优化编辑器界面

2. 定义掺杂和外部函数

可以通过以下两种方式来定义掺杂函数：
（1）定义解析掺杂分布；
（2）从工艺或器件仿真中导入数据。

MDRAW 中的解析分布函数可以是高斯掺杂分布、误差函数掺杂分布、常数掺杂分布或生存期掺杂分布。另外，可以从一维的外部掺杂分布定义中导入掺杂分布。

从二维工艺或器件仿真器得到的数据可以作为一个参考网格，网格生成器通过处理参考网格产生新的优化网格。

（1）定义高斯掺杂分布
① 单击工具选择区中的 Add Analytical P.；
② 拖动鼠标形成基线，基线是定义高斯分布的参考线，基线上的杂质浓度相等，杂质在与基线垂直的方向上呈高斯分布，如图 4.31 所示；
③ 输入掺杂分布的名称；
④ 在 Profile Type 下拉菜单中选择 Gaussian；
⑤ 精确定义基线坐标；

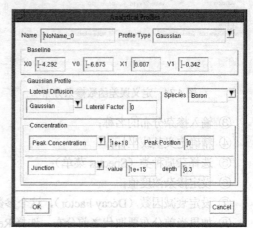

图 4.31 定义高斯分布对话框

⑥ 选择杂质种类（Species 菜单），如图 4.32 所示；
⑦ 设置横向掺杂函数和横向掺杂系数，如图 4.33 所示；
⑧ 选择浓度类型：极值浓度或剂量；
⑨ 输入浓度值；
⑩ 输入极值浓度节点的值（离基线的距离）；
⑪ 选择定义（标准浓度偏差、结浓度或扩散长度）；
⑫ 单击 OK 按钮。

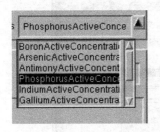

图 4.32 Species 菜单

图 4.33 横向掺杂区域

（2）定义误差函数掺杂分布
过程同高斯分布，在 Profile Type 下拉菜单中选择 Error Function，如图 4.34 所示。
（3）定义常数掺杂分布
① 在工具选择区中选择 Add Constant P.；
② 拖动鼠标形成基线，基线上可以定义常数分布，如图 4.35 所示；

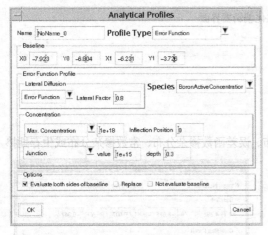

图 4.34 定义误差函数掺杂分布

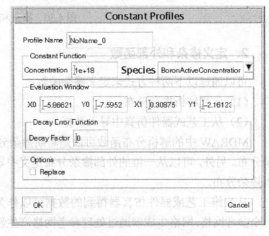

图 4.35 定义常数掺杂分布

③ 输入掺杂分布的名称；
④ 精确定义基线坐标；
⑤ 选择杂质种类（Species 菜单）；
⑥ 设定掺杂浓度值；
⑦ 设定衰减因数（Decay Factor），这个参数代表了从基线到常数掺杂末端的距离；
⑧ 如果当前分布要取代之前分布，选择 Replace；
⑨ 单击 OK 按钮。

(4) 从外部一维数据导入
① 单击工具选择区中的 Add Analytical P.；
② 拖动鼠标形成基线，基线上可以定义高斯分布，如图 4.36 所示；
③ 在 Profile Type 中选择 1D Profile；
④ 精确定义基线坐标；
⑤ 单击 File Name，选择所需要的文件；
⑥ 在 From 和 To 区域中输入数据范围；
⑦ 设置横向掺杂函数和横向掺杂系数；
⑧ 在 Options 下选择，Replace 代表替换已经存在的分布，Not evaluate baseline 表示不考虑基线上的分布；
⑨ 单击 OK 按钮。

(5) 导入外部数据
① 在工具选择区中选择 Add SubMesh；
② 其他操作同上。

3. 定义载流子寿命

在 MDRAW 中，使用与定义解析掺杂分布相同的方式来定义载流子寿命，对于电子或空穴，在 Species 菜单中选择 eLifetime 或 hLifetime。

4. 定义优化标准

MDRAW 使用一系列用户可定义的参数来执行网格优化，这些参数定义网格元素优化的尺寸等信息，可以定义一系列的优化区域，并且每一个优化的区域都可以定义一个优化的算法。这些算法中包含了掺杂轮廓数据，并且在网格元素不符合标准时，使 MDRAW 对其进行优化。

当建立一个器件时，MDRAW 为整个器件分配了一个默认的优化区域，如果器件中的某一个区域有特定优化的需要，可以增加新的优化区域。每一个优化区域都可以被编辑、删除（默认的优化区域只可以被编辑而不能被删除）。

【注意】优化函数中涉及的数据是由首次添加定义到 datexcodes.txt 中的函数计算得到的。

(1) 更改默认优化区域的优化方式
① 在工具选择区中选择 Information；
② 在没有优化的区域中单击，Refinement Dimensions 对话框将会显示出来，如图 4.37 所示；

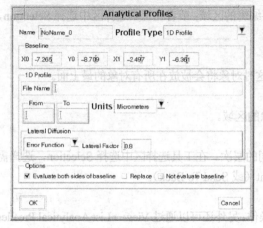

图 4.36　定义一维分布

图 4.37　优化尺度对话框

③ 分别定义优化网格的最大、最小宽度和长度；
④ 修改优化函数（如图4.38所示）；
⑤ 单击OK按钮。
（2）在Refinement Dimensions对话框中增加优化函数：
① 单击Add；
【注意】如果没有定义掺杂分布，如图4.39所示的错误信息将会显示出来。

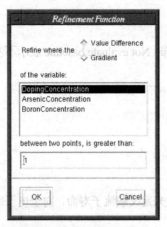

图4.38 优化函数对话框

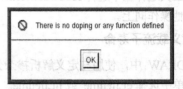

图4.39 错误信息

② 选择优化标准；
③ 输入允许的最大值；
④ 单击OK按钮。
其中优化函数可以通过单击Delete来删除，还可以通过单击Edit来编辑优化函数。
（3）增加优化区域
如果需要增加优化区域，可以单击工具选择区中的Add Refinement，之后拖动鼠标选择，其他过程同上。白色的矩形代表一个优化区域。

5. 修改掺杂区域

当掺杂和优化完成后，还可以用相同的工具对其进行编辑、移动、修改或删除。
（1）编辑轮廓和优化
在工具选择区中选择Information，然后单击需要编辑的区域；或者在工具选择区中选择**Selection**，再双击需要被编辑的区域。
（2）移动轮廓和优化
单击Selection后可以将对象拖动到目标区域。这时对象将会被放在所有对象的最上面。
（3）删除轮廓和掺杂
在工具选择区中选择Delete，然后单击要被删除的区域。
（4）移动轮廓和掺杂
可以根据用户的需要来移动掺杂，使其位于不同的层次。在工具选择区中选择Selection，选择需要移动的对象，之后在Arrange下选择 Bring To Front（或Send To Back）。
（5）撤销轮廓和优化操作
在Edit菜单下选择Undo可以撤销最后一次的操作。另外还可以通过View→List Analytical Profiles来编辑或选择。

第 4 章 工艺及器件仿真工具 ISE-TCAD

6. 命令文件的使用

文件中所有的掺杂文件以及优化标准都可以保存成命令文件（.cmd），并可以再次使用。

（1）命令文件的调入

MDRAW 每次启动的时候都会检测是否存在命令文件，如果存在，就会自动将其调入；如果不想把这个文件调入，可以通过在命令行后面加 -noloadCmd 来将其禁用；如果需要从其它文件夹中调入已经存在的命令文件，可以通过 File→Open Command File 来将其调入。

（2）向命令文件增加内容

通过 File→Include Command File 可以打开已有的命令文件，进而可以编辑其内容。

（3）命令文件的保存

可以通过 File→Save Command File 或 File→Save Command File As 来进行保存。

7. 最终网格的建立

优化条件设置过之后的下一个步骤就是直接建立网格。单击 Build Mesh，MDRAW 会自动按照最适合的方式建立（如果建立的时间太长，则有可能是现有的网格形态有问题）。

在网格建立之前，用户需要预先定义是只考虑器件结构、外部数据还是内部数据，如果没有预先进行设置，将会有如图 4.40 所示的警告显示。

在开始的时候，MDRAW 会自动地将与器件名称相同的内部、外部命令文件调入。

通过 Mesh→Build Mesh 可以建立默认网格。

如果定义的网格只与器件结构有关，可以在 Mesh→Setup（如图 4.41 所示）之后去掉对 SubMesh 和 Analytical Profiles 的选择，重新生成网格即可。

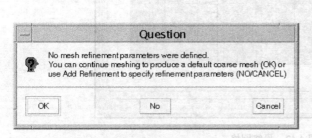
图 4.40 优化警告

图 4.41 网格设置对话框

在网格建立的时候，可以通过 Mesh→Stop Refinement 来停止优化，并可以单击 Continue 来再次启动。如果需要重新建立网格，只需再次单击 Build Mesh 即可。

同样可以分步来建立网格，分别为首次网格、用户网格以及最终网格。首次网格描述矩形边框的近似边界，用户网格产生符合用户要求的优化边界，最终网格实现符合仿真需求的网格（如图 4.42 所示）。其操作分别为 Mesh 菜单下的 Build Initial Mesh、Build User Mesh 和 Build Final Mesh。

可以通过 File→Save Mesh 及 Save Mesh As 来将网格文件保存。

8. 显示已产生网格的信息

当网格文件建立之后，网格信息可以定性、定量地显示出来。

（1）网格函数的显示

当网格建立之后，MDRAW 会把数据库中的函数显示出来（一般为定义的第一个）。

在 Preferences 中选择 Show Functions，可以将默认的函数显示出来，并且可以在 Functions 菜单下选择需要的函数。

如果显示函数会使操作变慢（平时应不使其显示），则在 Preferences 中去掉对 Show Functions 的选择。

（2）基本网格参数的显示

可以通过 File→Show Info 来查看文件中网格的信息。

（3）数据的读取

MDRAW 中用彩虹色来区分不同的掺杂浓度，红色代表的数值最高，蓝色代表的数值最低。选择 Preferences 下的 Show Palette 可以显示不同颜色代表的具体浓度值。另外，在工具选择区中选择 Sample，再单击图中区域，可以查看该点的浓度等信息。

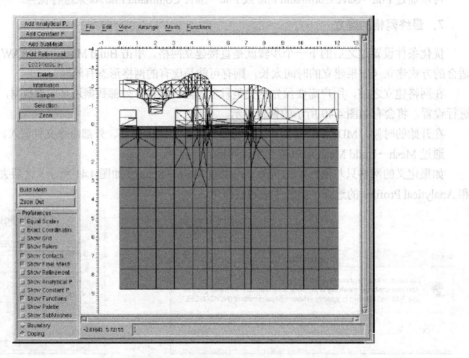

图 4.42 最终网格

4.2.4 MDRAW 软件基本使用流程

（1）精确坐标模式

在 MDRAW 中，默认的绘图方式是徒手作图，但是在实际应用中常常需要精确地定义每个点，这时，可以将 Preferences 下的 Exact Coordinates 选项勾选上。

（2）设置纸张大小

根据需要设置纸张大小（该选项在 View 菜单下）。

（3）设置材料

设置当前的材料（该选项在 Materials 菜单下）。

（4）描述器件

按照需要描述器件（以下以 SOI 工艺的 PMOS 为例说明这一流程）。

所要构造的器件描述如下（如图 4.43 所示）。

① 绝缘层厚度：0.1 μm
② 外延层厚度：0.1 μm
③ 源、漏长度：0.3 μm
④ 栅氧层厚度：0.004 μm
⑤ 栅氧层长度：0.2 μm
⑥ 多晶硅厚度：0.2 μm
⑦ LDD 长度：0.1 μm
⑧ 衬底掺杂：10^{16} atoms/cm^3（硼）
⑨ 外延层掺杂：10^{17} atoms/cm^3（硼）
⑩ 多晶硅掺杂：10^{20} atoms/cm^3（砷）
⑪ 源、漏掺杂：10^{19} atoms/cm^3（砷，高斯分布，横向扩散系数为 0.8，结深为 0.08 μm）

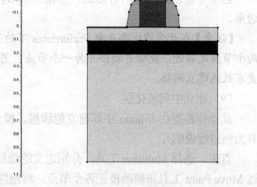

图 4.43 所要构造的器件描述

⑫ LDD 掺杂：10^{18} atoms/cm^3（砷，高斯分布，横向扩散系数为 0.8，结深为 0.04 μm）

（5）形成矩形区域

选择 Add Rectangle 后拖动鼠标，在弹出的对话框中设置新建矩形的四个边的位置，如图 4.44 所示。

【注意】 所有的单位都是 μm。

（6）增加栅氧

增加 40Å 的栅氧。材料中选择 SiO$_2$，增加一个矩形区域，如图 4.45 所示。

【注意】可以通过按住鼠标右键并拖动来放大，也可以通过 View 菜单下的 Zoom Reset 来重新设置界面大小。

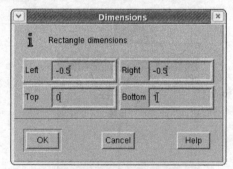

图 4.44 形成矩形区域

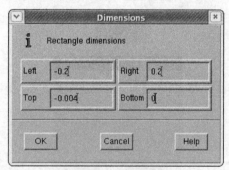

图 4.45 增加栅氧

（7）增加多晶硅

过程同上，材料选择 Poly Silicon，位置如图 4.46 所示。此时得到的图形如图 4.47 所示。

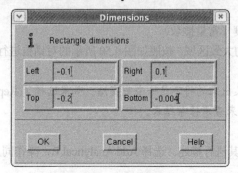

图 4.46 增加多晶硅

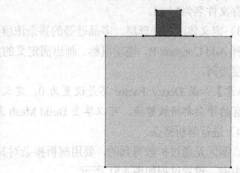

图 4.47 增加多晶硅后的器件图形

(8) 建立非矩形的 Spacer 区域

建立非矩形区域有两种方式：①建立矩形区域增加节点后移动节点；②用 Multiline 工具建立多边形。

【注意】在此步骤中要先把 Preferences 下的 Exact Coordinates 选项去掉，这样在增加节点时，如果两个节点足够近，就会自动合并为一个节点。另外，在描述的时候应该采用尽量少的节点，这样才能更有效地建立网格。

(9) 建立中间氧化层

此操作是要在 Silicon 中间建立绝缘层。操作方法如下（操作方法有多种，下面以用 Multiline 工具为例进行说明）：

首先，选择 Multiline 工具，分别定义绝缘层上边界和下边界。之后勾选 Exact Coordinates，再通过 Move Point 工具来精确校正各个节点，将绝缘层位置定义出来。然后选择 Change Material，将中间的 Silicon 改成 SiO_2 即可。

(10) 为各区域命名

单击 Information，再单击各个区域，可以重新为各区域命名。

以上工作完成后建立的器件如图 4.48 所示。

(11) 定义接触

可以将边界或边界的一部分定义为电极接触。单击 Add Contact，输入接触的名称，在 Contact 的下拉菜单中选择所需接触，再单击 Set/Unset Contact，选择需要设置的边界即可，如图 4.49 所示。

【注意】如果单击到了体区，则整个区域都会被设置为接触。如果所需要定义的接触为边界的一部分，那么可以先在边界上增加节点后再定义。定义成功后接触边界被显示为粗红色。

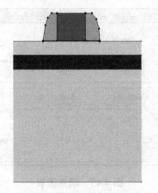

图 4.48　为各区域命名后的器件图形

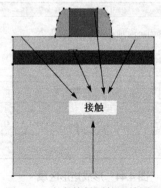

图 4.49　定义接触后的器件图形

(12) 器件的边界定义基本完成

保存文件名为*.bnd。

(13) 定义体区、外延层、多晶硅等的掺杂浓度（常量掺杂）

选择 Add Constant P.，拖动鼠标，画出需定义的大致区域，按照如图 4.50 所示的对话框进行设置，以外延层为例。

【注意】如果 Decay Factor 不是设置为 0，定义出来的将不是一个突变结。如果选择了 Replace，前面所有的掺杂都将被替换，可以单击 Build Mesh 来查看掺杂结果。

(14) 进行解析掺杂

源、漏区是通过扩散得到的，要用解析掺杂对其进行描述。选择 Add Analytical P.，操作同上，以源掺杂为例，设置过程如图 4.51 所示。

第4章 工艺及器件仿真工具 ISE–TCAD

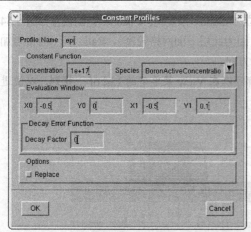

图 4.50 定义掺杂

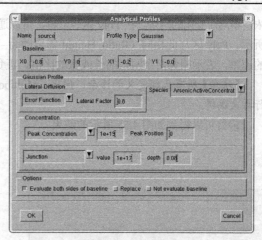

图 4.51 定义解析掺杂

Lateral Factor 指的是横向扩散长度与纵向扩散长度的比值；Peak Position 是高斯分布的峰值点与基线的距离（微米）；Junction Value 和 Junction Depth 定义掺杂形成的结深。

【注意】杂质在与基线平行的方向上浓度相同，杂质在与基线垂直的方向上呈高斯分布。

同上可以定义 Drain 的掺杂以及 LDD 部分。

(15) 定义优化标准

在正式生成网格之前需要先定义优化标准。

① 全局优化标准的定义

先将 Preferences 下的 Show Refinement 选中，再单击工具区中的 Information，单击器件，将会有对话框弹出，按如图 4.52 所示进行设置。该设置表示在窗口的范围内，网格最大不超过 0.25 μm，最小不小于 0.02 μm。

② 局部优化标准的定义

选择工具选择区中的 Add Refinement，选择需定义的区域，其余设置同上，设置结果如图 4.53 所示。

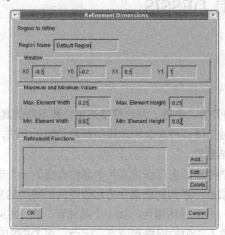

图 4.52 定义全局优化标准

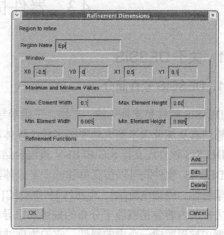

图 4.53 定义局部优化标准

③ 可变优化标准区域

在沟道区附近，希望建立起很好的网格，因为在栅电压下会反型并产生沟道，所以希望建立起随浓度不同而变化的网格。在 Poly 区也一样，可以通过建立 Multibox 来实现。Channel 区的设置如图 4.54 所示。Poly 区与此相同（Ratio Height 需要改为–1.35，因为此层下面网格较密）。Ratio 表示网格增加的速率，表示相邻两个网格的长或宽的比值，正负表示方向。

【注意】所有已经定义的掺杂、优化、Multibox 等都可以在 View 菜单下的 List of…找到，以便进行再次编辑。

最终可以得到如图 4.55 所示的结果。

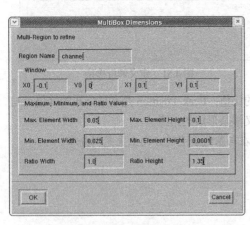

图 4.54　定义可变优化标准区域　　　　　　图 4.55　查看结果

（16）查看结果

至此，器件的掺杂描述已经全部完成，可以通过工具选择区中的 Sample 来读出各点的浓度值，并且通过对 Parameter 中某些选项的选择，可以使某些参数（如掺杂、图例、网格等）显示或不显示。

4.3　器件仿真工具 DESSIS

4.3.1　关于 DESSIS

1. DESSIS 软件简介

DESSIS 软件是支持一维、二维、三维半导体器件的多维、电热、混合模型的器件和电路仿真器。它能够仿真从深亚微米到大功率等多种半导体器件，同时支持多种高级物理模型和数学解析方法。另外，DESSIS 软件还支持 SiC 和 III-V 族混合结构、异质结器件。

DESSIS 软件既可以仿真单独一个半导体器件的电学特性，也可以仿真几个器件合成的一个电路的电学特性。终端电流[A]、电压[V]和电荷[C]可以通过求解一系列物理器件方程组得到最终的结果，这些方程的内容包括载流子分布的描述和电导机制等。一个半导体器件，如一个晶体管，在 DESSIS 仿真器中被形容成一个虚的器件，它的物理结构被离散成不均匀的网格和节点。因而，在 DESSIS 软件中，一个虚的器件大致就代表一个真正的器件。每个虚的器件结构在 ISE–TCAD 工具组中用如下两个文件来描述。

① 网格（或几何）文件包括整个器件每一区域的详细定义，即边界、材料类型和电接触位置等。

网格文件还描述器件区域的网格和网格的连接关系。如图 4.56 所示为标准 MOSFET 结构的边界和网格；

② 掺杂（或数据）文件主要是对器件属性的定义，包括掺杂分布、网格点的数据格式等。如图 4.56 所示为 MOSFET 结构的边界和网格，如图 4.57 所示为基于仿真网格点的二维掺杂分布，默认二维器件的第三维方向的厚度为 1 μm。

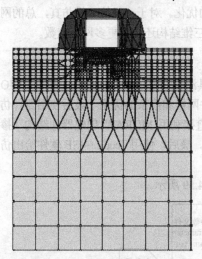 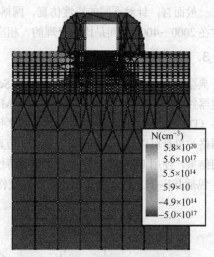

图 4.56　MOSFET 结构的边界和网格　　　　图 4.57　基于仿真网格点的二维掺杂分布

DESSIS 软件具有以下一些特性。
① 具有丰富多样的半导体器件物理模型（漂移-扩散的、热力学的和能量平衡的模型）；
② 支持不同的器件几何结构（一维、二维、三维和二维圆柱）；
③ 具有多种非线性仿真解决办法；
④ 支持混合模式仿真，其电热的网表可以有基于网格仿真的器件模型，也可以有基于 SPICE 仿真的电路模型。3 种仿真类型为：单器件仿真、单器件和电路网表的仿真、多器件和电路网表的仿真，如图 4.58 所示。

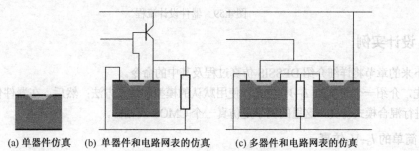

(a) 单器件仿真　(b) 单器件和电路网表的仿真　(c) 多器件和电路网表的仿真

图 4.58　仿真的 3 种类型

2. 器件结构和网格的创建

在器件仿真之前需要提供一个器件结构。这个器件结构可以来源于一维、二维、三维的工艺仿真（DIOS）、三维工艺仿真 DEVISE（ISE 公司的另一个软件产品）、二维结构编辑器（MDRAW 和 DEVISE）和三维结构编辑器（DIP 和 DEVISE）。无论用何种方式生成器件结构，都可以使用 MDRAW（二维网格图形界面）和 MESH（一维、二维、三维网格处理）重新对器件结构进行网格优化，以提高仿真的效率。

为了让仿真的效率最大化，产生的网格必须在允许的精度下具有最小数量的节点。同时，还要依据仿真的类型确定优化的网格。为了产生最合适的网格，以下这些区域的网格必须密集化：

① 高电流密度区（MOSFET 沟道、双极型管的基区）；
② 高电场强度区（MOSFET 沟道、MOSFET 漏区、耗尽区）；
③ 高电荷产生区（SEU alpha 粒子、光束）。

一般而言，针对不同的特性仿真，网格也需要进行相应的优化。对于一般的二维仿真，总的网格点数在 2000~4000 之间是比较合理的。相应的大功率器件和三维结构还需要更多网格点数。

3. 设计流程

典型的器件"设计流程"（在 GENESISe 平台上叫做"工具流程"）包括利用工艺仿真软件（DIOS）创建器件结构，然后使用器件描述软件（MDRAW）进行器件网格和掺杂的优化，最后使用器件仿真软件（DESSIS）进行器件特性仿真。有时不使用工艺仿真，直接利用 MDRAW 创建器件结构（掺杂和网格）也是可以的。DESSIS 软件主要仿真器件的电学特性。最后，使用 Tecplot-ISE 软件给出仿真输出结果，使用 INSPECT 软件显示电学特性。

包括 ISE-TCAD 工具组和仿真产生文件的设计流程如图 4.59 所示。

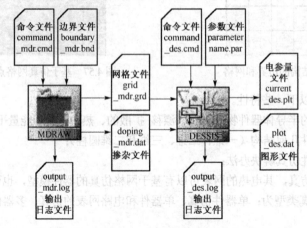

图 4.59　器件设计流程

4.3.2　设计实例

接下来的章节将详细介绍 DESSIS 仿真过程及其中的命令。

首先，介绍一个简单的 I_d-V_g 仿真，使用默认的模型和仿真方法；然后，在器件仿真的基础上介绍如何进行混合模式仿真，这里的例子是仿真一个 CMOS 反相器。

1. 简单的 I_d-V_g 仿真

MOS 管的 I_d-V_g 电学特性仿真是 DESSIS 软件最典型的应用。它能提取出重要的器件特性，如阈值电压、关断电流、亚阈值斜率（Subthreshold Slope）、导通电流和跨导等。在这个例子中，主要介绍 DESSIS 仿真的基本命令。

DESSIS 命令文件主要由命令和描述语句组成，书写顺序没有一定的要求（除了混合模式仿真）。下面就是一个完整的命令文件的例子，每个语句部分都是单独的。

```
File {
* 输入文件：
```

第4章 工艺及器件仿真工具 ISE-TCAD

```
    Grid = "nmos_mdr.grd"
    Doping = "nmos_mdr.dat"
    * 输出文件
    Plot = "n3_des.dat"
    Current = "n3_des.plt"
    Output = "n3_des.log"
}
```

【说明】

① "File" 部分主要指定器件结构的输入文件和输出文件的名称，这是执行仿真所必需的；

② " * " 引导注释行；

③ "Grid" 和 "Doping" 语句分别指定器件结构的网格文件和掺杂文件；

④ "Plot" 语句定义仿真时计算的变量，扩展名为 "_des.dat"；

⑤ "Current" 语句定义最后输出的电学数据（可以是电极上的电流、电压和电荷等），标准扩展名为 "_des.plt"；

⑥ "Output" 语句定义输出日志文件，记录 DESSIS 运行情况，DESSISS 一旦运行它就会自动产生，扩展名为 "_des.log"；

⑦ 以上只有根文件名是必需的，其扩展名 DESSIS 可以自动添加，如 Plot = "n3" 就可以了。

```
    Electrode {
        { Name = "source" Voltage = 0.0 }
        { Name = "drain" Voltage = 0.1 }
        { Name = "gate" Voltage = 0.0 Barrier = −0.55 }
        { Name = "substrate" Voltage = 0.0 }
    }
```

【说明】

① "Electrode" 部分定义器件的电极相关信息，以及它们各自的边界条件和初始偏置；

② 值得注意的是，在多晶硅 "gate" 上，接触定义必须为欧姆接触；

③ "Name = "…"" 语句定义每个电极，这个电极名称必须和结构网格文件定义的电极名称一致，只有这样才能被用到仿真之中；

④ "Voltage = 0.0" 语句定义电极的电压初始值；

⑤ "Barrier = −0.55" 语句定义金属-半导体功函数差，这样才能把多晶硅电极当成金属。

```
    Physics {
        Mobility (DopingDep HighFieldSat Enormal)
        EffectiveIntrinsicDensity (BandGapNarrowing (OldSlotboom))
    }
```

【说明】

① "Physics" 部分定义器件仿真过程中使用的物理模型；

② "Mobility（DopingDep HighFieldSat Enormal）" 语句定义 3 个模型：掺杂依赖（Doping Dependence）模型、高电场饱和（速度饱和）模型和横向电场依赖（Transverse Field Dependence）模型；

③ "EffectiveIntrinsicDensity（BandGapNarrowing（OldSlotboom））" 语句定义禁带变窄模型，它决定本征载流子的浓度。

```
    Plot {
        eDensity hDensity eCurrent hCurrent
```

```
        Potential SpaceCharge ElectricField
        eMobility hMobility eVelocity hVelocity
        Doping DonorConcentration AcceptorConcentration
    }
```

【说明】

"Plot"部分定义所有的计算变量，DESSIS 要仿真的变量都将被存入输出 plot 文件（.dat）中。

```
    Math {
        Extrapolate
        RelErrControl
    }
```

【说明】

① "Math"部分定义 DESSIS 仿真时算法的设置，包括仿真器类型、仿真误差标准的设置；
② "Extrapolate"语句定义仿真时采用外推法定义迭代下一步的数值；
③ "RelErrControl"语句定义迭代反复计算时加入误差控制。

```
    Solve {
    #初始解决方案：
        Poisson
        Coupled { Poisson Electron }
        Quasistationary (
            MaxStep = 0.05
            Goal{ Name = "gate" Voltage = 2 } )
            { Coupled { Poisson Electron } }
```

【说明】

① "Solve"部分定义一系列的仿真，包括仿真所需要的一些参数；
② "Poisson"语句定义初始解使用非线性泊松方程获得；
③ "Coupled { Poisson Electron }"语句定义在初始偏置下电子的连续性方程；
④ "Quasistationary (
   MaxStep = 0.05
   Goal{ Name = "gate" Voltage = 2 })
   { Coupled { Poisson Electron } }

这条语句定义准静态或静态平衡解的方法，仿真中迭代的最大步长为 0.05 V，栅压仿真到 2 V，采用泊松方程与电子连续性方程进行完全（牛顿）耦合的仿真方式。

当做完仿真之后，选择合适的变量，可以通过 INSPECT 工具看到特性曲线。如图 4.60 所示为 INSPECT 中的 I_d-V_g 特性曲线，也可以通过 Tecplot–ISE 工具看到器件的电势分布和结深（如图 4.61 所示）等。

2. 混合模式仿真

DESSIS 的另外一个功能就是支持混合模式下的电路仿真，这个混合电路包括若干个一维、二维、三维的 DESSIS 器件和基于其他模型（SPICE）的器件。

以下以一个简单反相器的瞬态仿真为例说明这一过程。这个 CMOS 反相电路结构包括两个二维物理器件（一个是 N 沟道 MOSFET，另一个是 P 沟道 MOSFET）、一个电容和一个电压源。MDRAW 软件用于生成二维的 NMOS 和 PMOS 器件的结构。DESSIS 仿真这个反相器对输入电压信号的瞬态响应，输入电压信号为数字信号。

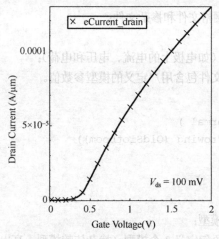

图 4.60　I_d-V_g 特性曲线（INSPECT）

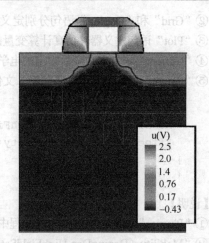

图 4.61　器件的电势分布和结深（Tecplot-ISE）

与单独器件仿真相比，混合模式仿真的命令文件有很大的差异。每个器件结构被单独定义在 Device 部分，然后对电路进行一系列的设定。

```
#                                                   -#
#- DESSIS input deck for a transient mixed-mode simulation of the
#- switching of an inverter build with a nMOSFET and a pMOSFET.
#                                                   -#
* 下面定义 NMOS 器件的结构和仿真设定。
Device NMOS {
Electrode {
  { Name = "source" Voltage = 0.0 Area = 5 }
  { Name = "drain" Voltage = 0.0 Area = 5 }
  { Name = "gate" Voltage = 0.0 Area = 5 Barrier = -0.55 }
  { Name = "substrate" Voltage = 0.0 Area = 5 }
}
```

【说明】

① "Electrode" 部分定义器件的电极相关信息；

② "Name = "…"" 语句定义每个电极，这个电极名称必须和网格文件中定义的电极名称一致；

③ "Voltage = 0.0" 语句定义电极的电压初始值；

④ "Barrier = -0.55" 语句定义金属-半导体功函数差，这样才能把多晶硅电极当成金属。

```
File {
  Grid = "@grid@"     (固定用法)
  Doping = "@doping@"
  Plot = "nmos"
  Current = "nmos"
  Param = "mos"
}
```

【说明】

① "File" 部分主要定义器件结构的输入文件和输出文件的名称，大部分与单个器件仿真的定义方法是一样的；

② "Grid" 和 "Doping" 语句分别定义器件结构的网格文件和掺杂文件；
③ "Plot" 语句定义器件仿真计算变量的文件；
④ "Current" 语句定义最后输出的电学数据的文件（如电极上的电流、电压和电荷）；
⑤ "Param" 语句定义可选择的输入文件 mos.par，文件包含用户定义的模型参数值。

```
Physics {
  Mobility( DopingDep HighFieldSat Enormal )
  EffectiveIntrinsicDensity(BandGapNarrowing (OldSlotboom))
}
}
```

【说明】
① "Physics" 部分定义器件仿真过程中使用的物理模型；
② "Mobility（DopingDep HighFieldSat Enormal）" 语句定义 3 个模型（掺杂依赖模型、高电场饱和模型和横向电场依赖模型）；
③ "EffectiveIntrinsicDensity（BandGapNarrowing（OldSlotboom））" 语句定义禁带变窄模型，它决定了本征载流子的浓度。

以下为反相器中 PMOS 器件的结构和仿真设定，命令语句基本与 NMOS 的一致。

```
Device PMOS{
Electrode {
  { Name = "source" Voltage = 0.0 Area = 10 }
  { Name = "drain" Voltage = 0.0 Area = 10 }
  { Name = "gate" Voltage = 0.0 Area = 10 Barrier = 0.55 }
  { Name = "substrate" Voltage = 0.0 Area = 10 }
}
File {
  Grid = "@grid:+1@"     (固定语法，前面定义 nmos 时为@grid@)
  Doping = "@doping:+1@"
  Plot = "pmos"
  Current = "pmos"
  Param = "mos"
}
Physics {
  Mobility( DopingDep HighFieldSat Enormal )
  EffectiveIntrinsicDensity(BandGapNarrowing (OldSlotboom))
}
}
```

* 下面 System 部分定义电路的仿真设定，采用 SPICE 语句描述。这两个 MOS 管构成一个反相器，输出接一个电容负载，输入是电压信号。

```
System {
Vsource_pset v0 (n1 n0) { pwl = (0.0e+00 0.0
  1.0e-11 0.0
  1.5e-11 2.0
  10.0e-11 2.0
  10.5e-11 0.0
  20.0e-11 0.0)
}
```

第4章 工艺及器件仿真工具 ISE-TCAD

* Vsource_pset 语句定义输入节点（n1）和地（n0）之间具有上升沿和下降沿的输入电压信号（0~2V）。
```
  NMOS nmos( "source" = n0 "drain" = n3 "gate" = n1 "substrate" = n0 )
  PMOS pmos( "source" = n2 "drain" = n3 "gate" = n1 "substrate" = n2 )
```
* NMOS 和 PMOS 语句分别定义 NMOS 和 PMOS 管的节点和连接关系。
```
  Capacitor_pset c1 ( n3 n0 ){ capacitance = 3e-14 }
```
* Capacitor_pset 语句定义电容的大小和连接关系。
```
Set (n0 = 0)
Set (n2 = 2)
Set (n3 = 2)
```
* Set 语句定义节点在仿真初始时的电压，这些数值一直保持到出现 Unset 命令为止。
```
Plot "nodes.plt" (time() n0 n1 n2 n3 )
}
File {
Current = "inv"
Output = "inv"
}
```
* File 部分定义输出文件的名称。
```
Plot {
eDensity hDensity eCurrent hCurrent（电子密度、空穴密度、电子电流、空穴电流）
ElectricField eEnormal hEnormal（电场、电子、空穴在某方向的归一化场强度）
eQuasiFermi hQuasiFermi （电子准费米能级、空穴准费米能级）
Potential Doping SpaceCharge（电势、掺杂、空间电荷）
DonorConcentration AcceptorConcentration（施主浓度、受主浓度）
}
```
* Plot 部分定义所有物理器件的计算变量，DESSIS 中能仿真的变量都将被存入 plot 文件中。
```
Math {
Extrapolate
RelErrControl
Digits = 4
Notdamped = 50
Iterations = 12
NoCheckTransientError
}
```
* Math 部分定义 DESSIS 仿真时算法的设置，包括仿真器类型、仿真误差标准的设置。
```
Solve {
#-build up initial solution
Coupled { Poisson }
Coupled { Poisson Electron Hole }
Unset (n3)
Transient (
InitialTime = 0 FinalTime = 20e-11
InitialStep = 1e-12 MaxStep = 1e-11 MinStep = 1e-15
Increment = 1.3
)
{ Coupled { nmos.poisson nmos.electron nmos.contact
pmos.poisson pmos.hole pmos.contact }
}
}
```
* Solve 部分设定一系列的仿真过程，包括仿真所需要的一些参数。

同样，也可以通过 INSPECT 工具看到仿真结果，如图 4.62 所示为反相器的瞬态输入和输出结果。

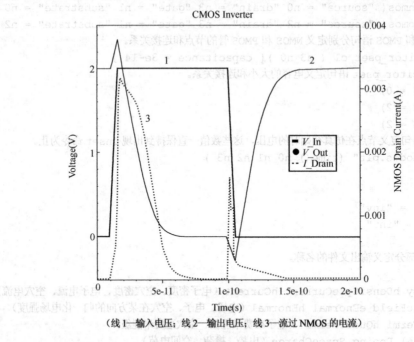

（线 1—输入电压；线 2—输出电压；线 3—流过 NMOS 的电流）

图 4.62 反相器的瞬态输入和输出结果

4.3.3 主要模型简介

1. 漂移-扩散传输模型（Drift-Diffusion Transport Model）

漂移-扩散传输模型适用于恒温下，在指定器件中特定边界条件下的自对准耦合泊松方程和载流子连续方程（电子或空穴）。这种模型适合于低功率密度的大器件仿真，如 0.25 μm 的低电平振荡 MOSFET。

在 MOSFET 低漏偏压下，它能仅用一种电荷载流子有效地解决泊松方程和载流子连续方程，如 NMOS 器件中的电子。

下面以漂移-扩散模型仿真 NMOS 器件的 I_d-V_g 特性为例，说明此模型的使用。

```
Physics{
  eQCvanDort
  EffectiveIntrinsicDensity( OldSlotboom )
  Mobility(
    DopingDep
    eHighFieldsaturation( GradQuasiFermi )
    hHighFieldsaturation( GradQuasiFermi )
    Enormal
  )
  Recombination(
    SRH( DopingDep )
  )
}
Solve {
  *- 建立初始解决方案：
```

第 4 章 工艺及器件仿真工具 ISE–TCAD

```
NewCurrentFile = "init"
Coupled(Iterations = 100){ Poisson }
Coupled{ Poisson Electron }
*- 设置偏置电压:
Quasistationary(
    InitialStep = 0.01 Increment = 1.35
    MinStep = 1e-5 MaxStep = 0.2
    Goal{ Name = "drain" Voltage = 0.05 }
){ Coupled{ Poisson Electron } }
*- 扫描栅电压:
NewCurrentFile = ""
    Quasistationary(
    InitialStep = 1e-3 Increment = 1.35
    MinStep = 1e-5 MaxStep = 0.05
    Goal{ Name = "gate" Voltage = 1.5 }
){ Coupled{ Poisson Electron }
    CurrentPlot(Time = (Range = (0 1) Intervals = 20))
  }
}
```

在 Solve 的命令中有两个变量扫描语句:
(1) 漏极电压范围 0~0.05 V。
(2) 栅偏压范围 0~1.5 V。

在这个模型中仅仅用了耦合泊松方程和电子连续方程,忽略了空穴。仿真结果如图 4.63 和图 4.64 所示。

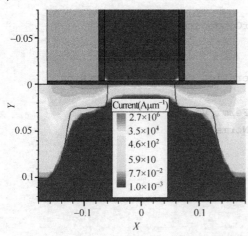
图 4.63 $V_{gs} = 1.5\,\text{V}$、$V_{ds} = 50\,\text{mV}$ 时的电流分布

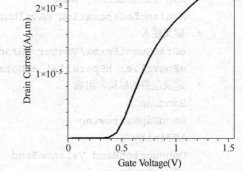
图 4.64 $V_{ds} = 50\,\text{mV}$ 时的漏极电流函数

2. 流体动力学传输模型(Hydrodynamic Transport Model)

流体动力学传输模型除了包含泊松方程和载流子连续方程以外,还包含载流子的温度和热流方程。这种模型适用于仿真 0.18 μm 以下深亚微米 MOSFET 器件、异质结器件、部分耗尽层 SOI MOSFET。这种模型的另一种重要作用就是仿真器件击穿,该模型可以避免漂移–扩散传输模型中的过早击穿。流体动力学传输模型还可以应用于仿真衬底电流,它能仅用一种载流子解决电荷输运方程,因为在这些应用中经常只有一种载流子被热激发。

```
Physics{
  Hydrodynamic(eTemperature)
  eQCvanDort
  EffectiveIntrinsicDensity( OldSlotboom )
  Mobility(
    DopingDep
    eHighFieldsaturation( CarrierTempDrive )
    hHighFieldsaturation( GradQuasiFermi )
    Enormal
  )
  Recombination(
    SRH( DopingDep )
  )
}
Plot{
* 定义密度、电流等变量
  eDensity hDensity
  TotalCurrent/Vector eCurrent/Vector hCurrent/Vector
  eMobility hMobility
  eVelocity hVelocity
  eQuasiFermi hQuasiFermi
* 定义温度
  eTemperature Temperature * hTemperature
* 定义电荷和电场
  ElectricField/Vector Potential SpaceCharge
* 定义掺杂分布
  Doping DonorConcentration AcceptorConcentration
* 定义产生和复合
  SRH Band2Band * Auger
  AvalancheGeneration eAvalancheGeneration hAvalancheGeneration
* 定义注入
  eGradQuasiFermi/Vector hGradQuasiFermi/Vector
  eEparallel hEparallel eENormal hENormal
* 定义能带的结构和组成
  BandGap
  BandGapNarrowing
  Affinity
  ConductionBand ValenceBand
  eQuantumPotential
}
The temperature profiles are included in the output file.
Solve {
* 建立初始算法:
  NewCurrentFile = "init"
  Coupled(Iterations = 100){ Poisson }
  Coupled{ Poisson Electron Hole eTemperature }
* 设置偏置电压:
```

第4章 工艺及器件仿真工具 ISE-TCAD

```
Quasistationary(
   InitialStep = 0.01 Increment = 1.35
   MinStep = 1e-5 MaxStep = 0.2
   Goal{ Name = "gate" Voltage = 1.5 }
){ Coupled{ Poisson Electron Hole eTemperature } }
* 扫描漏极电压:
NewCurrentFile = ""
Quasistationary(
   InitialStep = 1e-3 Increment = 1.35
   MinStep = 1e-5 MaxStep = 0.05
   Goal{ Name = "drain" Voltage = 1.5 }
){ Coupled{ Poisson Electron Hole eTemperature }
   CurrentPlot(Time = (Range = (0 1) Intervals = 20))
}
}
```

仿真结果如图 4.65 所示。

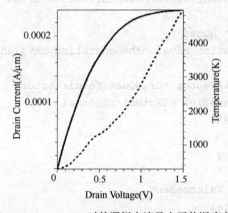

图 4.65　$V_{ds}=1.5$ V 时的漏极电流及电子热温度曲线

（实线表示漏极电流，虚线表示电子热温度）

3. 密度梯度传输模型（Density Gradient Transport Model）

密度梯度传输模型解决了泊松方程和载流子连续方程的量子势方程中的自对准。量子势是器件仿真中量子化的影响，在密度梯度近似中，量子势方程是载流子密度和梯度的函数。密度梯度传输模型主要用来仿真纳米级器件、量子阱和 SOI 结构等，如深耗尽的 SOI、双栅 SOI 及 FinFET 器件。

```
Physics{
   eQuantumPotential
   EffectiveIntrinsicDensity( OldSlotboom )
   Mobility(
      DopingDep
      eHighFieldsaturation( GradQuasiFermi )
      hHighFieldsaturation( GradQuasiFermi )
      Enormal
   )
   Recombination(
```

```
        SRH( DopingDep )
    )
}
* eQuantumPotential 用于激活电子量子势的仿真
Plot{
*   定义密度、电流等变量
    eDensity hDensity
    TotalCurrent/Vector eCurrent/Vector hCurrent/Vector
    eMobility hMobility
    eVelocity hVelocity
    eQuasiFermi hQuasiFermi
*   定义温度
    eTemperature Temperature * hTemperature
*   定义电荷和电场
    ElectricField/Vector Potential SpaceCharge
*   定义掺杂分布
    Doping DonorConcentration AcceptorConcentration
*   定义产生和复合
    SRH Band2Band * Auger
    AvalancheGeneration eAvalancheGeneration hAvalancheGeneration
*   定义注入
    eGradQuasiFermi/Vector hGradQuasiFermi/Vector
    eEparallel hEparallel eENormal hENormal
*   定义能带的结构和组成
    BandGap
    BandGapNarrowing
    Affinity
    ConductionBand ValenceBand
    eQuantumPotential
}
```

【说明】电子量子势的轮廓包括在 Plot 部分中 eQuantumPotential 语句的输出文件中。

```
Solve {
*   建立初始算法:
    NewCurrentFile = "init"
    Coupled(Iterations = 100){ Poisson eQuantumPotential }
    Coupled{ Poisson Electron Hole eQuantumPotential }
*   设置偏置电压:
    Quasistationary(
        InitialStep = 0.01 Increment = 1.35
        MinStep = 1e-5 MaxStep = 0.2
        Goal{ Name = "drain" Voltage = 0.05 }
    ){ Coupled{ Poisson Electron Hole eQuantumPotential } }
*   扫描栅电压:
    NewCurrentFile = ""
    Quasistationary(
        InitialStep = 1e-3 Increment = 1.35
```

```
            MinStep = 1e-5 MaxStep = 0.05
            Goal{ Name = "gate" Voltage = 1.5 }
    ){ Coupled{ Poisson Electron Hole eQuantumPotential }
        CurrentPlot(Time = (Range = (0 1) Intervals = 20))
    }
}
```

仿真结果如图 4.66 所示。

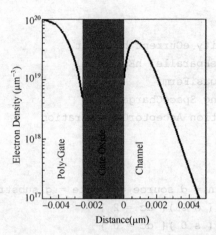

图 4.66 $V_{gs}=1.5\,\text{V}$，$V_{ds}=50\,\text{mV}$ 时在沟道中心附近的电子浓度分布
（尺度减小引起的量子化使电子的峰值点偏离了交界面（gate oxide））

4.3.4 小信号 AC（交流）分析

在小信号 AC（交流）分析仿真中，DESSIS 可计算复杂的小信号 Y 矩阵。Y 矩阵描述在不同的连接点提供电压信号时电流的变化。变化公式为

$$\delta_i = Y \cdot \delta_v = (A + j\omega C) \cdot \delta_v$$

式中，Y 矩阵表示小信号电流变化。

复数 Y 矩阵分成两部分：实部 A 叫做电导矩阵，用来测量一定电压下电流的同相变化；虚部 C 叫做电容矩阵，用来测量异相响应。符号 j 表示虚部，ω 表示小信号变化频率。

典型的 MOS 器件有 4 个部分，栅（g）、漏（d）、源（s）和体（b），A 和 C 有如下的关系：

$$\begin{bmatrix} i(g) \\ i(d) \\ i(s) \\ i(b) \end{bmatrix} = \begin{bmatrix} a(g,g) & a(d,g) & a(s,g) & a(b,g) \\ a(g,d) & a(d,d) & a(s,d) & a(b,d) \\ a(g,s) & a(d,s) & a(s,s) & a(b,s) \\ a(g,b) & a(g,b) & a(g,b) & a(g,b) \end{bmatrix} + j \cdot \omega \cdot \begin{bmatrix} c(g,g) & c(d,g) & c(s,g) & c(b,g) \\ c(g,d) & c(d,d) & c(s,d) & c(b,d) \\ c(g,s) & c(d,s) & c(s,s) & c(b,s) \\ c(g,b) & c(g,b) & c(g,b) & c(g,b) \end{bmatrix} \cdot \begin{bmatrix} v(g) \\ v(d) \\ v(s) \\ v(b) \end{bmatrix}$$

```
Device NMOS{
    Electrode {
        { name = "source"    Voltage = 0.0 }
        { name = "drain"     Voltage = 2.0 }
        { name = "gate"      Voltage = 0.0 Barrier = -0.55}
        { name = "sub"       Voltage = 0.0 }
    }
```

```
File{
   Output = "n3_des.log"
   ACExtract = "n3_ac_des.plt"
}
Physics {
   Mobility (DopingDep HighFieldSaturation Enormal)
   EffectiveIntrinsicDensity (BandGapNarrowing (OldSlotboom))
}
Plot {
   eDensity hDensity eCurrent hCurrent
   ElectricField eEparallel hEparallel
   eQuasiFermi hQuasiFermi
   Potential Doping SpaceCharge
   DonorConcentration AcceptorConcentration
}
}
System {
  NMOS nmos1 (drain = d source = s gate = g substrate = b)
  Vsource_pset vd ( d 0 ){ dc = 2 }
  Vsource_pset vs ( s 0 ){ dc = 0 }
  Vsource_pset vg ( g 0 ){ dc = 0 }
  Vsource_pset vb ( b 0 ){ dc = 0 }
}
Solve{
  NewCurrentFile = "init"
  Coupled(Iterations = 100){ Poisson }
  Coupled{ Poisson Electron Hole }
  Quasistationary (
     InitialStep = 0.1 Increment = 1.3
     MaxStep = 0.5 Minstep = 1.e-5
     Goal { Parameter = vg.dc Voltage = -3}
  ){ Coupled { Poisson Electron Hole } }
  NewCurrentFile = ""
  Quasistationary (
     InitialStep = 0.01 Increment = 1.3
     MaxStep = 0.05 Minstep = 1.e-5
     Goal { Parameter = vg.dc Voltage = 3}
  ){ ACCoupled (
       StartFrequency = 1e6 EndFrequency = 1e6 NumberOfPoints = 1 Decade
       Node(d s g b) Exclude(vd vs vg vb)
       ACCompute (Time = (Range = (0 1) Intervals = 20))
     ){ Poisson Electron Hole }
  }
}
```

仿真结果如图 4.67 所示。

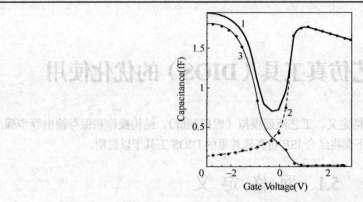

图 4.67　（1）栅电容；（2）栅到接触孔电容；（3）栅到体区的电容随电压变化的函数

参 考 文 献

1. ISE–TCAD User Manual:ISE TCAD Release 10.0 DIOS, ISE Integrated Systems Engineering AG, 2004.
2. ISE–TCAD User Manual:ISE TCAD Release 10.0 MDRAW, ISE Integrated Systems Engineering AG, 2004.
3. ISE–TCAD User Manual:ISE TCAD Release 10.0 DESSIS, ISE Integrated Systems Engineering AG, 2004.

第 5 章 工艺仿真工具（DIOS）的优化使用

工艺仿真基本上都要经过网格定义、工艺流程模拟（虚拟制造）、结构操作和保存输出等步骤。如何更好地使用工艺仿真工具，下面将结合 ISE 仿真软件里的 DIOS 工具予以说明。

5.1 网格定义

网格的定义是整个工艺仿真的基础，后续所有的仿真都是在网格节点上进行的，很大程度上决定了工艺仿真的成败。网格定义的整体准则是：在离子注入区域、PN 结区域和表面区域等电流相对集中的区域或材料边界区域定义细致的网格以提高精度，在器件底部（有背部工艺例外）等较为无关紧要的区域定义粗糙的网格，以减少网格节点数，节省仿真时间。

DIOS 中的网格定义包括初始网格的建立和仿真过程中网格的优化。初始网格如果建立不好，可能会在后续仿真中逐渐变差，最后得到的结构和实际相去甚远。以下是针对 N+改进型横向 SCR（N+ Modified Lateral Silicon Controlled Rectifier, N+_MLSCR）的一个初始网格设置，其语句描述为

    Grid(X(0,15.2),Y(-4.0,-1.3,0),NX = 15,NY =(4,20))

当器件结构在同一 Y 坐标下，X 方向上任意一点所包含的信息完全相同时，DIOS 默认用一维仿真，如图 5.1 所示；在 STI（浅槽隔离）工艺步骤之后，同一 Y 坐标下，X 方向上任意一点所包含的信息已经不完全相同，DIOS 转向二维仿真。上述网格描述语句将 X 方向划分为 15 个网格，即 X 方向网格间距为 15.2/15 μm；把 Y 方向从 –4.0 μm 到 –1.3 μm 之间的区域划分为 4 个网格，网格间距为 2.7/4 μm，–1.3 μm 到 0 μm 的区域划分为 20 个网格，网格间距为 1.3/20 μm，对比可以发现在 Y = –1.3 μm 以上的区域，X 方向的网格间距和 Y 方向的网格间距相差巨大，此时就会产生很多杂乱的三角形网格，如图 5.2 所示。最后得到的仿真结果如图 5.3 所示，很明显与实际相去甚远，N+注入区、P+注入区、N 阱 PN 结边界都产生了很多尖角，而且 N+注入区和 P+注入区的结深都已经超过 STI 的深度，很显然不对，而且这种边界如果导入器件模拟软件中进行仿真，很容易产生不收敛问题。

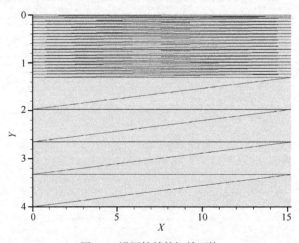

图 5.1　设置较差的初始网格

第5章 工艺仿真工具（DIOS）的优化使用

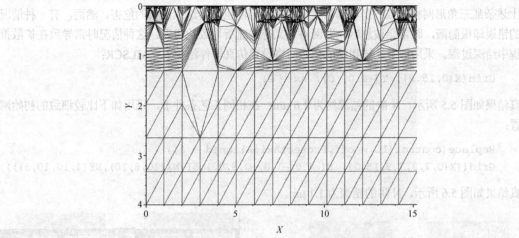

图 5.2　STI 工艺步骤之后产生杂乱的三角形网格

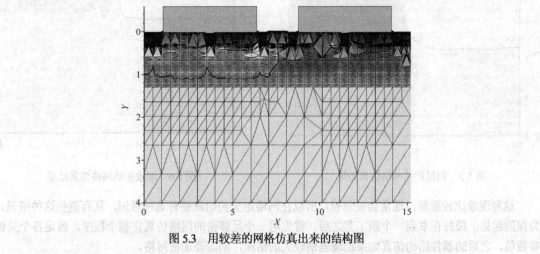

图 5.3　用较差的网格仿真出来的结构图

要解决上述问题，只要在网格定义之前添加一句关闭一维仿真，对齐网格的语句即可：

　　Replace(Control(1D = off, ProtectAxisAligned = 1))

如此定义之后，STI 工艺完成后的网格如图 5.4 所示，不再有图 5.2 中杂乱的三角形网格了。

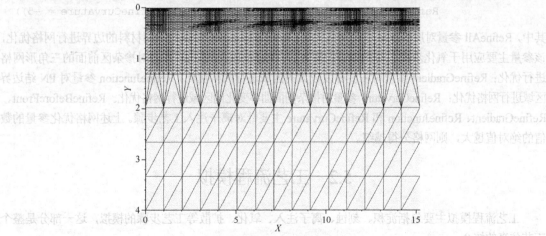

图 5.4　调整后的初始网格

上述杂乱三角形网格导致的仿真错误显而易见,因而也不会造成很大的危害。然而,有一种情况导致的错误却很隐蔽,时常会被忽略:即网格定义得过疏所导致的错误。这种情况时常导致在扩散推结过程中结深过深。采用如下比较粗糙的初始网格设置仿真器件结构 N+_MLSCR:

```
Grid(X(0,15.2), Y(-4.0, 0), nx = 2)
```

其仿真结果如图 5.5 所示,N 阱的结深约为 1.6 μm;在相同工艺条件下,采用如下比较细致的初始网格设置:

```
Replace(control(1D = off,ProtectAxisAligned = 1))
Grid((X(0,7.3,7.9,15.2), Y(-4.0,-1.3,-0.3,0,1.5),NX(10,6,10),NY(4,10,10,3)))
```

其仿真结果如图 5.6 所示,N 阱的结深为 1.1 μm。

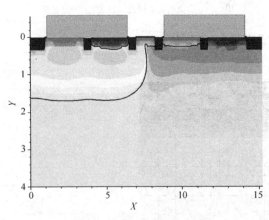

图 5.5 粗糙初始网格仿真结果

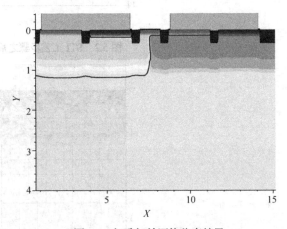

图 5.6 细致初始网格仿真结果

这种现象比较隐蔽,通常会被忽视,所以在网格定义初始就要有这种意识,从而避免这种错误。为保险起见,最好在拿到一个新工艺之后,首先用一个足够密的网格仿真完整个程序,确定各个关键参数值。之后的器件结构仿真如果出现差别较大的结深,则需要加密网格。

上述较为细致的网格仿真速度很慢,为加快仿真速度,通常先设置一个较为粗糙的网格,然后在仿真过程中,在重要仿真步骤之前,在关键区域不断优化网格。优化网格可以用如下方式进行:

```
Replace(Control(RefineAll = -2, RefineBoundary = -5, RefineBeforeFront = -5,
        RefineGradient = -5, RefineJunction = -5, RefineCurvature = -5))
```

其中,RefineAll 参量对所有区域进行网格优化;RefineBoundary 参量对不同材料的边界进行网格优化,该参量主要应用于氧化步骤之前和刻蚀步骤之后;RefineBeforeFront 参量对掺杂区前面的三角形网格进行优化;RefineGradient 参量对浓度梯度较大的区域进行网格优化;RefineJunction 参量对 PN 结边界区域进行网格优化;RefineCurvature 参量对掺杂剖面曲率变化的区域进行网格优化。RefineBeforeFront、RefineGradient、RefineJunction 和 RefineCurvature 主要针对离子注入工艺步骤。上述网格优化参量的数值的绝对值越大,则网格分得越细。

5.2 工艺流程模拟

工艺流程模拟主要包括淀积、刻蚀、离子注入、氧化、扩散等工艺步骤的模拟,这一部分是整个工艺仿真的核心。

5.2.1 淀积

在 DIOS 中，主要有 3 种淀积模型：各向同性淀积、各向异性淀积和填充式淀积。各向同性淀积是使用最多的一种，其在任何一个 X 坐标下淀积的厚度都是一样的，如图 5.7 所示；各向异性淀积在角落附近淀积较薄的材料，Distance( ) 参量和 Factor( ) 参量分别控制离角落的距离和相应减小的倍数，如图 5.8 所示；填充式淀积是用某种材料将整个器件结构填高到某一高度，如图 5.9 所示。填充式淀积一般与接触终止法刻蚀法连用，可以实现表面的平整化。

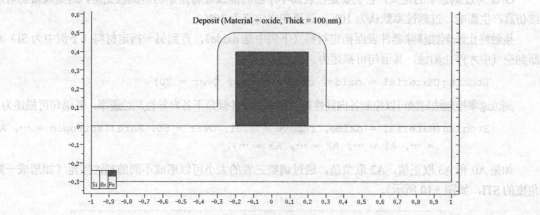

图 5.7 各向同性淀积

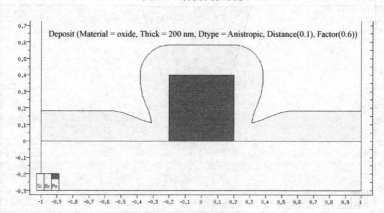

图 5.8 各向异性淀积

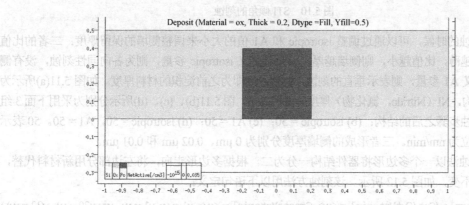

图 5.9 填充式淀积

5.2.2 刻蚀

DIOS 中的刻蚀模式主要有以下几种：等厚度刻蚀法、接触终止法刻蚀法、刻蚀速率控制法、多边形刻蚀法。

等厚度刻蚀在器件表面固定地移除一定厚度的指定材料（下例中是 oxide），其语句可描述为

Etching(Material = oxide, remove = 0.01, Over = 30)

Over 为过刻蚀率的定义，它主要是在表面不平整时能保证将指定材料刻蚀完全，避免残留物对后续仿真产生影响。过刻蚀率默认为 10%，该语句中定义为 30%。

接触终止法刻蚀移除器件表面指定材料（下例中是 oxide），直到另一指定材料（下例中为 Si）暴露到空气中才停止刻蚀，其语句可描述为

Etching(Material = oxide, stop = Sigas, Over = 20)

刻蚀速率控制法刻蚀可以控制各向同性刻蚀速率以及各倾角下各向异性刻蚀速率，其语句可描述为

Etching(Material = oxide, remove = 0.01, Over = 50, Rate(isotropic = …, A0 = …, A1 = …, A2 = …, A3 = …))

如果 A0 和 A3 取正值，A2 取负值，通过调整三者的大小可以形成不同的刻蚀倾角（如形成一定角度的 STI，如图 5.10 所示）。

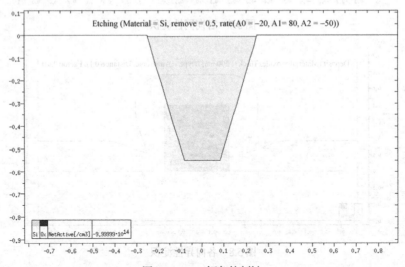

图 5.10 STI 倾角的刻蚀

在侧墙刻蚀的时候，可以通过调整 isotropic 和 A1 值的大小来调整侧墙的保留厚度：二者的比值越大，则侧墙越薄，比值越小，则侧墙越厚。如果只定义 isotropic 参量，则为各向同性刻蚀，没有侧墙；如果只定义 A1 参量，则表示垂直的刻蚀，侧墙厚度即为之前淀积的材料厚度。如图 5.11(a)所示为刻蚀之前的结构，NI（Nitride，氮化物）厚度为 0.02 μm，图 5.11(b)、(c)、(d)所示分别为采用下面 3 组参数设置的刻蚀步骤之后的结构：(b) isotropic = 50；(c) A1 = 50；(d) isotropic = 50，A1 = 50。50 表示刻蚀速率，单位为 nm/min。三者形成的侧墙厚度分别为 0 μm、0.02 μm 和 0.01 μm。

多边形刻蚀法以一个多边形将器件结构一分为二，根据多边形走向，将左边部分用新材料代替，右边部分保持不变，如图 5.12 所示。该刻蚀方法用以下语句定义：

LControl: (Cut(CutMaterial = <…>, CreateMaterial = <…>, x1 = …, y1 = …, …, x20 = …, y20 = …))

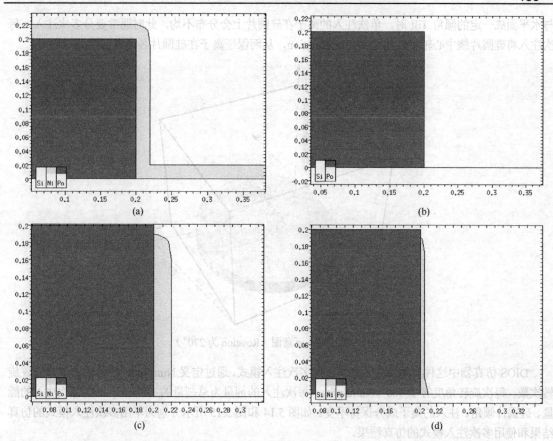

图 5.11 (a) 刻蚀之前结构 NI 厚度为 0.02 μm；(b) 采用 isotropic = 50 的各向同性刻蚀形成侧墙厚度为 0 μm；
(c) 采用 A1 = 50 的垂直刻蚀形成侧墙厚度为 0.02 μm；(d) 采用 isotropic = 50，A1 = 50 的速率控制刻蚀形成的侧墙厚度为 0.01 μm

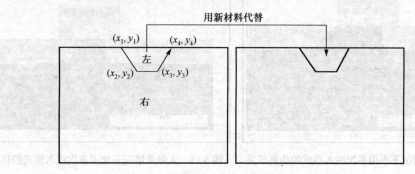

图 5.12 多边形刻蚀法

5.2.3 离子注入

影响器件结构最终掺杂分布的因素有两个：一是离子注入，二是之后的退火工艺步骤。离子注入主要影响杂质的初始分布，退火工艺步骤会引起杂质的再分布。而影响离子注入的主要因素有注入离子的成分（Element）、注入的剂量（Dose）、注入的能量（Energy）、离子注入时硅圆片的倾角（Tilt）以及离子注入时硅圆片绕中心轴的旋转角度（Rotation）。如图 5.13 所示为离子注入时的示意图，图中 XY 平面为硅圆片所在平面，Z 方向为硅圆片中心轴方向。离子沿与水平面垂直的方向注入，当硅圆片与水平面成一定的倾角 Tilt 时，单次注入的离子在硅圆片上会分布不均，此时通常要分多次注入，每次注入将硅圆片绕中心轴旋转相等的角度 Rotation，从而保证离子在硅圆片各个方向上分布均匀。

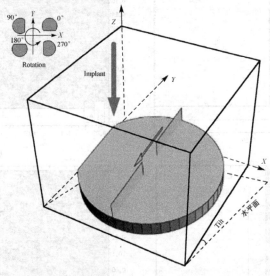

图 5.13　离子注入示意图（Rotation 为 270°）

DIOS 仿真器中这种类型的注入必须采用多次注入模式，通过定义 NumSplits 参量的数值来设置旋转次数，每次旋转角度等于 360°/NumSplits，每次注入的剂量为总剂量的 1/NumSplits，每次注入的能量、硅圆片倾角、注入的离子成分保持不变。如图 5.14 和图 5.15 所示分别为不用多次注入模式的仿真结果和使用多次注入模式的仿真结果。

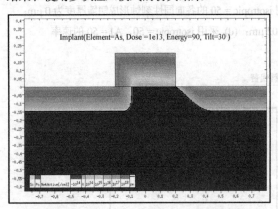 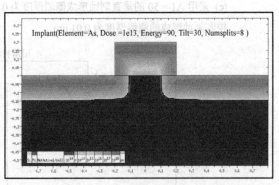

图 5.14　大倾角情况下不用多次注入模式的仿真结果　　图 5.15　大倾角情况下使用多次注入模式的仿真结果

DIOS 用于描述离子注入之后，退火之前的掺杂分布，共有 8 种初始分布函数：Pearson、P4、P4K、P4S、Gauss、GK、JHG 和 JHGK。这些分布函数之所以能够从离子注入时的各个参量得到掺杂分布情况，关键在于 7 个关键参量 RP（R_p）、STDV（σ_p）、STDVSec（σ_{p2}）、GAMma（γ）、BETA（β）、LEXP（l_{exp}）和 LEXPOW（α）。ISE 公司从测试数据中拟合出不同离子注入成分、剂量、能量、倾角、旋转角度下这 7 个关键参量的值，从而在分布函数和离子注入时为各参量之间架起了桥梁。表 5.1 为 8 种不同分布函数调用参量的情况以及对各参量的要求，表中 x 表示实数，x0 表示非负数，>0 表示正数，∅ 表示该函数不调用该参量。

第 5 章 工艺仿真工具（DIOS）的优化使用

表 5.1　8 种初始分布函数的参量调用情况

符号	R_p	σ_p	σ_{p2}	γ	β	l_{exp}	α
保留字	RP	STDV	STDVSec	GAMma	BETA	LEXP	LEXPOW
Gauss	x	>0	∅	∅	∅	∅	∅
Pearson	x	>0	∅	x	x	∅	∅
P4	x	>0	∅	x	x	∅	∅
P4S	x	>0	∅	x	x	x0	∅
JHG	x	>0	>0	∅	∅	∅	∅
GK	x	>0	∅	∅	∅	>0	>0
P4K	x	>0	∅	x	x	>0	>0
JHGK	x	>0	>0	∅	∅	>0	>0

这 8 种初始分布函数可归为 3 组，Pearson 模型为第一组，P4、P4S、P4K 为第二组，Gauss、GK、JHG、JHGK 为第三组。P4S 和 P4K 都是基于 P4 分布函数做出的变换，很多情况下两者是完全一致的；同样地，GK、JHG、JHGK 是基于 Gauss 函数做出的变换，很多情况下，三者也是完全一致的。图 5.16 展示了相同注入条件下 8 种初始分布函数形成的剖面掺杂情况。

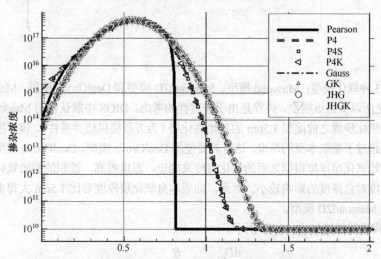

图 5.16　相同注入条件下 8 种初始分布函数形成的掺杂分布

初始分布函数调用参量时需要查表，而 DIOS 内部提供两种表格，一种为内部表格，另一种为基于 Crystal-TRIM 的表格。前者的数据较全，后者的数据更为准确，但是后者对注入剂量和能量的适用范围较小（如表 5.2 所示，超出了表中的范围只能用内部表格）。

表 5.2　基于 Crystal-TRIM 的表格适用范围

注入成分	能量范围	低掺杂	中掺杂	高掺杂
As	0.5~400	As_1e12~5e13.tab	As_1e13~8e14.tab	As_2e14~6e15.tab
B	0.2~480	B_1e12~4e13_2003.tab B_1e12~4e13.tab	B_1e13~6e14_2003.tab B_1e13~6e14.tab	B_16e13~8e15_2003.tab B_16e13~8e15.tab
BF$_2$	0.5~400	BF$_2$_1e12~5e13.tab	BF$_2$_1e13~8e14.tab	BF$_2$_2e14~6e15.tab
In	1.0~400	In_1e12~4e13.tab	In_1e13~6e14.tab	In_16e13~8e15.tab
P	0.3~400	P_1e12~4e13.tab	P_1e13~6e14.tab	P_16e13~8e15.tab
Sb	1.5~600	Sb_1e12~5e13.tab	Sb_1e13~5e14.tab	Sb_2e14~1e16.tab
Ge	1~50	—	Ge_5e13~5e15.tab	

离子注入时的横扩有两种模型：Gauss 分布和 Pearson-I 分布，两者的函数分布如式（5.1）和式（5.2）所示，其中定义 Pearson-I 分布时必须定义参量 k。两者的分布由一个特征长度参量 Stdvl（σ_l）来控制，σ_l 用式（5.3）描述。如果要调整横向扩散系数，可以通过以下语句来定义（语句中的 5 个数值分别为式（5.3）中 p_1、p_2、p_3、p_4、p_5 的值，通过调整这几个值来调整横向扩散系数。默认情况下，p_1、p_2、p_3、p_4、p_5 分别取 1、0、0.76、0 和 –1000，此时 $\sigma_l = 0.76\sigma_p$，与深度 y 无关）。

```
Implant(…,DepthDependent=1,Si(Lateral/Vertical=(1.0,1.02,0.3,0.8,0.91)))
```

$$L(t) = \frac{1}{\sqrt{2\pi}\sigma_1} \exp\left(-\frac{t^2}{2\sigma_1^2}\right) \tag{5.1}$$

$$L(t) = \left(\frac{t}{\sigma_1}\right)^k \tag{5.2}$$

$$\sigma_1 = \sigma_p \max\left(0.01, \frac{\log\left(\exp\left(p_1\left(\frac{p_2 y}{R_p} + p_3\right)\right) + \exp\left(p_1\left(\frac{p_4 y}{R_p} + p_5\right)\right)\right)}{p_1}\right) \tag{5.3}$$

5.2.4 氧化

DIOS 中有 3 种氧化模型：Massoud 模型、Massoud2D 模型和 DealGrove 模型。Massoud 模型不推荐使用，DIOS 之所以保留该模型，纯粹是出于兼容性的考虑。DIOS 中默认使用 Massoud2D 模型，但是该模型在开始氧化步骤之前淀积 1.5nm 的初始氧化层（为方程提供边界条件），该厚度在较小线宽的工艺下可能已经超过了栅氧本身的厚度，这时就要使用 DealGrove 模型。DealGrove 模型在开始氧化步骤之前淀积的初始氧化层厚度根据之后的氧化温度来确定，温度越高，淀积的初始氧化层越薄，以确保初始氧化层厚度对总厚度的影响较小。然而，如果本身氧化层厚度要比 1.5nm 大得多，则生长栅氧时还是推荐使用 Massoud2D 模型。

DealGrove 模型的描述如式（5.4）所示。

$$\frac{dD_{ox}}{dt} = \frac{B}{2D_{ox} + A} \tag{5.4}$$

Massoud 模型的描述如式（5.5）所示。

$$\frac{dD_{ox}}{dt} = \frac{B + \tilde{C}_2 \exp\left(-\frac{t}{\tilde{\tau}}\right)}{2D_{ox} + A} \tag{5.5}$$

式（5.5）中的 $\tilde{C}_2$ 和 $\tilde{\tau}$ 分别用式（5.6）和式（5.7）描述。

$$\tilde{C}_2 = \begin{cases} C_2 \cdot p_{O_2} \cdot \dfrac{A}{A_{O_2}}, & \text{在通氧气的氧化情况下} \\ C_2 \cdot \dfrac{A}{A_{O_2}}, & \text{在其他情况下} \end{cases} \tag{5.6}$$

$$\tilde{\tau} = \begin{cases} \dfrac{\tau}{p_{O_2}^{m_{O_2}}}, & \text{在通氧气的氧化情况下} \\ \tau, & \text{在其他情况下} \end{cases} \tag{5.7}$$

第 5 章 工艺仿真工具（DIOS）的优化使用

不论 Massoud2D 模型还是 DealGrove 模型，都包含联系氧化步骤的工艺参数和氧化层生长速率的参数 A 和 B，A 和 B 的描述如式（5.8）所示。

$$B = B_{O_2} + B_{H_2O}, \quad A = \frac{A_{O_2} \cdot B_{O_2} + A_{H_2O} \cdot B_{H_2O}}{B_{O_2} + B_{H_2O}}$$

$$A_{O_2} = \frac{RP_{O_2} \cdot FP}{RL_{O_2} \cdot FL} \cdot p_{O_2}^{1-m_{O_2}}, \quad B_{O_2} = FP \cdot RP_{O_2} \cdot p_{O_2} \tag{5.8}$$

$$A_{H_2O} = \frac{RP_{H_2O} \cdot FP}{RL_{H_2O} \cdot FL} \cdot p_{H_2O}^{1-m_{H_2O}}, \quad B_{H_2O} = FP \cdot RP_{H_2O} \cdot p_{H_2O}$$

式中，RP_{O_2} 和 RP_{H_2O} 分别表示 O_2 和 H_2O 的扩散率；RL_{O_2} 和 RL_{H_2O} 分别表示 O_2 和 H_2O 的反应速率；FP 和 FL 分别是重掺杂对氧化剂扩散率的加强因子和对氧化剂反应速率的加强因子；p_{O_2} 和 p_{H_2O} 分别表示 O_2 和 H_2O 在所有气体流量中的分压。式（5.6）和式（5.7）中的 C_2 和 τ 都是拟合参数。RP_{O_2}、RP_{H_2O}、RL_{O_2}、RL_{H_2O}、C_2 和 τ 在 DIOS 中通过温度和氧化剂类型计算得到，其计算方法按照 Arrhenius 定律（或称为阿伦尼乌斯定律），如式（5.9）所示。

$$k = A \cdot \exp\left(-\frac{E_A}{RT}\right) \tag{5.9}$$

式中，k 即代表上述的 RP_{O_2}、RP_{H_2O}、RL_{O_2}、RL_{H_2O}、C_2 和 τ；A 和 E_A 分别称为指前因子和活化能（这里的 A 并不是式（5.8）中的 A）；R 是摩尔气体常数；T 是温度。RP_{O_2}、RP_{H_2O}、RL_{O_2}、RL_{H_2O}、C_2 和 τ 参量针对每种氧化剂及被氧化材料的指前因子和活化能都可以在软件中查表得到，因而可以通过温度 T 计算得到 k 值。式（5.8）中的 FP 和 FL 通过掺杂类型和掺杂浓度以及被氧化的材料计算得到，FL 和 FP 的描述分别如式（5.10）和（5.11）所示。

$$FL = 1 + GA(CT - 1)$$

$$CT = \frac{1 + c_1 q^{-1} + c_2 q + c_3 q^2}{1 + c_1 + c_2 + c_3}$$

$$c_1 = \exp\left(\frac{0.35\text{eV} - W_i}{kT}\right)$$

$$c_2 = \exp\left(\frac{W_i - W_g + 0.57\text{eV}}{kT}\right) \tag{5.10}$$

$$c_3 = \exp\left(\frac{2W_i - 2W_g + 0.68\text{eV}}{kT}\right)$$

$$q = \begin{cases} -n_i / cc, & cc < 0 \\ cc / n_i, & cc > 0 \end{cases}$$

$$FP = 1 + BE |cc|^Q \tag{5.11}$$

式（5.10）中，W_i 和 W_g 分别表示被氧化材料的本征能级和禁带宽度；在 q 的定义中，cc 为总掺杂浓度乘以掺杂原子的带电量，在 N 型掺杂中为正值，在 P 型掺杂中为负值；式（5.10）和式（5.11）中的 GA、BE 和 Q 的值可通过 Arrhenius 定律计算得到，其指前因子和活化能在软件中可以查表得到。式（5.8）中的 p_{O_2} 和 p_{H_2O} 可以从外部气压以及各种气体的气体流量中计算得到，如式（5.12）所示。

$$PP_i = p \frac{\text{Flow}_i}{\sum_j \text{Flow}_j} \tag{5.12}$$

式中，p 表示外部气压，式中的气体流量并非原始的气体流量，而是经过反应式（5.13）和（5.14）之后剩余的 O_2、H_2O、HCl、N_2（N_2 不参与反应，H_2 不能有剩余），反应式（5.14）中生成的每个 OH 等效于一个 H_2O，因而经过反应之后的 O_2、H_2O、HCl 流量修正值如式（5.15）所示（修正值以 $\overline{\text{Flow}_i}$ 表示）。

$$2H_2 + O_2 = 2H_2O \tag{5.13}$$

$$2HCl + O_2 = 2OH + Cl_2 \tag{5.14}$$

$$\overline{\text{Flow}_{O_2}} = \text{Flow}_{O_2} - 0.5\text{Flow}_{H_2} - 0.5\min(\text{Flow}_{HCl}, 2(\text{Flow}_{O_2} - 0.5\text{Flow}_{H_2}))$$
$$\overline{\text{Flow}_{H_2O}} = \text{Flow}_{H_2O} + \text{Flow}_{H_2} + \min(\text{Flow}_{HCl}, 2(\text{Flow}_{O_2} - 0.5\text{Flow}_{H_2})) \tag{5.15}$$
$$\overline{\text{Flow}_{HCl}} = \text{Flow}_{HCl} - \min(\text{Flow}_{HCl}, 2(\text{Flow}_{O_2} - 0.5\text{Flow}_{H_2}))$$

注意到式（5.8）中并没有关于 HCl 的分压描述，即忽略了剩余 HCl 的影响，但是如果原始气体中有 HCl 参与，则式（5.8）中的 m_{H_2O} 的值应由式（5.16）得到（式中 T 的单位是℃），否则取其值为 0.7。式（5.8）中的 m_{O_2} 的值始终为 0.75。

$$m_{H_2O} = \min(1, T/1000) \tag{5.16}$$

DIOS 中对 HCl 的影响只分有无，不分大小（即不考虑 HCl 百分比的影响），这与其他软件中的一些模型描述有些不同（如 TSUPREM-4 里就有关于 HCl 百分比影响的描述），其中造成的误差可以通过手动调整 m_{H_2O} 的大小来修正。如图 5.17 所示为相同工艺条件下（1000℃，30 min，H_2、O_2 和 HCl 流量分别为 5 L/min、10 L/min 和 0.03 L/min，外部气压为 1 个标准大气压），m_{H_2O} 分别取 0.7 和 1 时生成的氧化物厚度的对比，结果分别为 163.5 nm 和 144.7 nm。

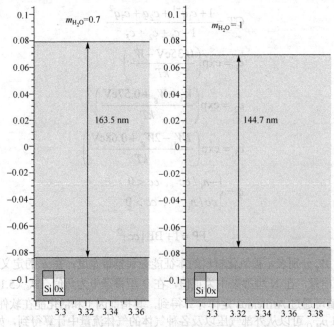

图 5.17　m_{H_2O} 取 0.7 和 1 时氧化层厚度的比对

5.2.5 扩散

在每一步高温热处理工艺步骤中,杂质原子和点缺陷的扩散都会引起杂质再分布。DIOS中描述扩散的工艺步骤用 Diffusion 语句,描述扩散的模型共有 5 种:Conventional 模型、Equilibrium 模型、LooselyCoupled 模型、SemiCoupled 模型和 PairDiffusion 模型。其中,Conventional 模型和 Equilibrium 模型很类似,它们都只在氧化过程中考虑点缺陷模型并且通过经验模型计算杂质扩散率,主要不同在于两者基于的数值方案不一样。Conventional 模型和其他几类模型是两个不同的体系,Conventional 模型可以对不同的材料和掺杂采用不同的扩散机制,而其余的 4 个模型针对不同的掺杂只能选择同一种扩散机制,不同的只能是模型系数。Equilibrium 模型、LooselyCoupled 模型、SemiCoupled 模型都可以视为 PairDiffusion 模型的简化。其中,只有 LooselyCoupled 模型、SemiCoupled 模型、PairDiffusion 模型可以仿真瞬态扩散过程,这是因为这 3 种模型都考虑了点缺陷方程以及点缺陷对扩散的增强效应,而 Equilibrium 模型不能解点缺陷方程,只是在氧化过程中根据经验公式给出一个增强因子。所有这些模型中,只有 PairDiffusion 模型可以仿真界面处掺杂的堆积效应。图 5.18 展示了在相同工艺条件下,用 5 种扩散模型形成的掺杂剖面,从图可以看出,Equilibrium 模型和 Conventional 模型形成的剖面非常接近,而 LooselyCoupled 模型、SemiCoupled 模型、PairDiffusion 模型形成的剖面非常接近,而且形成的剖面掺杂比前两个模型更均匀。

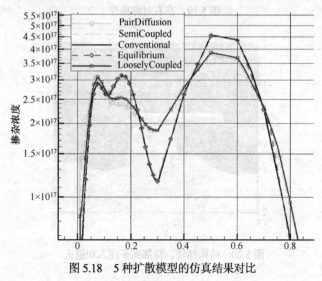

图 5.18　5 种扩散模型的仿真结果对比

5.3　结构操作及保存输出

结构操作主要包括当前结构的左右对称操作及上下翻转操作。前者主要是在仿真左右严格对称的结构时只仿真其中的一半,之后再进行左右对称操作,形成完整的结构,如图 5.19(a)和(b)所示;后者主要是在一些特定工艺下需要针对背部的工艺操作,这时需要将整个结构进行上下翻转,如图 5.20 所示是将图 5.19(a)的结构上下翻转后,再进行背部离子注入和退火后的仿真结果。

DIOS 的输出要导到 MDRAW 里,所以在最后的输出语句中,将保存格式定义为 MDRAW 格式,在这里还可以通过"Contacts"语句定义接触孔。保存的时候还可以通过 MinElementWidth、MaxElementWidth、MinElementHeight、MaxElementHeight 这 4 个参量进行网格的全局优化。

MinElementWidth 和 MaxElementWidth 分别定义 X 方向的最小和最大网格间距，MinElementHeight、MaxElementHeight 分别定义 Y 方向的最小和最大网格间距。MinElementWidth 和 MinElementHeight 两个参数定义得比较小，可以让结构的表面、PN 结、材料交界处、浓度变化较大处和曲率变化处的网格变得较密，提高仿真精度；而 MaxElementWidth 和 MaxElementHeight 两个参数定义得较大，可以实现器件底部的区域网格比较疏，加快仿真速度。

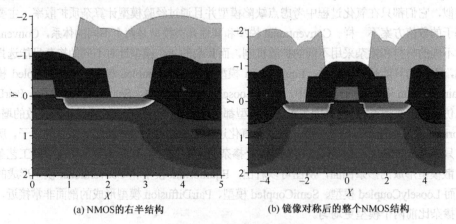

(a) NMOS 的右半结构　　　　　(b) 镜像对称后的整个NMOS结构

图 5.19　左右对称操作

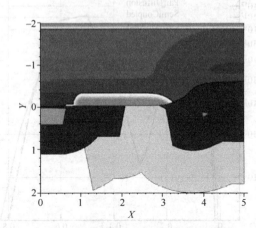

图 5.20　结构翻转、背部离子注入和退火

参 考 文 献

1. ISE, DIOS user's manual. 2004.

第6章 器件仿真工具（DESSIS）的模型分析

器件仿真主要通过解一系列的数学物理偏微分方程来得到相应器件的电热特性。描述半导体器件中电荷传输的主要方程有3个：泊松方程、电子连续性方程和空穴连续性方程，其具体描述分别如式（6.1）、式（6.2）和式（6.3）所示。

$$\nabla \varepsilon \cdot \nabla \psi = -q(p - n + N_D - N_A) \tag{6.1}$$

$$\nabla \cdot \boldsymbol{J}_n = qR + q\frac{\partial n}{\partial t} \tag{6.2}$$

$$-\nabla \cdot \boldsymbol{J}_p = qR + q\frac{\partial p}{\partial t} \tag{6.3}$$

式中，ψ 表示静电势，它是外加电压加上多子准费米能级和本征费米能级的差值，如将一个重掺杂的P+区域接地（此时空穴准费米能级和费米能级重合且等于E_v），则多子准费米能级和本征费米能级的差值为 $E_v - E_i$，外加电压为零，所以静电势就为 $E_v - E_i$；p 和 n 分别表示空穴和电子浓度；N_D 和 N_A 分别表示电离施主浓度和电离受主浓度；R 表示复合率；$\boldsymbol{J}_n$ 和 $\boldsymbol{J}_p$ 分别表示电子电流密度和空穴电流密度，两者的表达式随传输方程选择的不同而不同。所有这些偏微分方程中所涉及的物理参量必须由相应的物理模型来描述，从而将器件结构特性、应用偏置特性和相应的电学参数加以联系。而根据制造工艺、器件结构以及应用条件的不同，要选用的物理模型、方程边界条件和物理模型的相应参数也不同。物理模型的选择主要包括传输方程模型、能带模型（包括玻耳兹曼统计模型或费米统计模型的选择）、迁移率模型和载流子生成-复合模型。

6.1 传输方程模型

DESSIS 中描述的传输方程主要有3种模型：漂移-扩散模型、热力学模型和流体力学模型。

漂移-扩散模型只解3个半导体基本方程，其电流密度的定义如式（6.4）和式（6.5）所示（$\nabla \phi_n$ 和 $\nabla \phi_p$ 分别表示电子和空穴的准费米势），其中没有温度项，因而它只适用于等温仿真。

$$\boldsymbol{J}_n = -nq\mu_n \nabla \phi_n \tag{6.4}$$

$$\boldsymbol{J}_p = -pq\mu_p \nabla \phi_p \tag{6.5}$$

热力学模型考虑了晶格自热效应，适用于热交换小、功率密度大、有源区较长的器件。热力学模型的电流密度定义如式（6.6）和式（6.7）所示，与式（6.4）、式（6.5）相比多了 $P_n \nabla T$ 和 $P_p \nabla T$ 两项，其中 ∇T 表示温度变化率，P_n 和 P_p 是绝对热电功率，P_n 和 P_p 可以用 AnalyticTEP 模型描述，如式（6.8）和式（6.9）所示，因而热力学模型经常与 AnalyticTEP 模型联合使用。热力学模型除了要解3个半导体基本方程之外，还要解晶格热流方程，其方程如式（6.10）所示，由自热效应产生的温度分布可由此方程解得。

$$\boldsymbol{J}_n = -nq\mu_n(\nabla \phi_n + P_n \nabla T) \tag{6.6}$$

$$\boldsymbol{J}_p = -pq\mu_p(\nabla \phi_p + P_p \nabla T) \tag{6.7}$$

$$P_\mathrm{n} = -\kappa_\mathrm{n}\frac{k_\mathrm{B}}{q}\left[\left(\frac{5}{2}-s_\mathrm{n}\right)+\ln\left(\frac{N_\mathrm{C}}{n}\right)\right] \tag{6.8}$$

$$P_\mathrm{p} = \kappa_\mathrm{p}\frac{k_\mathrm{B}}{q}\left[\left(\frac{5}{2}-s_\mathrm{p}\right)+\ln\left(\frac{N_\mathrm{V}}{p}\right)\right] \tag{6.9}$$

$$c\frac{\partial T}{\partial t}-\nabla\cdot\kappa\nabla T = -\nabla\cdot[(P_\mathrm{n}T+\varphi_\mathrm{n})\boldsymbol{J}_\mathrm{n}+(P_\mathrm{p}T+\phi_\mathrm{p})\boldsymbol{J}_\mathrm{p}]-\left(E_\mathrm{C}+\frac{3}{2}k_\mathrm{B}T\right)\nabla\cdot\boldsymbol{J}_\mathrm{n}$$
$$-\left(E_\mathrm{V}-\frac{3}{2}k_\mathrm{B}T\right)\nabla\cdot\boldsymbol{J}_\mathrm{p}+qR(E_\mathrm{C}-E_\mathrm{V}+3k_\mathrm{B}T) \tag{6.10}$$

流体力学模型中电流密度的定义如式（6.11）和式（6.12）所示，括号内的第一项表示静电势、电子亲和能以及禁带宽度的空间变化对电流密度的贡献，后面 3 项分别表示浓度梯度、载流子温度梯度、载流子有效质量的空间变化对电流密度的贡献。流体力学模型将晶格温度、电子温度、空穴温度分开计算，考虑它们之间的能量传输，因而该模型除了要解泊松方程、电子连续性方程和空穴连续性方程 3 个基本方程外，还要解 3 个分别针对电子、空穴和晶格的能量平衡方程，分别如式（6.13）~式（6.15）所示（S_n、S_p、S_L 表示电子、空穴、晶格的能量通量，W_n、W_p、W_L 表示电子、空穴、晶格的能量密度）。因此，该模型的仿真速度比其他两个模型慢得多。

$$\boldsymbol{J}_\mathrm{n} = q\mu_\mathrm{n}(n\nabla E_\mathrm{C}+k_\mathrm{B}T_\mathrm{n}\nabla n+f_\mathrm{n}^\mathrm{td}k_\mathrm{B}n\nabla T_\mathrm{n}-1.5nk_\mathrm{B}T_\mathrm{n}\nabla\ln m_\mathrm{e}) \tag{6.11}$$

$$\boldsymbol{J}_\mathrm{p} = q\mu_\mathrm{p}(p\nabla E_\mathrm{V}-k_\mathrm{B}T_\mathrm{p}\nabla p-f_\mathrm{p}^\mathrm{td}k_\mathrm{B}p\nabla T_\mathrm{p}-1.5pk_\mathrm{B}T_\mathrm{p}\nabla\ln m_\mathrm{h}) \tag{6.12}$$

$$\frac{\partial W_\mathrm{n}}{\partial t}+\nabla\cdot\boldsymbol{S}_\mathrm{n} = \boldsymbol{J}_\mathrm{n}\cdot\nabla E_\mathrm{C}+\frac{\mathrm{d}W_\mathrm{n}}{\mathrm{d}t}\Big|_\mathrm{coll} \tag{6.13}$$

$$\frac{\partial W_\mathrm{p}}{\partial t}+\nabla\cdot\boldsymbol{S}_\mathrm{p} = \boldsymbol{J}_\mathrm{p}\cdot\nabla E_\mathrm{V}+\frac{\mathrm{d}W_\mathrm{p}}{\mathrm{d}t}\Big|_\mathrm{coll} \tag{6.14}$$

$$\frac{\partial W_\mathrm{L}}{\partial t}+\nabla\cdot\boldsymbol{S}_\mathrm{L} = \frac{\mathrm{d}W_\mathrm{L}}{\mathrm{d}t}\Big|_\mathrm{coll} \tag{6.15}$$

在 ESD 仿真中，由于涉及高温的情况，因而漂移-扩散模型不能使用，热力学模型和流体力学模型都可以使用，但是由于流体力学模型比热力学模型慢得多，因此一般情况下使用热力学模型。

6.2 能带模型

半导体材料的禁带宽度以及能带边缘的状态密度决定了半导体材料中的本征载流子浓度，如式（6.16）所示。如果考虑到高浓度对禁带宽度的影响（禁带变窄效应），则有效本征载流子浓度修正后可表示为如式（6.17）所示（其中 ΔE_g 表示禁带变窄量）。

$$n_\mathrm{i}(T) = \sqrt{N_\mathrm{C}(T)N_\mathrm{V}(T)}\mathrm{e}^{\frac{E_\mathrm{g}(T)}{2k_\mathrm{B}T}} \tag{6.16}$$

$$n_\mathrm{i,eff} = n_\mathrm{i}(T)\exp\left(\frac{\Delta E_\mathrm{g}}{2k_\mathrm{B}T}\right) \tag{6.17}$$

将温度和禁带变窄效应都考虑在内后有效禁带宽度可表示为

$$E_\mathrm{g,eff}(T) = E_\mathrm{g,0}+\delta E_\mathrm{g,0}-\frac{\alpha T^2}{T+\beta}-\Delta E_\mathrm{g}^0-\Delta E_\mathrm{g}^\mathrm{Fermi} \tag{6.18}$$

式中，$\delta E_\mathrm{g,0}$ 和 ΔE_g^0 随所选用的禁带变窄效应模型（DESSIS 中共有 4 种：Bennett 模型、Slotboom 模

型、OldSlotboom 模型、delAlamo 模型)的不同而不同;$\frac{\alpha T^2}{T+\beta}$ 是温度项,表示禁带宽度和温度的关系,与禁带变窄效应模型的选择无关;$E_{g,0}$ 是固定项,与禁带变窄效应模型的选择以及温度都没有关系,是一个常量;ΔE_g^{Fermi} 是一个可选项,其描述如式(6.19)所示,它是应用费米分布函数对禁带变窄量的一个修正,如果不定义费米分布函数而采用默认的玻耳兹曼分布函数,则不必用到这一项。

$$\Delta E_g^{Fermi} = k_B 300K \left[\log\left(\frac{N_V N_C}{N_A N_D}\right) + F_{1/2}^{-1}\left(\frac{N_A}{N_V}\right) + F_{1/2}^{-1}\left(\frac{N_D}{N_C}\right) \right] \tag{6.19}$$

在 4 种禁带变窄效应模型中,Bennett 模型和 delAlamo 模型是分段函数,它们都定义为在特定浓度之下没有禁带变窄效应,在特定浓度之上采用一个解析函数表示,这一浓度值在 Bennett 模型中定义为 3.162×10^{18} cm^{-3},在 delAlamo 模型中定义为 7×10^{18} cm^{-3}。Bennett 模型和 delAlamo 模型的函数表述分别如式(6.20)和式(6.21)所示。如果将横轴取为对数坐标,则 delAlamo 模型在考虑禁带变窄之后是线性的,而 Bennett 模型呈抛物线状。OldSlotboom 模型和 Slotboom 模型具有相同的函数表征,如式(6.22)所示,它们在整个实数域内采用同一个解析函数表示,不同之处仅在于其模型参数的设置不同。

$$\Delta E_g^0 = \begin{cases} E_{bgn}\left[\ln\left(\dfrac{N_i}{N_{ref}}\right)\right]^2, & N_i \geq N_{ref} \\ 0, & \text{其他} \end{cases} \tag{6.20}$$

$$\Delta E_g^0 = \begin{cases} E_{bgn}\ln\left(\dfrac{N_i}{N_{ref}}\right), & N_i \geq N_{ref} \\ 0, & \text{其他} \end{cases} \tag{6.21}$$

$$\Delta E_g^0 = E_{bgn}\left[\ln\left(\frac{N_i}{N_{ref}}\right) + \sqrt{\left(\ln\left(\frac{N_i}{N_{ref}}\right)\right)^2 + 0.5}\right] \tag{6.22}$$

利用 4 种禁带变窄模型函数的默认模型参数,可以描绘出 4 种模型在 0 K 温度下有效禁带宽度随浓度的变化图,如图 6.1 所示。4 种模型在 $1 \times 10^{15} \sim 1 \times 10^{21}$ cm^{-3} 浓度范围内的最大差距约为 0.1eV,按照式(6.17)计算出的本征载流子浓度最大差距约为 10.5%。一般情况下选择 OldSlotboom 模型。

影响本征载流子浓度的另外一个因素是能带边缘的状态密度,导带底的状态密度 N_C 和价带顶的状态密度 N_V 分别如式(6.23)和式(6.24)所示,其中 m_e 和 m_h 分别是电子和空穴的有效质量,两者都是温度相关量。

$$N_C(m_e, T_e) = 2.540\,933 \times 10^{19} \left(\frac{m_e}{m_0}\right)^{\frac{3}{2}} \left(\frac{T_e}{300}\right)^{\frac{3}{2}} \text{cm}^{-3} \tag{6.23}$$

$$N_V(m_h, T_h) = 2.540\,933 \times 10^{19} \left(\frac{m_h}{m_0}\right)^{\frac{3}{2}} \left(\frac{T_h}{300}\right)^{\frac{3}{2}} \text{cm}^{-3} \tag{6.24}$$

两种材料在相互接触时,除了禁带宽度之外,还有另外一个参量电子亲和能(χ)也显得很重要,电子亲和能也和温度及禁带变窄效应相关,其描述如式(6.25)所示,其中 Bgn2chi 参量表示禁带宽度变窄分摊到导带上的比例,其默认值为 0.5,即导带能量减小 $0.5\Delta E_g$,价带能量增大 $0.5\Delta E_g$。

$$\chi(T) = \chi_0 + \frac{\alpha T^2}{2(T+\beta)} + \text{Bgn2chi} \times \Delta E_g \tag{6.25}$$

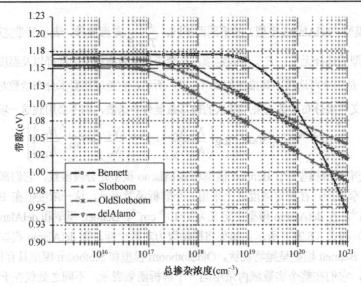

图 6.1　4 种能带变窄模型的函数对比

6.3　迁移率模型

实际中载流子的迁移率受到多种因素的影响会发生退化，因而器件仿真软件中也要有相应的模型来描述这些物理现象。DESSIS 中描述了以下几种主要的迁移率退化：晶格散射引起的迁移率退化（主要与温度有关）、电离杂质散射引起的迁移率退化（主要与掺杂浓度有关）、载流子间散射引起的迁移率退化（主要与载流子浓度有关）、高场饱和引起的迁移率退化（主要与电场强度有关）和表面声子散射及表面粗糙度引起的迁移率退化（主要与表面横向电场有关系）。

在 DESSIS 中，以上各种迁移率退化模型可以任意组合，而最终的迁移率值按照式（6.26）和式（6.27）计算得到。其中 $\mu_1, \mu_2, \cdots, \mu_{m-1}, \mu_m$ 分别表示单独使用 1 到 m 种迁移率退化模型（不包括高场饱和引起的迁移率退化模型）时得到的迁移率值，μ_{low} 表示低场下把 m 种模型都考虑进去之后得出的迁移率值，函数 f 根据仿真所选的高场饱和模型而定，μ 是最终的迁移率值。

$$\frac{1}{\mu_{\text{low}}} = \frac{1}{\mu_1} + \frac{1}{\mu_2} + \cdots + \frac{1}{\mu_{m-1}} + \frac{1}{\mu_m} \qquad (6.26)$$

$$\mu = f(\mu_{\text{low}}, F) \qquad (6.27)$$

6.3.1　晶格散射引起的迁移率退化

DESSIS 默认只考虑由晶格散射引起的迁移率退化（称为常数迁移率模型），即迁移率值只和温度相关，如式（6.28）所示，μ_L 是常温下的迁移率值，$T_0 = 300$ K。

$$\mu_{\text{const}} = \mu_L \left(\frac{T}{T_0}\right)^{-\varsigma} \qquad (6.28)$$

6.3.2　电离杂质散射引起的迁移率退化

在 DESSIS 中有 3 种电离杂质散射模型：Masetti 模型、Arora 模型和 UniBo 模型。Masetti 模型是默认模型，其函数描述如式（6.29）所示，其中 N_i 是总掺杂浓度，是施主浓度和受主浓度之和，即 $N_i = N_D + N_A$。μ_{const} 如式（6.28）所示，除了 N_i 和 μ_{const} 之外的参数都是拟合参数。

第6章 器件仿真工具（DESSIS）的模型分析

$$\mu_{\text{dop}} = \mu_{\min 1}\exp\left(-\frac{P_{\text{c}}}{N_{\text{i}}}\right) + \frac{\mu_{\text{const}} - \mu_{\min 2}}{1 + \left(\dfrac{N_{\text{i}}}{C_{\text{r}}}\right)^{\alpha}} - \frac{\mu_{\text{l}}}{1 + \left(\dfrac{C_{\text{s}}}{N_{\text{i}}}\right)^{\beta}} \tag{6.29}$$

UniBo 模型在 Masetti 模型之上做了改进，改进点主要有二。其一，将引力与斥力分开计算，因而施主浓度 N_D 和受主浓度 N_A 对迁移率的影响也是分开计算的，这就保证了在 PN 结附近杂质浓度的连续性，因为杂质浓度的分布函数本身就是连续的。相比较而言，Masetti 模型的函数表达式中的 N_i 参量在 PN 结附近会有值的突变（如 MOS 管的源漏注入区和衬底之间形成的 PN 结，其两边的浓度差好几个数量级）。因此 UniBo 模型比 Masetti 模型的收敛性更好。一般情况下，N_D 和 N_A 都相差很大，分开来算与合起来算对结果不会有很大的影响。其二，最高适用温度扩展到了 700 K（式（6.28）中是 500 K）。另外，UniBo 模型在计算电子迁移率时提供了两组默认参数，分别针对 As 和 P，默认情况下使用 As 的参数。UniBo 模型的描述如式（6.30）所示。

$$\mu_{\text{dop}}(N_\text{D},N_\text{A},T) = \mu_0(N_\text{D},N_\text{A},T) + \frac{\mu_\text{L}(T) - \mu_0(N_\text{D},N_\text{A},T)}{1 + \left(\dfrac{N_\text{D}}{C_{\text{r1}}(T)}\right)^{\alpha} + \left(\dfrac{N_\text{A}}{C_{\text{r2}}(T)}\right)^{\beta}} - \frac{\mu_1(N_\text{D},N_\text{A},T)}{1 + \left(\dfrac{N_\text{D}}{C_{\text{s1}}(T)} + \dfrac{N_\text{A}}{C_{\text{s2}}(T)}\right)^{-2}} \tag{6.30}$$

式中，$\mu_\text{L}(T)$、$\mu_0(N_\text{D},N_\text{A},T)$ 和 $\mu_1(N_\text{D},N_\text{A},T)$ 分别如式（6.31）～式（6.33）所示。

$$\mu_\text{L}(T) = \mu_{\max}\left(\frac{T}{300\text{K}}\right)^{-\gamma + c\left(\frac{T}{300\text{K}}\right)} \tag{6.31}$$

$$\mu_0(N_\text{D},N_\text{A},T) = \frac{\mu_{0\text{d}}N_\text{D} + \mu_{0\text{a}}N_\text{A}}{N_\text{D} + N_\text{A}} \tag{6.32}$$

$$\mu_1(N_\text{D},N_\text{A},T) = \frac{\mu_{1\text{d}}N_\text{D} + \mu_{1\text{a}}N_\text{A}}{N_\text{D} + N_\text{A}} \tag{6.33}$$

Arora 模型和 UniBo 模型、Masetti 模型相比，它只有一个浓度相关项，高浓度和低浓度下的迁移率退化都用同一个表达式，如式（6.34）所示。与之相比，式（6.29）和式（6.30）的第二项和第三项中的 C_r 和 C_s 参量分别为 10^{17} 量级和 10^{19} 量级，分别表示低浓度和高浓度下迁移率随浓度的变化率。

$$\mu_{\text{dop}} = \mu_{\min} + \frac{\mu_\text{d}}{1 + \left(\dfrac{N_\text{i}}{N_0}\right)^{A^*}}$$

$$\mu_{\min} = A_{\min} \cdot \left(\frac{T}{T_0}\right)^{\alpha_\text{m}}, \quad \mu_\text{d} = A_\text{d} \cdot \left(\frac{T}{T_0}\right)^{\alpha_\text{d}} \tag{6.34}$$

$$N_0 = A_N \cdot \left(\frac{T}{T_0}\right)^{\alpha_N}, \quad A^* = A_\text{a} \cdot \left(\frac{T}{T_0}\right)^{\alpha_\text{a}}$$

如图 6.2 所示描绘了电子和空穴迁移率在 300 K 温度时随浓度的退化曲线（UniBo 模型计算电子迁移率时忽略 N_A 项，计算空穴迁移率时忽略 N_D 项），从中可以看出 3 种模型中（Unibo 的电子迁移率有两组默认参数，分别从 As 掺杂和 P 掺杂中拟合出来）迁移率随浓度的退化只有在 1×10^{19} cm^{-3} 以上的掺杂浓度时偏差较大，因此只有在计算源漏掺杂区域（10^{20} 量级）的电阻值时，不同模型下的计算结果才会有较大差异，而计算阱电阻（10^{17} 量级）时的差异较小。

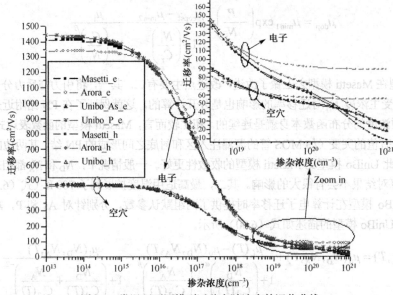

图 6.2 常温下不同模型迁移率随浓度的退化曲线

图 6.3 描绘了 3 种模型在 $1\times10^{17}\text{ cm}^{-3}$ 的掺杂浓度时迁移率随温度的退化曲线，从中可以看出，默认的 Masetti 模型中迁移率随温度的退化速率比其他两种模型都要快得多。

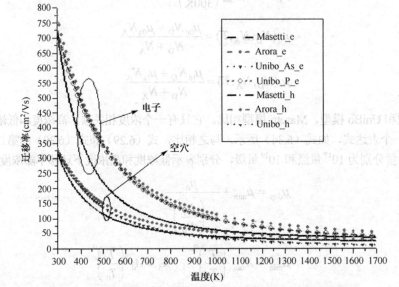

图 6.3 在 $1\times10^{17}\text{ cm}^{-3}$ 浓度时不同模型迁移率随温度的退化曲线

6.3.3 载流子间散射引起的迁移率退化

载流子间散射主要和载流子浓度以及温度相关，在 DESSIS 中描述载流子间散射有两种模型：ConwellWeisskopf 模型和 BrooksHerring 模型。两者的表达式分别如式（6.35）和式（6.36）所示。

$$\mu_{\text{eh}} = \frac{D\left(\dfrac{T}{T_0}\right)^{3/2}}{\sqrt{np}} \left[\ln\left(1+F\left(\dfrac{T}{T_0}\right)^2 (pn)^{-1/3}\right)\right]^{-1} \tag{6.35}$$

$$\mu_{\text{eh}} = \frac{c_1 \left(\dfrac{T}{T_0}\right)^{3/2}}{\sqrt{np}} \frac{1}{\phi(\eta_0)} \tag{6.36}$$

式中，BrooksHerring 模型中的函数 $\phi(\eta_0)$ 如下：

$$\phi(\eta_0) = \ln(1+\eta_0) - \frac{\eta_0}{1+\eta_0} \tag{6.37}$$

式（6.37）中的 η_0 又可表示为

$$\eta_0(T) = \frac{c_2}{N_C F_{-1/2}\left(\dfrac{n}{N_C}\right) + N_V F_{-1/2}\left(\dfrac{p}{N_V}\right)} \left(\frac{T}{T_0}\right)^2 \tag{6.38}$$

$F_{-1/2}$ 表示 $-1/2$ 阶的费米积分，j 阶的费米积分表达式为

$$F_j(x) = \frac{1}{\Gamma(j+1)} \int_0^\infty \frac{t^j}{\exp(t-x)+1} dt \tag{6.39}$$

从以上载流子间散射模型的表达式中可以看出，电子浓度和空穴浓度在表达式中总是以乘积的形式出现，因而载流子间散射与背景掺杂无关。两种模型在 $n=p$ 时迁移率随载流子浓度的变化曲线如图 6.4 所示，从图可以看出，载流子间散射这一部分的迁移率在低载流子浓度时很大。根据曲线的趋势，在 1×10^{16} cm^{-3} 浓度以下时，这一部分的迁移率甚至可以到达上万，而这时候其他部分的电子迁移率不会超过 1 417 cm^2/Vs，空穴迁移率不会超过 470.5 cm^2/Vs，根据式（6.26）可知低载流子浓度下该部分迁移率对总迁移率的贡献很小。同时该部分如此大的迁移率值决定了该模型只能作为总迁移率的一个调制因子，而不能单独以该模型来描述总迁移率，否则就会发生错误。事实上，在 DESSIS 中，该模型的单用也是被禁止的，就算在载流子模型中仅仅定义了载流子间散射这一模型，DESSIS 也会默认使用前面提到过的常数迁移率模型，如式（6.28）所示。

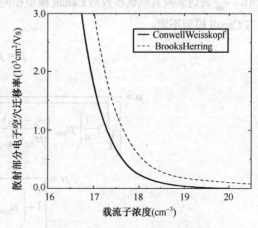

图 6.4 载流子间散射两种模型在 $n=p$ 时的迁移率退化曲线

要使该部分的迁移率能起到举足轻重的作用，载流子浓度就必须足够大。而要产生这么大的载流子浓度，只有在大注入效应或本征激发下才有可能。而要产生本征激发必须有高温，这又使得式（6.35）和式（6.36）中计算的迁移率值进一步增大。因此，载流子间的散射只有在大注入效应下才会比较明显。

6.3.4 高场饱和引起的迁移率退化

高场饱和模型的选择要视前面传输方程模型的选择而定。如果前面选择了漂移-扩散模型或热力学模型，则高场饱和模型有两种选择：Canali 模型和 TansferredElectronEffect 模型。后者描述的是高场下电子获得能量后从低能级的能谷转移到高能级的能谷，因而只适用于像 GaAs 这类有多能谷的材料，对于硅材料并不适用，因而这里不予讨论。Canali 模型的描述如式（6.40）所示。

$$\mu(F) = \frac{\mu_{\text{low}}}{\left(1 + \left(\dfrac{\mu_{\text{low}} F}{v_{\text{sat}}}\right)^{\beta}\right)^{1/\beta}} \tag{6.40}$$

式中，v_{sat} 和 β 分别如式（6.41）和式（6.42）所示。

$$v_{\text{sat}} = v_{\text{sat},0} \left(\frac{T_0}{T}\right)^{v_{\text{sat,exp}}} \tag{6.41}$$

$$\beta = \beta_0 \left(\frac{T}{T_0}\right)^{\beta_{\text{exp}}} \tag{6.42}$$

Canali 模型中驱动力 F 可以用与载流子电流方向平行的电场分量表示，也可以用准费米势的梯度表示，分别如式（6.43）和式（6.44）所示，其中下标 c 代表电子 e 或空穴 h。

$$F_{\text{c}} = \boldsymbol{E} \cdot \left(\frac{j_{\text{c}}}{|j_{\text{c}}|}\right) \tag{6.43}$$

$$F_{\text{c}} = |\nabla \varphi_{\text{c}}| \tag{6.44}$$

如果前面的传输方程模型选择了流体力学模型，则高场饱和模型有 3 种：Basic 模型、Meinerzhagen-Engl 模型和 Hydrodynamic Canali 模型。其中 Basic 模型仅用一个常温与载流子温度的比值来描述高场饱和，如式（6.45）所示；Hydrodynamic Canali 模型是 Canali 模型的修改版本，使之能够适应流体力学模型，如式（6.46）所示，w_{c} 和 w_0 分别是载流子热能量与晶格热能量，$\tau_{\text{e,c}}$ 为能量弛豫时间，v_{sat} 和 β 的表达式及其默认参数与 Canali 模型相同；Meinerzhagen-Engl 模型如式（6.47）所示，v_{sat} 表达式及其默认参数与 Canali 模型相同，β 的表达式与 Canali 模型相同，但是默认参数设置与 Canali 模型不同。

$$\mu = \mu_{\text{low}} \left(\frac{T_0}{T_{\text{c}}}\right) \tag{6.45}$$

$$\mu = \frac{\mu_{\text{low}}}{\left[\sqrt{1 + \dfrac{1}{4}\left(\mu_{\text{low}} \dfrac{(w_{\text{c}} - w_0)}{q\tau_{\text{e,c}} v_{\text{sat}}^2}\right)^{\beta}} + \dfrac{1}{2}\left(\mu_{\text{low}} \dfrac{(w_{\text{c}} - w_0)}{q\tau_{\text{e,c}} v_{\text{sat}}^2}\right)^{\beta/2}\right]^{2/\beta}} \tag{6.46}$$

$$\mu = \frac{\mu_{\text{low}}}{\left[1 + \left(\mu_{\text{low}} \dfrac{(w_{\text{c}} - w_0)}{q\tau_{\text{e,c}} v_{\text{sat}}^2}\right)^{\beta}\right]^{1/\beta}} \tag{6.47}$$

6.3.5 表面散射引起的迁移率退化

表面声子散射及表面粗糙度引起的散射只有在表面器件中才会起到明显作用。而 ESD 防护器件需要流通大电流，一般都设计使得电流从体内流过，因此该部分的散射对 ESD 防护器件中的迁移率影响不大。

6.4 雪崩离化模型

如果一个 PN 结的空间电荷区宽度超过电子和空穴的平均自由程，当外界加一个很大的反向偏压时，在空间电荷区内会产生很大的电场，当电场强度超过一定值的时候，空间电荷区内的电子和空穴

第6章 器件仿真工具（DESSIS）的模型分析

就能获得足够大的能量，从而在与晶格碰撞的时候就能把价键上的电子碰撞出来，形成导电电子，并留下一个空穴，这就是雪崩倍增效应。在这一过程中，载流子的平均自由程的倒数就叫做电离系数（α）。载流子的生成速率可以表示为

$$G^{ii} = \alpha_n n v_n + \alpha_p p v_p \tag{6.48}$$

在 DESSIS 中，描述雪崩倍增效应的模型（主要是描述电离系数与电场及温度的关系）有 4 种：vanOverstraeten-deMan 模型、OkutoCrowell 模型、Lackner 模型和 Unibo 模型。

vanOverstraeten-deMan 模型与其他模型的最大不同在于，它在高场和低场情况下采用两组不同的参数（高场和低场以 E_0 参数来判断，电场大于 E_0 时使用高场情况下的参数，否则使用低场情况下的参数，默认情况下 E_0 取值为 4×10^5 V/cm，具体的默认参数设置如表 6.1 所示）。

表 6.1 vanOverstraeten-deMan 模型的默认参数

符号	参数	电子	空穴	有效范围	单位
a	a（低场）	7.03×10^5	1.582×10^6	$1.75 \times 10^5 \sim E_0$	cm^{-1}
	a（高场）	7.03×10^5	6.71×10^5	$E_0 \sim 6 \times 10^5$	
b	b（低场）	1.231×10^6	2.036×10^6	$1.75 \times 10^5 \sim E_0$	V/cm
	b（高场）	1.231×10^6	1.693×10^6	$E_0 \sim 6 \times 10^5$	
E_0	E0	4×10^5	4×10^5		V/cm
$h\omega_{op}$	hbarOmega	0.063	0.063		eV

vanOverstraeten-deMan 模型表达式如下：

$$\alpha(F) = \gamma a e^{-\frac{\gamma b}{F}} \tag{6.49}$$

式中，γ 可表示为如式（6.50）所示。

$$\gamma = \frac{\tanh\left(\frac{h\omega_{op}}{2kT_0}\right)}{\tanh\left(\frac{h\omega_{op}}{2kT}\right)} \tag{6.50}$$

Lackner 模型在 vanOverstraeten-deMan 模型的基础上引入了一个归一化因子 Z，Z 的表达式如下：

$$Z = 1 + \frac{\gamma b_n}{F} e^{-\frac{\gamma b_n}{F}} + \frac{\gamma b_p}{F} e^{-\frac{\gamma b_p}{F}} \tag{6.51}$$

引入 Z 之后，电离系数的表达式变为

$$\alpha_v(F) = \frac{\gamma a_v}{Z} e^{-\frac{\gamma b_v}{F}} \tag{6.52}$$

另外，Lackner 模型与 vanOverstraeten-deMan 模型的不同还在于模型参数的设置只有一组，不分高低场，如表 6.2 所示。

表 6.2 Lackner 模型的默认参数

符号	参数	电子	空穴	单位
a	a	1.316×10^6	1.818×10^6	cm^{-1}
b	b	1.474×10^6	2.036×10^6	V/cm
$h\omega_{op}$	hbarOmega	0.063	0.063	eV

OkutoCrowell 模型基于如式（6.53）所示的一个经验公式：

$$\alpha(F) = a \cdot (1 + c(T-T_0)) \cdot F^\gamma \cdot e^{-\left[\frac{b[1+d(T-T_0)]}{F}\right]^\delta} \quad (6.53)$$

Unibo 模型的最大优势在于拓展了拟合时的温度范围（700K），如式（6.54）所示。

$$\alpha_{n,p}(F,T) = \frac{F}{a(T) + b(T)\exp\left[\dfrac{d(T)}{F+c(T)}\right]} \quad (6.54)$$

对于电子和空穴，上式中的 $a(T)$、$b(T)$、$c(T)$、$d(T)$ 的表达式分别如式（6.55）和式（6.66）所示。

$$a(T) = a_0 + a_1 T^{a_2} \quad b(T) = b_0 \quad c(T) = c_0 + c_1 T + c_2 T^2 \quad d(T) = d_0 + d_1 T + d_2 T^2 \quad (6.55)$$

$$a(T) = a_0 + a_1 T \quad b(T) = b_0 \exp[b_1 T] \quad c(T) = c_0 T^{c_1} \quad d(T) = d_0 + d_1 T + d_2 T^2 \quad (6.56)$$

图 6.5 是在常温下 4 种雪崩离化模型的电子和空穴电离系数（对数坐标）随电场的变化曲线，从图可以看出，vanOverstraeten-deMan 模型、Lackner 模型和 Unibo 模型的曲线比较吻合，而 OkutoCrowell 模型显示的击穿临界电场明显比其他 3 种模型都高。

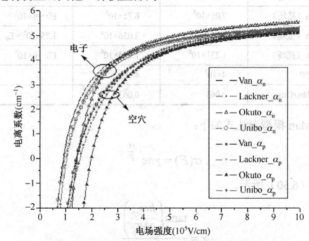

图 6.5　4 种雪崩离化模型下电离系数随电场的变化曲线

6.5　复合模型

在 DESSIS 中，复合模型主要包括 SRH（Shockley-Read-Hall）复合和俄歇复合。SRH 复合通过禁带中的深能级进行，SRH 复合率可描述为与载流子寿命相关的一个函数，如式（6.57）所示。

$$R_{net}^{SRH} = \frac{np - n_{i,eff}^2}{\tau_p(n+n_1) + \tau_n(p+p_1)} \quad (6.57)$$

式中，n_1 和 p_1 的表达式如式（6.58）所示，其中 E_{trap} 为缺陷能级和本征能级之间的距离，其默认值为 0。

$$n_1 = n_{i,eff} e^{\frac{E_{trap}}{kT}} \quad , \quad p_1 = n_{i,eff} e^{\frac{-E_{trap}}{kT}} \quad (6.58)$$

载流子寿命与掺杂浓度、温度和电场强度密切相关。考虑到这 3 个因素，载流子寿命可表示为

$$\tau_c = \tau_{dop} \frac{f(T)}{1+g_c(F)}, \quad \text{c 代表 n, p} \quad (6.59)$$

式中，τ_{dop} 表示考虑了掺杂浓度对载流子寿命的影响，$f(T)$ 表示温度的影响，$[1+g_c(F)]^{-1}$ 因子表示电场强度的影响。在 DESSIS 中，τ_{dop} 描述如下：

$$\tau_{\text{dop}}(N_i) = \tau_{\min} + \frac{\tau_{\max} - \tau_{\min}}{1 + \left(\dfrac{N_i}{N_{\text{ref}}}\right)^\gamma} \quad (6.60)$$

在 DESSIS 中，载流子寿命和温度的关系 $f(T)$ 有两种描述方式，分别如式（6.61）和式（6.62）所示。

$$f(T) = \left(\frac{T}{300}\right)^{T_\alpha} \quad (6.61)$$

$$f(T) = e^{C\left(\frac{T}{300} - 1\right)} \quad (6.62)$$

其中 T_α 和 C 均为温度系数。电场强度对载流子寿命的调制作用为 $[1 + g_c(F)]^{-1}$，函数 $g_c(F)$ 如图 6.6 所示，从图可以推算出，当电场强度约为 3×10^5 V/cm 时，载流子寿命减半。

俄歇复合的表达式如式（6.63）所示，与 SRH 复合（式（6.57））相比，载流子浓度对复合率的正相关性更强，载流子浓度在很高时会起到举足轻重的作用。

$$R^A = (C_n n + C_p p)(np - n_{i,\text{eff}}^2) \quad (6.63)$$

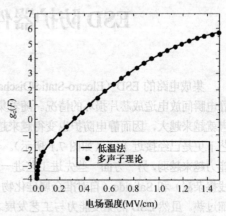

图 6.6 电场强度对载流子寿命的调制作用

式中，C_n 和 C_p 是与温度相关的函数，分别如式（6.64）和式（6.65）所示。

$$C_n(T) = \left(A_{A,n} + B_{A,n}\left(\frac{T}{T_0}\right) + C_{A,n}\left(\frac{T}{T_0}\right)^2\right)\left(1 + H_n e^{-\frac{n}{N_{0,n}}}\right) \quad (6.64)$$

$$C_p(T) = \left(A_{A,p} + B_{A,p}\left(\frac{T}{T_0}\right) + C_{A,p}\left(\frac{T}{T_0}\right)^2\right)\left(1 + H_p e^{-\frac{p}{N_{0,p}}}\right) \quad (6.65)$$

式（6.64）和式（6.65）中的最后一项表示大注入效应对俄歇复合系数（C_n 和 C_p）的影响，但是俄歇复合通常只有在载流子浓度很高时才能起重要作用，因而通常情况下该项影响可以忽略不计，除非器件中所有其他的复合类型都可以忽略，如在高效率太阳能硅电池中。

参 考 文 献

1. ISE, DESSIS user's manual. 2004.
2. Lombardi, C., et al., A physically based mobility model for numerical simulation of nonplanar devices. Computer-Aided Design of Integrated Circuits and Systems, IEEE Transactions on, 1988, 7(11): p. 1164-1171.
3. Schenk, A., Rigorous theory and simplified model of the band-to-band tunneling in silicon. Solid State Electronics, 1993, 36: p. 19-19.
4. Lackner, T., Avalanche multiplication in semiconductors: A modification of Chynoweth's law. Solid State Electronics, 1991, 34: p. 33-42.
5. Takagi, S., et al., On the universality of inversion layer mobility in Si MOSFET's: Part I-effects of substrate impurity concentration. IEEE Transactions on Electron Devices, 1994, 41(12): p. 2357-2362.
6. Valdinoci, M., et al. Impact-ionization in silicon at large operating temperature. 1999.

第7章 TCAD 工具仿真流程及在 ESD 防护器件性能评估方面的应用

集成电路的 ESD（Electro-Static-Discharge）现象，就是在芯片制造运输装配过程中由外部引入的静电瞬间放电造成芯片损坏的情况。随着集成电路尺寸越来越小，制造工艺越来越精细，静电放电危害就越来越大，因而静电防护也变得越来越重要。在 90 nm 工艺下，栅氧厚度只有 1.4 nm，65 nm 工艺下更是已经接近 1nm（如图 7.1 所示）。一方面越来越薄的栅氧使得芯片的核心部分对 ESD 的免疫能力越来越弱，另一方面一些先进工艺进一步削弱了器件的抗 ESD 能力，如 LDD（Lightly Doped Drain，浅掺杂漏）和 Salicide（自对准金属硅化物）工艺步骤等，它们使 ESD 电流集中于器件表面，造成局部过热。虽然 ESD 的免疫能力与工艺发展之间的矛盾日益尖锐，但是工艺的进步势在必行。因此，解决这一矛盾的唯一途径就是在各个和外界接触的芯片引脚上增加防护措施——加上防护器件，为 ESD 信号提供外围低阻泄放通路，避免其对内部电路造成损坏。ESD 机理研究及防护设计已越来越受到国内外半导体行业各大公司及代工厂的重视。

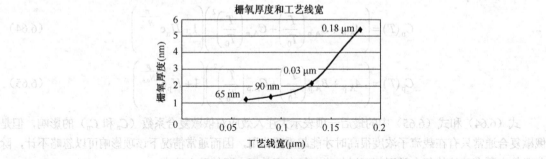

图 7.1 越来越薄的栅氧

7.1 工艺和器件 TCAD 仿真软件的发展历程

由于广泛的应用市场，在 20 世纪 50 年代计算机诞生后不久，作为数值仿真分析的一系列计算机辅助设计工具（Technology Computer Aided Design, TCAD）如雨后春笋般涌现。伴随着这一股潮流，有人开始尝试使用计算机仿真半导体制程。基于求解半导体物理中的偏微分方程，H. Gummel 在 1964 年第一次提出了完整的双极型晶体管的一维数值模拟。1968 年，H. Loeb、J. Schroeder 和 R. Muller 等人发表了半导体器件的二维数值模拟相关论文。随后，涌现了大量针对不同器件的计算机模拟以及针对不同物理机制建立模型的论文。基于这些广泛的数据基础、日益发展的计算机功能、逐渐成熟的图形显示器以及交互式图形系统，商业化的 TCAD 模拟软件逐渐发展并走向成熟。20 世纪 70 年代中期，随着超大规模集成电路的兴起，工艺制程日趋复杂化和精细化，传统的工艺开发方式非常耗时耗力，这就形成了研制 IC 工艺和器件模拟软件的强烈内在动力。1978 年和 1979 年，斯坦福大学分别推出了工艺模拟软件 SUPREM-2 和器件模拟软件 SEDAN-1，至此工艺和器件模拟 TCAD 软件开始进入实用阶段。SUPREM 系列是国际上最早出现、迄今为止应用最广的 IC 工艺模拟软件。目前应用最广的 3 套工艺模拟软件 DIOS、ATHENA 和 TSUPREM-4 的内核都采用 SUPREM 系列的第 4 代软件 SUPREM-4。SEDAN-1 由于只能进行器件的一维仿真，其应用受到了极大限制，因而随后又出现了 MINIMOS-2、MEDICI、ATLAS、DESSIS 等二维模拟软件。如今，几家比较优秀的工艺和器件模拟厂商都已经推出了三维仿真软件，如 AVANTI 公司（已经被 Synopsys 公司收购）的 DAVINCI 工具、ISE 公司（也已经被 Synopsys 公司收购）的 DEVISE 工具、SILVACO 公司的 ATLAS 工具、以及 Synopsys 公司的 Sentaurus 系列工具和 TAURUS 系列工具。目前比较大的半导体工艺和器件模拟软件厂商就只剩下 Synopsys 和 SILVACO 两家。现在应用最广的还是二维仿真软件 TSUPREM-4/MEDICI、ATHENA/ATLAS（SILVACO 公司）、DIOS/MDRAW/DESSIS（原 ISE 公司），以及最新的 Sentaurus 这 4 套工具。

7.2 工艺和器件仿真的基本流程

在 TCAD 仿真软件中要形成一个器件结构一般有两种方式：一种是通过工艺步骤的仿真，以虚拟制造的方式生成器件结构；另一种方式是通过具体的语言描述或手动绘制工具，通过定义材料、掺杂分布、结深和几何尺寸等信息形成一个理想的器件结构。得到器件结构以后，通过网格优化等步骤可以仿真器件的电热参数，得到的电热参数可以导入与软件相配套的视图工具查看。图 7.2、图 7.3、图 7.4 分别展示了 3 套仿真软件 TSUPREM-4/MEDICI、SILVACO、ISE 中各工具的输入输出文件及其所包含的信息。

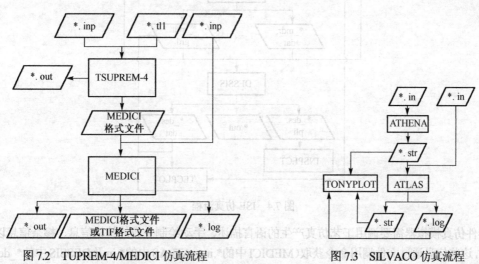

图 7.2 TUPREM-4/MEDICI 仿真流程　　　　图 7.3 SILVACO 仿真流程

工艺仿真工具一般都要求输入命令文件（如 TSUPREM-4 的*.inp 文件、ATHENA 的*.in 文件、DIOS 的*_dio.cmd 文件）、掩膜版文件（*.tl1 文件）。其中，命令文件包括网格的定义、工艺仿真的过程描述及每一工艺步骤物理模型的选择、对掩膜版文件各层次的调用及对输入输出的定义等；掩膜版文件用于定义器件结构的几何尺寸（TSUPREM-4 和 DIOS）。该文件可以不被调用，但是如果不用，就需要在命令文件中定义各个工艺步骤对应的掩膜版几何信息，这些几何信息随着器件结构的不同而不同，这样命令文件的形式就不能通用了。工艺仿真完毕能够生成包含器件内部网格分布和掺杂信息的文件，在 TSUPREM-4 和 ATHENA 中这两种信息分别包含在不同文件中：TSUPREM-4 将这两种信息息存储在 MEDICI 格式的文件中，ATHENA 将这两种信息存储在*.str 文件中，而 DIOS 分别将网格信息和掺杂信息存储在*_dio.grd.gz 和*_dio.dat.gz 两个不同的文件中,并同时生成*_mdr.cmd 和*_mdr.bnd 两个文件作为 DIOS（器件仿真）和 MDRAW（网格优化工具）的接口,*_mdr.cmd 和*_mdr.bnd 能调用*_dio.grd.gz 和*_dio.dat.gz 文件中的网格及掺杂信息,并在 MDRAW 中还原出整个器件结构,从而使网格优化得以展开（TSUPREM-4 可以和 MEDICI、ATHENA、ATLAS 做无缝衔接,工艺仿真结果直接导入器件仿真模拟器,网格优化在器件仿真软件中执行。但是由于缺少单独的网格优化工具,它们的网格优化显得没有 MDRAW 方便）；工艺仿真软件生成的*.out 文件记录了整个仿真过程及各步骤出现的警告和错误等信息（器件仿真软件生成的*.out 文件包含类似信息,ATHENA 和 ATLAS 没有生成单独的*.out 文件,但是它们的仿真过程信息出现在软件下方的窗口中）。

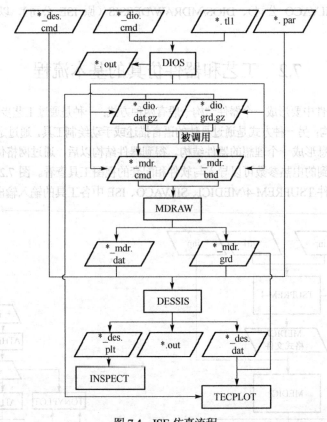

图 7.4　ISE 仿真流程

器件仿真模拟器需要调用工艺仿真产生的语言描述、手动绘制生成的结构信息、掺杂信息以及网格信息,这些信息通过文件调用命令获取（MEDICI 中的*.inp、ATLAS 中的*.in 及 DESSIS 中的*_des.cmd 文件）。有时器件仿真还需要调整模型参数,这在 MEDICI 和 ATLAS 中可以直接通过文件中的语句来修改模型参数,而在 DESSIS 中模型参数的修改需要单独定义一个*.par 文件。通过器件仿真能得到时间、电压、电流、电容和频率等电学参数,以及电场、电流密度、晶格温度和雪崩离化率等电热参数在器件结构中的二维分布图。在 MEDICI 中,所有这些信息只能通过语句描述将其通过可视化图形显示出来,而 SILVACO 和 ISE 都有专门的视图工具,可以导入相关文件生成可视化图形。SILVACO 的 TonyPlot 工具可以导入*.log 文件和*.str 文件,其中*.log 文件（ISE 的*.plt 文件）包含的是时间、电压、电流、电容和频率等电学参数信息,通过 TonyPlot 工具（ISE 中的 INSPECT 工具）可以绘制出这些电学参数信息之间的关系曲线；工艺仿真生成的*.str 文件（ISE 中的*_dio.dat.gz 和*_dio.grd.gz 文件）只包含器件结构的掺杂和网格信息,而经过器件仿真之后又多了电场、电流密度、晶格温度和雪崩离化率等电热参数在器件结构中的二维分布信息（ISE 中这些信息存储在*_des.dat 和*_mdr.grd 文件中），*.str 中（ISE 中的*_dio.dat.gz、*_dio.grd.gz、*_des.dat 和*_mdr.grd）的所有参数信息可以通过 TonyPlot 工具（ISE 中的 TECPLOT 工具）生成二维可视分布图。

7.3 TSUPREM-4/MEDICI 的仿真示例

ESD 防护器件的设计是和制造该防护器件的具体工艺紧密联系的，因此设计 ESD 防护器件要从底层的工艺级仿真开始，构造出准确的结构，然后通过器件级仿真来获取该器件的关键电学参数。

利用 TCAD 软件仿真 ESD 防护器件的总体流程如下：

① 编写半导体工艺流程程序文件；
② 编写 ESD 防护器件版图层次程序文件，供工艺流程程序文件调用；
③ 运行半导体工艺流程程序文件；
④ 编写并运行 ESD 防护器件器件级仿真的程序文件。

7.3.1 半导体工艺级仿真流程

如前所述，ESD 防护器件的设计是和生产工艺密切相关的，因此 ESD 防护器件设计首先要进行工艺仿真，参考流程如下。

将编写好的工艺文件（如命名 process）及描述该 ESD 防护器件版图层次的 mask 文件（如命名 nmos.tl1）上传到安装了 TSUPREM-4 工具的工作站的相应目录下。然后运行以下命令：

```
TSUPREM-4 process
```

这里要注意的是，同一条半导体工艺线的工艺流程可以通过一个工艺文件来描述，本例中用 process 文件来描述。该半导体工艺线上加工出来的不同器件用与该器件相对应的版图层次 mask 文件来描述。本例中用 nmos.tl1 文件来描述。

初始化工艺仿真的网格以及定义硅基材料晶向的程序语句如下：

```
$ Initialize the structure
mesh grid.fac = 0.8
init <100> impurity = boron i.conc = 5E15 width = 5
method compress pd.tran
$ 形成STI 结构
etch    start       x = 0       y = 0       ; 在指定的坐标范围内刻蚀硅
etch    continue    x = 0       y = 0.6
etch    continue    x = 0.5     y = 0.6
etch    continue    x = 0.55    y = 0.3
etch    done        x = 0.6     y = 0

etch    start       x = 5       y = 0
etch    continue    x = 5       y = 0.6
etch    continue    x = 4.5     y = 0.6
etch    continue    x = 4.45    y = 0.3
etch    done        x = 4.4     y = 0

    deposit oxide thick = 0.7              ; 填充二氧化硅

    etch    start       x = 0       y = -0.7 ; 在指定的坐标范围内刻蚀不需要的二氧化硅
```

```
etch    continue    x = 0    y = 0
etch    continue    x = 5    y = 0
etch    done        x = 5    y = -0.7

select
plot.2d scale grid c.grid = 2              ;画出器件结构网格图,如图7.5所示
$ 生长栅氧
diffusion temp = 1000 time = 15 dry        ;退火温度为1000℃,时间为15 min,干氧气体成分
$ 淀积多晶硅栅 Poly
deposit poly thick = 0.2                   ;Poly厚度为0.2 μm
deposit photo positive thick = 2.0         ;淀积正性光刻胶,厚度为2 μm
expose mask = POLY                         ;对光刻胶进行曝光,掩膜版名为"POLY"
develop                                    ;显影
etch poly                                  ;刻蚀多晶硅
etch photo all                             ;去除光刻胶
$ 源漏离子注入,注入杂质为Ar,剂量为10^15,能量为100keV,底盘转角为30°
implant dose = 1E15 energy = 100 Arsenic rotation = 30
$ 杂质激活
diffusion temp = 900 time = 30
```

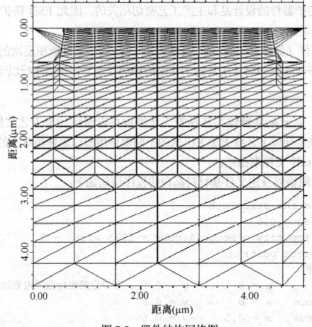

图7.5 器件结构网格图

最后保存工艺程序的仿真输出文件,作为下一步器件仿真的导入程序:

```
savefile out.file = process:0_0 tif
```

在以上工艺文件中,编写者可以加入一些语句,让TSUPREM-4工具输出一些器件的掺杂浓度分布图、剖面图、电极图和网格图。

输出掺杂浓度分布图的程序语句如下,结果如图7.6所示。

```
select z = log10(Arsenic) title = "Drain&Source doping profile"    ;杂质掺杂浓度曲线
plot.1d line.typ = 3 color = 2 x.value = 1 right = 2 bottom = 12   ;以log坐标给出
```

输出器件结构剖面图的程序语句如下:

第7章 TCAD工具仿真流程及在ESD防护器件性能评估方面的应用

```
plot.2d scale
color silicon  color = 7        ;对各种材料进行颜色定义
color polysili color = 2
color oxide    color = 5
select z = log10(Arsenic)        ;画出漏源杂质等浓度曲线
foreach val (15 to 21 step 1)    ;等浓度曲线范围为 $10^{15} \sim 10^{21}$ cm$^{-3}$
    contour value = val line = 5 color = 2
end
```

结果如图7.7所示，图中绘出的是多晶硅栅、侧墙、STI隔离以及MOS管源漏区。
在器件制作完成之后，进行网格优化，画出器件仿真用的网格图的语句如下：

```
plot.2d grid title = "simulation mesh" fill scale
```

输出图形如图7.8所示。

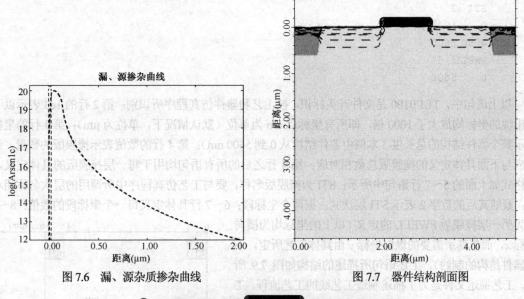

图7.6 漏、源杂质掺杂曲线

图7.7 器件结构剖面图

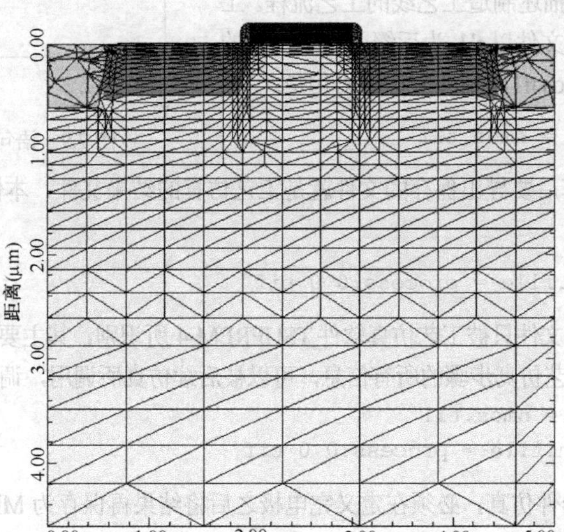

图7.8 器件结构的网格图

7.3.2 从工艺级仿真向器件级仿真的过渡流程

从工艺级仿真向器件级仿真的过渡主要涉及 3 类文件（除后缀名外，以下文件名均可自取）：版图层次 mask 文件 nmos.tl1、工艺描述文件 process 以及器件仿真程序文件 ggNMOSa.txt、ggNMOSb.txt（这两个文件可以合并）。

版图层次 mask 文件是用来定义器件结构的，这个文件不需要特别导入导出别的文件，但它是被其他两类文件调用的一个关键文件，它由以下几部分组成（下面的语句仅为描述 mask 文件的格式之用，实际用到的 mask 文件中掩膜版数量还要多许多）。

```
TL1 0100
1e3
0     5600
2
STI   2
0     1000
4600  5600
PWELL 1
0     5600
```

以上语句中，TL1 0100 是文件开头标识，被工艺和器件仿真程序所识别；第 2 行的 1e3 表示以下所出现的坐标均放大了 1000 倍，即所有坐标以 nm 为单位（默认情况下，单位为 μm）；第 3 行的坐标表示整个器件结构的总长度（本例中器件结构从 0 到 5600 nm）；第 4 行的数值表示掩膜版的数量，该值应与下面具体定义的掩膜版总数相对应；第 4 行之后的所有语句均用于每一层掩膜版的具体定义，其格式如上面的 5～7 行语句中所示：STI 为掩膜版名称，要与工艺仿真程序中所调用的层次名称相对应；紧随其后的数字 2 表示 STI 层次共占据两个坐标段；6～7 行具体定义每一个坐标段的数值；8～9 行为另一层掩膜版 PWELL 的定义（以上的坐标均为横向坐标 x，而仿真所需要的纵向坐标 y 由具体工艺所定，不受器件结构的制约）。上述语句所描述的结构如图 7.9 所示。工艺描述文件是为了描述制造工艺线的工艺流程。工艺仿真需要导入的 mask 文件以.tl1 为后缀名，本例中的 mask 文件的文件名是 nmos.tl1，相应的描述语句是：

```
mask in.file = nmos.tl1
```

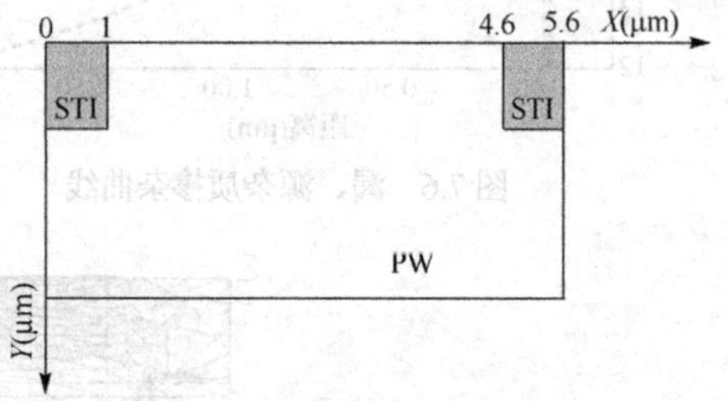

图 7.9 语句所描述的器件结构

对工艺文件进行仿真后要导出保存的文件就是工艺仿真的结果文件，本例中是 process:0_0，相应的描述语句是：

```
savefile out.file = process:0_0 tif
```

但是这一格式的输出文件只被工艺仿真软件 TSUPREM-4 所识别，其主要用于初期程序的调试。这一输出文件包含之前的工艺仿真步骤的所有信息，可以被后续仿真所调用，调用可以用以下语句进行：

```
mask in.file = nmos.tl1
initialize in.file = process:0_0 tif
```

如果要进行后续的器件仿真，必须在定义完电极之后将结果再保存为 MEDICI 格式。电极的定义用以下格式进行：

```
electrode x = 0.5 y = -0.5 name = source
```

下面的语句实现了从 TSUPREM-4 到 MEDICI 的过渡:

```
savefile out.file = ggnmos medici poly.ele elec.bot
```

其中,poly.ele 指多晶硅区域在 MEDICI 输出文件中被转化为电极,elec.bot 指电信号会加在电极的背部。器件仿真程序文件是为电学特性设置仿真条件的。器件仿真需要导入的程序文件是包含了前续仿真结果综合信息的文件(本例中是 ggnmos),相应的描述语句是:

```
mesh in.file = ggnmos TSUPREM-4 y.max = 5
```

其中的 y.max = 5 指的是只对硅基上 5 μm 深度范围内进行网格导入。

器件仿真程序文件一般不需要特意导出结果文件,用户主要是通过编写图形输出文件来看器件设计的结构效果。

7.3.3 半导体器件级仿真的流程

这里以最简单的 ESD 防护器件——栅极接地的 N 型 MOS 管 ggNMOS(gate grounded NMOS)为例来描述 TCAD 器件级仿真的流程。如图 7.10 所示描述了作为防护器件的 NMOS 的版图,由于要流经大电流,因此这里的 MOS 管比正常 MOS 管的尺寸要大,如图 7.10(a)和图 7.10(b)所示分别为 ggNMOS 的整体版图和局部放大版图。

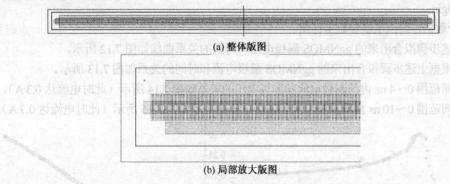

图 7.10 ggNMOS 防护结构的版图

如图 7.11 所示为在人体静电模型 HBM(Human Body Model)中对 ESD 防护器件进行瞬态仿真的原理图。图中电容 C 的两端加上 6 kV 的初始电压值,进行 HBM 模式下的瞬态仿真。这里的电容(C)值为 100 pF,电阻(R)值为 1.5 kΩ,电感(L)值为 7500 nH,这里的 ggNMOS 就是栅极接地的 NMOS。

搭建 ESD 防护器件瞬态仿真的程序描述语句是(电路网表):

```
Start CIRCUIT
C          1    0    100p
L          1    2    7500n
R          2    3    1.5k
PNMOS 3 = Drain 0 = Gate 0 = Source 0 = Substrate
+ FILE = <特定的网格文件> WIDTH = 80
$ Initial guess at circuit node voltages
.NODESET V(1) = 6K  V(2) = 0  V(3) = 0
FINISH CIRCUIT
```

图 7.11 HBM 下 ggNMOS 瞬态仿真原理

瞬态仿真 ggNMOS 的漏极电压(实际上就是电路网表中 3 位置处的电压)、漏极电流和时间关系的描述语句是:

```
Method continue
Solve dt = 1e-11 tstop = 1e-8
Plot.1d x.axis = time y.axis = VC(3)  points
+ title = "protection device voltage"
Plot.1d x.axis = time y.axis = I(PNMOS.drain) points
+ title = "protection device current"
```

上述第 3 行 VC（3）中的 C 以及第 5 行 PNMOS 中的 P 是语法规定标识，分别表示是电路部分和物理（器件）部分的参数。

在运行了上述程序语句后，经常会很遗憾地发现程序无法收敛。事实上，在使用包括 TSUPREM-4/MEDICI 在内的 TCAD 工具进行仿真时，经常会陷入不收敛的困境，这是很让人头疼的问题。下面介绍一种方法，即使在程序不收敛无法看曲线的情况下，也能利用已收敛部分的数据，用拟合软件绘出已收敛部分的仿真结果曲线，简要步骤如下。

① 将未收敛的.out 文件下载到本地，这个文件和刚刚运行的器件仿真程序文件是同名的，只不过后缀不同（本例中，器件仿真的程序文件名是 ggNMOSb.txt，对应的.out 文件是 ggNMOSb.out）；

② 用 UltraEdit 打开该文件；

③ 搜索关键字，本例中搜索 VC(3)、I (PNMOS.drain)，将其电学参数值（电压和电流）导入到拟合软件 Origin；

④ 拟合数据，画出电学参数坐标图。

根据上述步骤拟合出来的 ggNMOS 漏极电压和时间的关系曲线如图 7.12 所示。

同样，根据上述步骤拟合出来的 ggNMOS 漏极电流和时间的关系如图 7.13 所示。

拟合时间范围 0～4 ns 内的漏极电流和漏极电压的关系如图 7.14 所示（此时电流达 0.3 A）。

拟合时间范围 0～10 ns 内的漏极电流和漏极电压的关系如图 7.15 所示（此时电流达 0.7 A）。

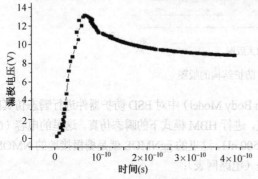

图 7.12 拟合的 ggNMOS 漏极电压和时间的关系图

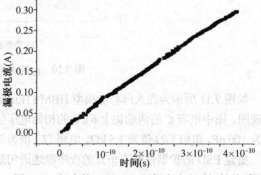

图 7.13 拟合的 ggNMOS 漏极电流和时间的关系图

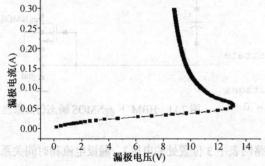

图 7.14 根据 4 ns 时间内的数据拟合的 I–V 曲线

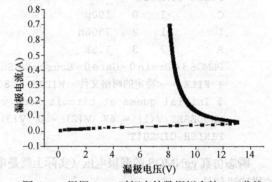

图 7.15 根据 10 ns 时间内的数据拟合的 I–V 曲线

从仿真曲线中可以看出,该 ESD 防护器件的触发电压为 13 V 左右。根据仿真数据调整器件设计,从而提高 ESD 防护器件的设计成功率。

7.4 ESD 防护器件设计要求及 TCAD 辅助设计的必要性

集成电路芯片在制造、运输、使用过程中积累的电荷或外部环境中的电荷,在芯片引脚和外部环境接触(同时芯片又有其他引脚接地)时会发生电荷交换的过程,这时产生的瞬态 ESD 电流可以达到数安培,足以将整个芯片烧毁。要保护芯片免遭 ESD 破坏,必须在芯片内部形成电流通路之前,在接触引脚处提前提供一个低阻泄放通路,将积累的电荷泄放掉。在整个芯片内部,必须全面考虑各个引脚之间的放电路径以及各个引脚的工作环境。这使得 ESD 的设计在不同工艺下具有不可复制性。即使在同一工艺下,各种不同类型的引脚之间的 ESD 防护器件同样需要进行分别设计,这就使得 ESD 防护器件的设计变得更加复杂和困难。

图 7.16 展示了一个全芯片防护的示意图,为防护一块芯片免遭 ESD 破坏,必须保证能为任何两个引脚之间提供低阻通路(如图中箭头所示),其中输入端到输出端可以通过输入端→地线→输出端的路径泄放电流(如图中虚线所示)。图中输入端口、输出端口以及电源和地之间 ESD 防护器件都需要分别设计。

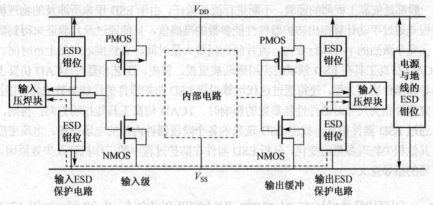

图 7.16 全芯片防护示意图

ESD 防护器件的设计需要严格按照设计窗口来进行,如图 7.17 所示。这里主要有几个设计参数需要关注:触发电压(V_{t1})、维持电压(V_h)以及二次击穿电流(I_{t2})。如果防护器件在输入端口,则打开防护器件的触发电压 V_{t1} 必须小于内部 MOS 管的栅氧击穿电压,否则内部 MOS 管就会在防护器件开启之前被打坏,防护器件就起不到防护作用;如果防护器件在输出端口,则防护器件的触发电压必须小于输出管的漏/衬底反向击穿电压,否则 ESD 电流会先从输出管流过,防护失效(当然,如果输出管本身能承受很大的电流,则可以不用加 ESD 防护器件)。同时,无论防护器件加在什么端口上,触发电压都必须大于该端口的最大工作电压,否则 ESD 防护器件会被误触发(在芯片正常工作时,ESD 防护器件开启)。当防护器件加在电源和地之间时,除了触发电压需要高于电源电压、低于栅氧击穿电压之外,维持电压也必须高于电源电压,否则会在芯片正常工作时引起 ESD 防护器件的闩锁(当 I/O 口上能提供的电流很小,不易引起闩锁时,不要求维持电压必须高于电源电压)。二次击穿电流 I_{t2} 是一个表征防护器件本身鲁棒性的参量,I_{t2} 越高表示防护器件本身抗 ESD 能力越强,I_{t2} 和 HBM 模式的耐压大体上可以按照如下公式折算:HBM = I_{t2} × 1500 Ω。一个合格的防护必须通过产业标准相应的等级。JESD22—A114F 最新的标准将 HBM 防护等级划分为 7 等,如表 7.1 所示。

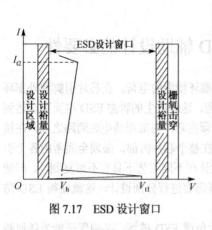

图 7.17 ESD 设计窗口

表 7.1 JESD22—A114F 标准关于 HBM 防护等级的划分

防护等级	判断标准
CLASS 0	芯片有任意一个引脚在 250 V HBM 脉冲下失效
CLASS 1A	芯片所有引脚通过 250 V HBM 脉冲测试，但是有任意一个引脚在 500 V HBM 脉冲下失效
CLASS 1B	芯片所有引脚通过 500 V HBM 脉冲测试，但是有任意一个引脚在 1000 V HBM 脉冲下失效
CLASS 1C	芯片所有引脚通过 1000 V HBM 脉冲测试，但是有任意一个引脚在 2000 V HBM 脉冲下失效
CLASS 2	芯片所有引脚通过 2000 V HBM 脉冲测试，但是有任意一个引脚在 4000 V HBM 脉冲下失效
CLASS 3A	芯片所有引脚通过 4000V HBM 脉冲测试，但是有任意一个引脚在 8000 V HBM 脉冲下失效
CLASS 3B	芯片所有引脚通过 8000 V HBM 脉冲测试

在推出一个新工艺之前，工艺的 I/O 单元里必须包含 ESD 防护。然而对于一套新的工艺，由于工艺参数不断变化，器件的触发电压和维持电压都会有很大不同，如果照搬其他工艺的防护器件显然是行不通的。受设计窗口的限制，器件的不触发、误触发和栓锁都有可能发生。设计一套全新的 ESD 防护，传统上一般都是依靠工程师的经验，不断进行流片验证。由于 ESD 现象所涉及的物理机制十分复杂，工程师很难通过手动计算得出防护器件性能参数的准确值，只能通过流片验证来得到防护器件的性能参数。在竞争激烈的半导体行业内，流片验证耗费大量时间，必然推迟产品上市时间。因此，工艺和器件 TCAD 仿真工具在 ESD 领域的应用逐渐被重视。首先，工艺和器件 TCAD 仿真工具代替了手工来解半导体器件物理方程，使得通过迭代运算得出 ESD 防护器件的性能参数成为可能；其次，设计阶段在研究器件相关尺寸对器件性能参数的影响时，TCAD 仿真工具能指明方向；再则，在器件失效时，可以通过 ESD 器件仿真，找出 ESD 现象的各个阶段器件内部的电场分布、电流密度及流向、温度分布及其他相关物理参量的变化，分析 ESD 器件在防护过程中的工作机理及失效原因，这对研究工作具有重要的指导意义。

7.5 利用瞬态仿真对 ESD 防护器件综合性能的定性评估

本节将主要基于混合仿真方式提出一种收敛性好、能客观反映 ESD 防护器件的"有效性"、"敏捷性"、"鲁棒性"和"透明性"综合性能，以及对这"四性"进行评估的 TCAD 仿真方法。下文将以如图 7.18 所示的 SCR（Silicon Controlled Rectifier，可控硅）结构在 CDM（Charged Device Model）模型（如图 7.19 所示）下的仿真为例，详细介绍这种 TCAD 评估方法。

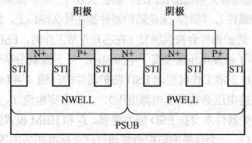

图 7.18 常见的 ESD 防护器件 SCR 结构

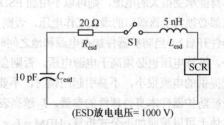

图 7.19 CDM 模式下 ESD 放电等效电原理图

7.5.1 TCAD 评估基本设置

利用 TCAD 对 ESD 现象进行瞬态仿真,求解时的迁移率使用高场下的 FLDMOB 模型和基于载流子温度的 TMPMOB 模型(零偏时初始化求解的迁移率用 Caughey-Thomas 经验迁移率模型);碰撞电离选用 IMPACT.I 模型和 II.TEMP 模型。用 TSUPREM-4 工艺仿真软件得出如图 7.18 所示的器件结构,并做网格优化,得到仿真图如图 7.20 所示。

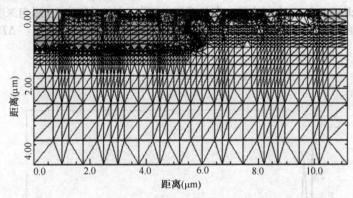

图 7.20 TSUPREM-4/MEDICI 对图 7.18 所示器件的仿真图

7.5.2 有效性评估

利用如图 7.19 所示的 CDM 电路仿真模型对该 SCR 器件泄放电流的有效性(Effectiveness)进行评估。该模式的电流瞬态仿真如图 7.21 所示,可以看出,CDM 模式下 ESD 电流会在 2.5 ns 内通过 ESD 防护器件全部泄放。在这个时间内流过 ESD 防护器件的峰值电流大小(对应图 7.21 中 T_1 处的瞬态电流值,T_2 定义见下文)反映了该 ESD 防护器件泄放静电的能力,即器件的有效性。

7.5.3 敏捷性评估

所谓敏捷性(Speed)就是静电信号到来后 ESD 防护器件反应的整个时间周期。这里可以用恢复时间($T_{recover}$)来定量描述敏捷性。$T_{recover}$ 的取值等于 ESD 防护器件开启直至电压最终回归到钳位电压所需的时间(如图 7.22 所示,图中 T_3、T_4 定义见下文)。$T_{recover}$ 时间越短,说明这个 ESD 防护器件越能够迅速地对静电放电做出防护。

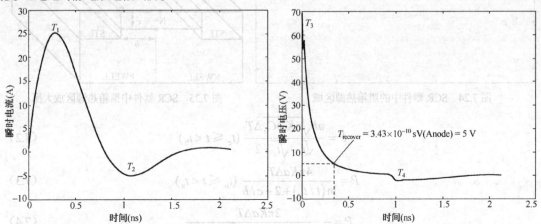

图 7.21 CDM 模式下 ESD 防护器件电流瞬态仿真   图 7.22 CDM 模式下 ESD 防护器件电压瞬态仿真

7.5.4 鲁棒性评估

鲁棒性（Robustness）评估主要有两个方面：一是监视在静电放电情况下 ESD 防护器件内部的功率分布情况；二是监视最大功率密度点是否会进入热电失控状态。

根据图 7.23 所示的极值功率密度 P 和时间 t 的关系，可用一个修正过了的黑箱热源模型来评估该 SCR 防护器件是否会热电失控。这个修正的模型假设所有的功率集中在如图 7.24、图 7.25 所示的两个 STI（Shallow Trench Isolation）之间水平方向长度为 b，垂直方向长度为 c，纵向深度方向长度为 a 的立方体内。而器件内部最热点温度 $T_{max} = T_0 + \Delta T$，其中 T_0 是器件的初始温度，ΔT 与 $P(t)$ 的关系满足分段函数式（7.1）～式（7.4）：

$$P = \frac{\rho abc C_p \Delta T}{t} \quad (0 \leqslant t < t_c) \tag{7.1}$$

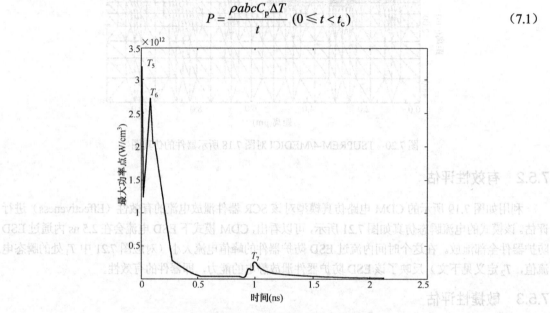

图 7.23　CDM 模式下器件极值功率密度瞬态仿真

图 7.24　SCR 器件中的黑箱热源区域　　图 7.25　SCR 器件中黑箱热源区放大图

$$P = \frac{ab\sqrt{\pi K \rho C_p} \Delta T}{\sqrt{t} - \sqrt{t_c}/2} \quad (t_c \leqslant t < t_b) \tag{7.2}$$

$$P = \frac{4\pi K a \Delta T}{\ln(t/t_b) + 2 - c/b} \quad (t_b \leqslant t < t_a) \tag{7.3}$$

$$P = \frac{2\pi K a \Delta T}{\ln(a/b) + 2 - c/2b - \sqrt{t_a/t}} \tag{7.4}$$

式中，K 是热导率，C_p 是比热，D 是热扩散率（如式 (7.5) 所示），ρ 是硅的密度，t_a、t_b、t_c 分别是 3 个时间常数（如式 (7.6) ~ 式 (7.8) 所示）。这样就能够计算出每个时刻下的最热点温度 $T_{\max}(t)$，并计算出此时由于最热点温度引起的热产生载流子浓度 n_d。如果这个 n_d 超过了器件的背景掺杂浓度，则说明该 ESD 防护器件会进入热电失控状态。换算公式如式 (7.9) 所示。

$$D = \frac{K}{\rho C_p} \quad (7.5)$$

$$t_a = \frac{a^2}{4\pi D} \quad (7.6)$$

$$t_b = \frac{b^2}{4\pi D} \quad (7.7)$$

$$t_c = \frac{c^2}{4\pi D} \quad (7.8)$$

$$n_d = 1.69 \times 10^{19} \exp\left(\frac{-6.377 \times 10^3}{T_{\max}}\right)\left(\frac{T_{\max}}{300}\right)^{\frac{3}{2}} \quad (7.9)$$

ESD 防护器件内部的功率分布可以反映一个 ESD 防护器件的鲁棒性。

图 7.26 所示是 SCR 正向电流达到最大值时的功率分布图（对应图 7.21 中 T_1 时刻）；

图 7.27 所示是 SCR 负向电流达到最大值时的功率分布图（对应图 7.21 中 T_2 时刻）；

图 7.28 所示是 SCR 正向电压达到最大值时的功率分布图（对应图 7.22 中 T_3 时刻）；

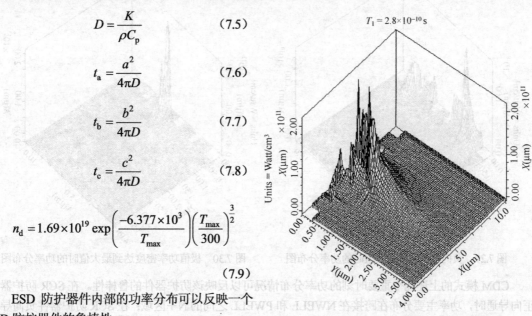

图 7.26 正向电流达到最大值时的功率分布图

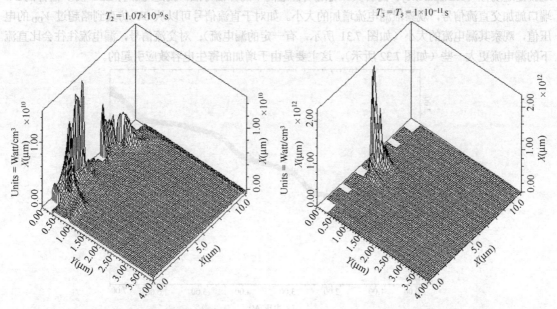

图 7.27 负向电流达到最大值时的功率分布图   图 7.28 正向电压达到最大值时的功率分布图

图7.29 所示是 SCR 负向电压达到最大值时的功率分布图（对应图7.22 中 T_4 时刻）；

图7.30 所示是 SCR 内部的极值功率密度达到最大值时的功率分布图（对应图7.23 中 T_5 时刻）。

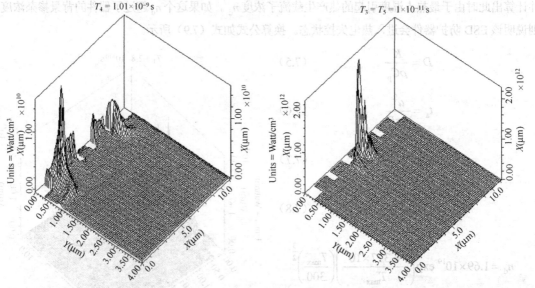

图 7.29　负向电压达到最大值时的功率分布图　　图 7.30　极值功率密度达到最大值时的功率分布图

CDM 模式的上述几个重要时刻的功率分布情况可以反映该防护器件的鲁棒性。在 SCR 防护器件正向导通时，功率主要分布在跨接在 NWELL 和 PWELL 之间的 N+区域；在 SCR 防护器件负向导通时，功率主要分布在 NWELL 和 PWELL 的内部。

7.5.5　透明性评估

良好的 ESD 防护器件，在没有 ESD 事件发生时，应该对受其保护的 IC 芯片几乎不造成任何影响，这就是透明性（Transparency）的含义。对透明性最简单的评估方法，就是对加有 ESD 防护器件的 I/O 端口施加交直流信号，观察泄漏电流增加的大小。如对于直流信号可以从 0V 仿真到略超过 V_{DD} 的电压值，观察其漏电流的大小（如图 7.31 所示，有一定的漏电流）；对交流信号，漏电流往往会比直流下的漏电流更大一些（如图 7.32 所示），这主要是由于增加的寄生电容效应引起的。

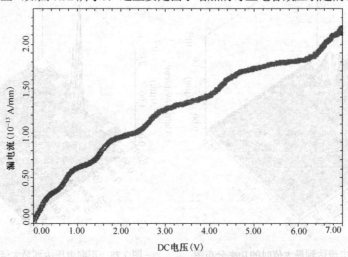

图 7.31　ESD 防护器件的直流漏电流

第 7 章 TCAD 工具仿真流程及在 ESD 防护器件性能评估方面的应用

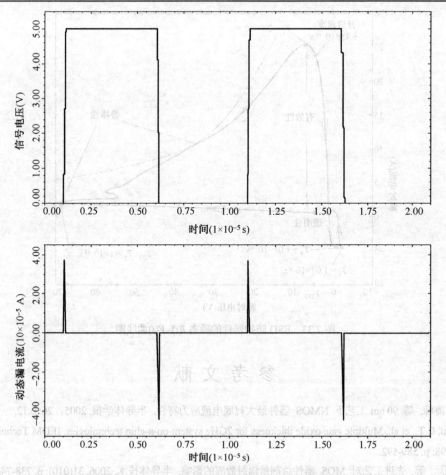

图 7.32 ESD 防护器件在 100 kHz 信号下的漏电流

7.5.6 ESD 总体评估

如图 7.33 所示是用 TCAD 软件对 ESD 防护器件进行全过程瞬态仿真的 $I(t)$–$V(t)$ 轨迹图。通过这个图可以对一个 ESD 防护器件的有效性、敏捷性、鲁棒性和透明性进行综合评价：T_1 时的电流值反映了这个 ESD 防护器件的有效程度；$T_{recover}$ 的大小反映了这个 ESD 防护器件完成保护过程的速度；图中双曲虚线表示了 ESD 防护器件中的某个功率值 P_0（$I \times V =$ 常数 P_0），这条曲线与 ESD 防护轨迹的切点代表该 ESD 器件所能承受的最大功率，这条曲线离坐标原点的距离反映了这个 ESD 防护器件的鲁棒性；在 ESD 现象中防护器件第一次达到芯片工作电压 V_{DD} 时刻的电流值（漏电流）反映了该 ESD 防护器件的直流透明性。理想的 ESD 防护器件的瞬态 I–V 特性图应该靠近纵坐标轴（电压低，因而功率低）。

TCAD 仿真的工具比较多，但是这些工具的基本原理都是一样的，都是基于半导体器件物理方程的求解。TCAD 仿真的流程比较多，既有工艺级仿真，又有器件级仿真。TCAD 仿真的收敛性问题比较多，这时可以尝试减小相邻迭代点的步长，优化器件结构的网格，还可以用电流扫描取代电压扫描，或用瞬态仿真取代静态仿真等（收敛性问题将在下一章讨论）。

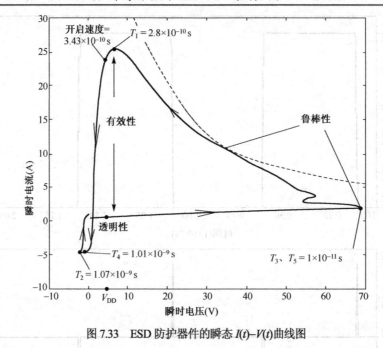

图 7.33 ESD 防护器件的瞬态 $I(t)-V(t)$ 曲线图

参 考 文 献

1. 陈海峰, 等. 90 nm 工艺下 NMOS 器件最大衬底电流应力特性. 半导体学报, 2005, 26: p.12.
2. Liu, C.T., et al., Multiple gate oxide thickness for 2GHz system-on-a-chip technologies. IEDM Technical Digest, 1998: p. 589-592.
3. 刘远, 等. 先进工艺对 MOS 器件总剂量辐射效应的影响. 半导体技术, 2006, 31(010): p. 738-742.
4. Mergens, M.P.J., et al., Speed optimized diode-triggered SCR (DTSCR) for RF ESD protection of ultra-sensitive IC nodes in advanced technologies. IEEE Transactions on Device and Materials Reliability, 2005, 5(3): p. 532-542.
5. Hyvonen, S., S. Joshi, and E. Rosenbaum, Combined TLP/RF testing system for detection of ESD failures in RF circuits. IEEE Transactions on Electronics Packaging Manufacturing, 2005, 28(3): p. 224-230.
6. Chen, T.Y. and M.D. Ker, Analysis on the dependence of layout parameters on ESD robustness of CMOS devices for manufacturing in deep-submicron CMOS process. IEEE Transactions on Semiconductor Manufacturing, 2003, 16(3): p. 486-500.
7. Ming-Dou, K., P. Jeng-Jie, and J. Hsin-Chin, ESD test methods on integrated circuits: an overview. in Electronics, Circuits and Systems, 2001. ICECS 2001. The 8th IEEE International Conference on. 2001.
8. JEDEC, JESD22-A114F Electrostatic Discharge (ESD) Sensitivity Testing Human Body Model (HBM). 2008, Arlington: JEDEC Solid State Technology Association.
9. Gummel, H.K., A self-consistent iterative scheme for one-dimensional steady state transistor calculations. Electron Devices, IEEE Transactions on, 1964, 11(10): p. 455-465.
10. Loeb, H.W., R. Andrew, and W. Love, Application of 2-dimensional solutions of the Shockley-Poisson equation to inversion-layer most devices. Electronics Letters, 1968, 4: p. 352.
11. Schroeder, J.E. and R.S. Muller, IGFET Analysis through numerical solution of Poisson's equation. IEEE Transactions on Electron Devices, 1968, 15(12): p. 954-961.

12. Bludau, W., A. Onton, and W. Heinke, Temperature dependence of the band gap of silicon. Journal of Applied Physics, 1974, 45: p. 1846.
13. Slotboom, J.W. and H.C. de Graaff, Bandgap narrowing in silicon bipolar transistors. Electron Devices. IEEE Transactions on, 1977, 24(8): p. 1123-1125.
14. del Alamo, J., S. Swirhun, and R.M. Swanson. Simultaneous measurement of hole lifetime, hole mobility and bandgap narrowing in heavily doped n-type silicon. in Electron Devices Meeting, International. 1985.
15. Del Alamo, J., S. Swirhun, and R.M. Swanson, Measuring and modeling minority carrier transport in heavily doped silicon. SOL. ST. ELECTRON, 1985, 28(1): p. 47-54.
16. Swirhun, S.E., J.A. del Alamo, and R.M. Swanson, Measurement of hole mobility in heavily doped n-type silicon. Electron Device Letters, IEEE, 1986, 7(3): p. 168-171.
17. Masetti, G., M. Severi, and S. Solmi, Modeling of carrier mobility against carrier concentration in arsenic-, phosphorus-, and boron-doped silicon. Electron Devices, IEEE Transactions on, 1983, 30(7): p. 764-769.
18. Cuevas, A., et al., Surface recombination velocity of highly doped n-type silicon. Journal of Applied Physics, 1996, 80(6): p. 3370.
19. Van Overstraeten, R., Measurement of the ionization rates in diffused silicon pn junctions. Solid State Electronics, 1970, 13: p. 583-608.
20. Avant!, TSUPREM-4 user's manual 2001.
21. SILVACO, ATHENA user's manual. 2007.
22. ISE, DIOS user's manual. 2004.
23. ISE, MDRAW user's manual. 2004.
24. Avant!, MEDICI user's manual. 2001.
25. SILVACO, ATLAS user's manual. 2007.
26. ISE, DESSIS user's manual. 2004.
27. ISE, INSPECT user's manual. 2004.
28. ISE, TECPLOT user's manual. 2004.
29. SILVACO, TonyPlot user's munual. 2007.
30. A. AMERASEKERA, et al., Characterization and modeling of second breakdown in NMOST's for the extraction of ESD-related process and design parameters Electron Devices. IEEE Transactions on, 1991, 38 (9): 2161-2168.

第 8 章 ESD 防护器件关键参数的仿真

8.1 ESD 仿真中的物理模型选择

ESD 现象涉及的物理机制十分复杂，在一个具有回滞特性的 ESD 防护器件中（如 ggNMOS、SCR 等），其工作过程包括雪崩击穿、维持和热击穿等。以横向 SCR（LSCR，如图 8.1 所示）为例，在雪崩击穿的时候，空间电荷区内（图 8.1 中圆圈处位置）的电场强度可以达到 $5×10^5$ V/cm，如图 8.2 所示，有时甚至可以达到 10^6 量级。雪崩后开始有大注入载流子导致电阻减小，从而产生回滞，之后进入维持区，电流开始迅速增加，同时 PN 结附近的温度开始迅速增大（如图 8.3 所示），直至热击穿。热击穿时的温度为硅的熔点（1687 K）。

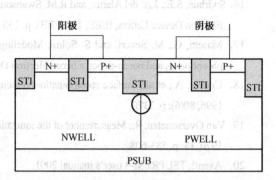

图 8.1 LSCR 剖面图

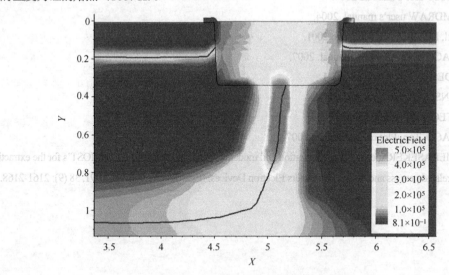

图 8.2 LSCR 雪崩击穿时的局部大电场

要描述这么一个涉及大电场、高温的物理过程，同时还要考虑器件本身部分区域的重掺杂特性，仿真中必须涉及以下的物理模型。

（1）费米统计模型。因为器件的 N+、P+区域的掺杂浓度在 10^{20} cm^{-3} 量级，默认的玻耳兹曼统计模型已经不再适用，所以要增加费米统计模型。

（2）禁带变窄效应模型及费米修正。同样由于器件的 N+、P+区域的掺杂浓度很高，必须考虑能带变窄效应。同时由于 DESSIS 中的能带变窄模型是基于玻耳兹曼模型拟合而得到的，因此必须考虑用费米统计后的模型进行修正。

第 8 章 ESD 防护器件关键参数的仿真

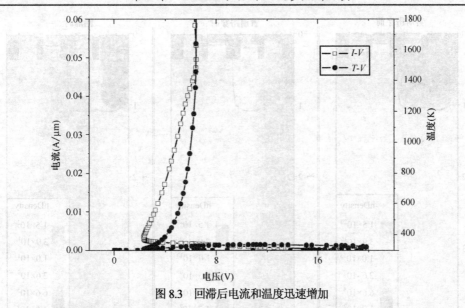

图 8.3 回滞后电流和温度迅速增加

（3）电离杂质散射导致的迁移率退化模型。图 8.1 中 LSCR 结构的 NWELL 和 PWELL 的掺杂浓度为 10^{17} cm^{-3} 量级，N+、P+的掺杂浓度为 10^{20} cm^{-3} 量级，电离杂质散射导致迁移率退化的效应十分明显，因此该模型必须考虑在内。

（4）载流子间散射导致的迁移率退化模型。雪崩击穿发生后，开始有非平衡载流子的注入（刚发生雪崩击穿时只有小注入），当曲线发生回滞时，载流子的注入量已经很大。如图 8.4 和 8.5 所示分别表示雪崩击穿发生前、雪崩击穿发生时、回滞现象发生时的电子浓度和空穴浓度，从中可以清楚地看到刚发生雪崩击穿时的小注入和回滞以后的大注入。如图 8.6 所示为三种状况下的电子浓度和空穴浓度的对比，可以看到回滞以后的电子和空穴浓度由于大注入效应都已经超过 $4×10^{18}$ cm^{-3}，此时载流子间散射所贡献的迁移率部分已经很小，迁移率退化效应很明显。

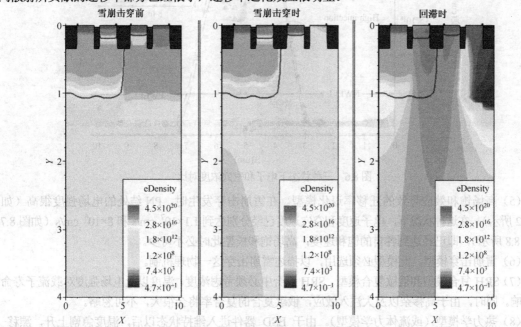

图 8.4 三种状态下的电子浓度

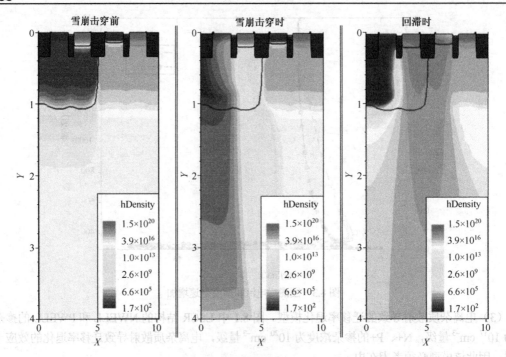

图 8.5　三种状态下的空穴浓度

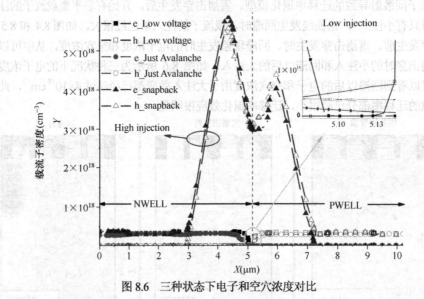

图 8.6　三种状态下电子和空穴浓度对比

（5）高场饱和效应导致的迁移率退化模型。在雪崩击穿发生时，PN 结处的电场强度很高（如图 8.2 所示），在这种状况下，电子速度和空穴速度已经分别达到 1.1×10^7 cm/s 和 8×10^6 cm/s（如图 8.7 和图 8.8 所示），即已经达到各自的饱和速度，高场饱和模型此时必不可少。

（6）雪崩击穿模型。此模型必须选用，以描述雪崩击穿这一物理机制。

（7）SRH 复合模型和俄歇复合模型。SRH 复合中必须考虑浓度、温度以及电场强度对载流子寿命的影响。同时，由于高掺杂以及大注入效应，俄歇复合的复合率将会很大，不可忽略。

（8）热力学模型（或流体力学模型）。由于 ESD 器件进入维持状态以后，温度急剧上升，漂移-扩散模型不能适应这种非等温仿真，必须采用热力学模型或流体力学模型。

第 8 章 ESD 防护器件关键参数的仿真

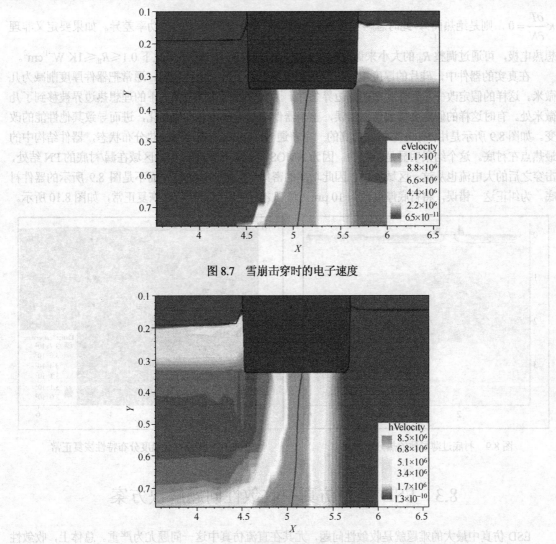

图 8.7 雪崩击穿时的电子速度

图 8.8 雪崩击穿时的空穴速度

(9) AnalyticTEP 模型。使用这一模型描述热力学模型中的绝对电热功率参量 P_n 和 P_p，与热力学模型联用。

8.2 热边界条件的设定

在 ESD 防护器件的仿真中，由于涉及非等温仿真，所以必须定义热边界条件。器件的表面区域被认为是热绝缘区域，器件底部及其两侧被认为是导热区域，环境温度默认为 300 K。器件表面可以通过设定热电极，将表面某些区域定义为导热区域。热电极的边界条件通过以下公式定义

$$\kappa \frac{\partial T}{\partial N} = h(T_{\text{ext}} - T) \tag{8.1}$$

式中，h 表示表面热电导，$h = 1/R_{\text{th}}$，R_{th} 表示热电阻，可以在 CONTACT 语句段的每个热电极后定义其值，从而确定每个热电极的热边界条件。默认情况下，R_{th} 值为 0，此时 $h = \infty$，导热能力无穷大（如果

$\kappa \frac{\partial T}{\partial N} = 0$,则是绝热面),此时忽略了金属和半导体在欧姆接触区域的热功率差异。如果要定义非理想热电极,可通过调整 R_{th} 的大小来调整特定热电极的导热能力,通常情况下 $0.1 \leqslant R_{th} \leqslant 1K\ W^{-1} cm^2$。

在真实的器件中,硅片的厚度很大,但是在仿真中为了节省仿真时间,通常把器件厚度削减为几微米。这样的假定改变了器件底部的热边界条件,原本应该在几百微米之下的理想热边界被移到了几微米处。有时这样的假定会导致仿真错误,整个器件中的热分布会产生变化,进而导致其他性能的改变。如图 8.9 所示是用 4 μm 厚衬底仿真的一个普通 NMOS 雪崩击穿后的热分布状态,器件结构中的最热点在衬底。这个结果明显是不对的,因为 NMOS 雪崩击穿时的大电场区域在漏/衬底的 PN 结处,击穿之后的大电流也从这一区域流过,因此功率的密集点一定在该区域,而不是图 8.9 所示的器件衬底。为纠正这一错误,将衬底厚度改为 10 μm,仿真之后的温度分布特性恢复正常,如图 8.10 所示。

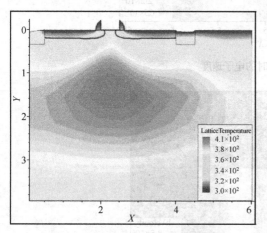 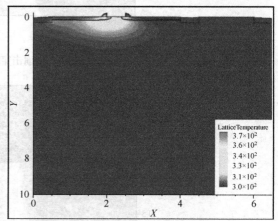

图 8.9　衬底过薄导致的热分布错误　　　　图 8.10　加厚衬底温度分布特性恢复正常

8.3　ESD 器件仿真中收敛性问题解决方案

ESD 仿真中最大的难题就是收敛性问题,尤其在直流仿真中这一问题尤为严重。总体上,收敛性问题可以归结为以下几类。

(1) 迭代次数不够。在这种情况下,虽然程序返回的错误也是不收敛,但并不算真正意义上的不收敛,只是自己设置的判别不收敛的条件太苛刻罢了。只要允许程序继续往下算,是可以得到最终结果的。遇到不收敛的问题,首先要查看输出文件中的整个迭代过程(*_des.out 或在 DESSIS 界面下右键单击 ViewOutput),检查一下是否为该原因导致的不收敛。一般情况下,这种假性的不收敛在迭代过程中有以下特征之一(情况②更常见):

① 误差项有逐渐减小的趋势或呈阻尼振荡状,但是在小于 1 之前,却因为达到迭代次数上限而结束;
② 迭代失败的次数很少,但是仿真步长很快就达到了最小值,仿真结束。

如图 8.11 所示是器件仿真时数学解法的流程,从图中可以看出 Notdamped、Iteration 参量设置过小(情况①)或 ministep 参量设置过大(情况②)都有可能引起非正常程序中断。Notdamped、Iteration 参量的默认值为 20 和 50,它们在通常情况下已经够用;但是 ministep 如果采用默认数值,经常就会显得过大,从而遇到②的问题。一般情况在 ESD 的仿真中,ministep 的数值至少比 initialstep 少 3 个数量级(在 ESD 器件的雪崩击穿区域,电流增长十分迅速,从低压区进入雪崩区时可能需要很多次迭代才会成功)。

*Iteration:最大牛顿迭代次数
*Notdamped:在每次牛顿迭代中,允许误差项增大的迭代次数
*initialstep:初始步长值
*iministep:最小步长值

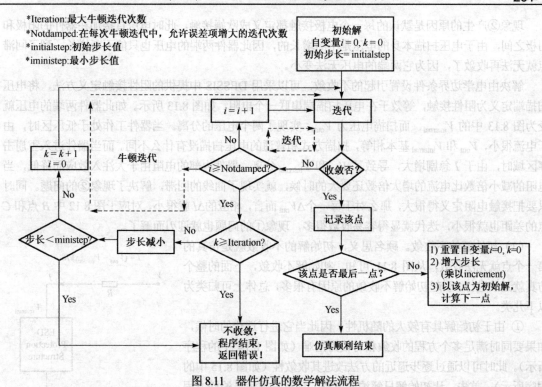

图 8.11 器件仿真的数学解法流程

(2) 电学边界条件设置不好引起的不收敛。这种情况一般发生在雪崩击穿电压的附近,也分两种情况(如图 8.12 所示):

① 无法完成从低压区到雪崩击穿区的转变;
② 已经看到电流的急剧增长,但是无法完成曲线的回滞。

现象①产生的原因是在击穿点附近,电流变化太迅速,基于原来的初始解 A,通过一个仿真步长,电压变化 ΔV,此时假定下一点处于 B 点,而假定点 B 和真实点 C 之间的电流变化量 ΔI 太大,程序无法通过迭代获得正确点,因此始终无法收敛。

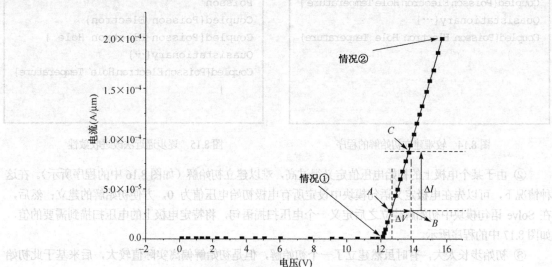

图 8.12 两种由电学边界条件设置引起的不收敛现象

现象②产生的原因是默认的每一个电极接触都定义成欧姆接触,此时电压直接加在器件的阳极和阴极之间,由于电压扫描本身的电压是不断增长的,因此器件两端的电压也只能不断增长,到了回滞点就无法再收敛了,因为它两端的电压无法变小。

解决由电学边界条件设置引起的不收敛,可以采用 DESSIS 中提供的阻性接触定义方法,将电压扫描端定义为阻性接触,等效于在电压扫描端串联一个电阻,如图 8.13 所示。如此器件两端的电压就变为图 8.13 中的 $V_{internal}$,而扫描电压为 V_{out},实现了两个电压的分离。当器件工作处于低压区时,由于电流很小,V_{out} 和 $V_{internal}$ 基本相等,扫描方式和普通的电压扫描没有什么不同。而当器件进入雪崩击穿区域时,由于 I 急剧增大,导致了 V_{out} 和 $V_{internal}$ 分离,器件内部的电阻由于大注入效应而降低,当电阻的减小倍数比电流的增大倍数还要大的时候,就实现了曲线的回滞,解决了现象②的问题。同时只要把接触电阻定义得很大,那么对于每一个 ΔV_{out} 而言,相应的 ΔI 就很小,对应于图 8.12 中 B 点和 C 点的差距也就很小,迭代就显得容易收敛得多,现象①的问题也就迎刃而解了。

(3) 初始解的不收敛。顾名思义,初始解的不收敛就是仿真的第一个点就无法收敛,从图 8.11 可知,初始解不收敛,下面的整个仿真就无法进行。引起初始解不收敛的原因有很多,总体上可归类为以下几类。

① 由于初始解具有较大的随机性,因此当它进行迭代的时候,如果要同时满足多个方程的收敛相对较为困难(如图 8.14 中的程序所示)。此时可以通过逐步逼近的方法改进其收敛性(如图 8.15 中的程序所示):首先,让初始解只解泊松方程,这时只须满足泊松方程的收敛性即可,在泊松方程收敛的基础上得到一个比原来更逼近真实值的初始解;然后,再添加电子连续性方程,在第一步得到初始解的

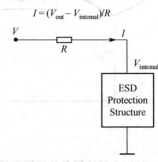

图 8.13 阻性接触的等效电路图

基础上,同时解泊松方程和电子连续性方程,由于此时的初始解比原来的更加贴近真实值,因而收敛性也会比较好,收敛之后又得到一个进一步逼近真实值的初始解;同理,再添加空穴连续性方程,最后再添加温度分布方程,初始解一步步逼近真实值,从而改善了收敛性。

```
Solve{
Coupled{Poisson Electron Hole Temperature}
Quasistationary{…}
Coupled{Poisson Electron Hole Temperature}
    }
```

图 8.14 较难建立初始解的程序

```
Solve{
Poisson
Coupled{Poisson Electron}
Coupled{Poisson Electron Hole}
Quasistationary{…}
Coupled{Poisson Electron Hole Temperature}
    }
```

图 8.15 逐步逼近法改进收敛性

② 由于某个电极上的初始电压值定义得过高,难以建立初始解(如图 8.16 中的程序所示)。在这种情况下,可以先在电极定义语句模块中设定所有电极初始电压值为 0,方便初始解的建立;然后,在 Solve 语句模块中初始解建立之后定义一个电压扫描语句,将特定电极上的电压扫描到需要的值,如图 8.17 中的程序所示。

③ 初始步长太大,有时虽然建立了一个初始解,但是初始解偏离实际值较大,后来基于此初始解的仿真就会逐渐走向不收敛。此时减小初始步长能提高收敛性。

```
Electrode{
Name="Drain", Voltage=0.0
Name="Source", Voltage=0.0
Name="Gate", Voltage=5.0
Name="sub", Voltage=0.0
}
...
Solve{
...
}
```

图 8.16 初始电压值定义过高引发的不收敛

```
Electrode{
Name="Drain", Voltage=0.0
Name="Source", Voltage=0.0
Name="Gate", Voltage=0.0
Name="sub", Voltage=0.0
}
...
Solve{
...
Goal{name="Gate",
Voltage=5.0}
}
```

图 8.17 提高收敛性的改进方案

（4）工艺仿真中网格设置得不好，会导致工艺仿真结果中边界变形，有时会形成一个十分尖锐的角（如图 8.18 所示），这会导致在器件仿真中无法收敛。在这种情况下，整个器件结构只能"回炉重造"了，通过优化网格设置，得到一个良好的剖面结构（如图 8.19 所示）。

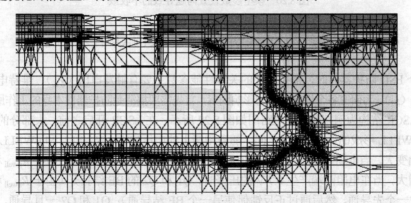

图 8.18 粗糙的网格设置导致的 PN 结边界尖角

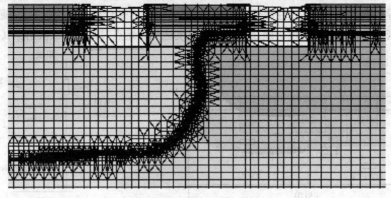

图 8.19 良好的剖面结构

（5）模型参数的设置问题引起的不收敛。在这种情况下，曲线通常在回滞之后引发不收敛，如图 8.20 所示。这种问题主要发生在雪崩击穿的 vanOverstraeten-deMan 模型中。该模型在高场和低场情况下采用的是两组不同的模型参数，这会导致低场和高场分界处（模型参数设置中 E_0 的设置值）电离系数的变化。当然，该模型的提出者也考虑过这个问题，从图中并没有看到在常温下的电离系数在 E_0 处发生明显的突变，因为两组模型参数在 300 K 时计算的电离系数相差很小，即使随着温度的升高，两者的偏差也不会很大。但是有时需要自己修改参数模型，如果参数的设置使得高、低场下电离系数的连续性变得很差，就有可能会发生这种收敛性问题。因此这一模型的系数修正需要谨慎而行，高、低场下的模型参数最好保持同步变化。

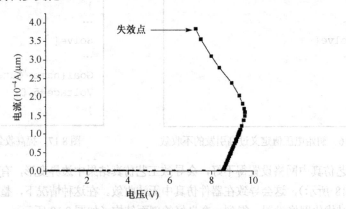

图 8.20 模型参数设置问题导致的不收敛

8.4 模型参数对关键性能参数仿真结果的影响

设计一个 ESD 防护器件时，需要关注的关键性能参数主要有触发电压（V_{t1}）、维持电压（V_h）和二次击穿电流（I_{t2}）。为研究各个性能参数的影响因素，首先需要搞清楚防护器件本身的工作原理。以如图 8.21 所示的 LSCR 结构为例，其等效电路图如图 8.22 所示。在 LSCR 开启之前，大部分的电压都加在 NWELL 和 PWELL 形成的反向 PN 结之间。随着阳极上的电压加大，NWELL 和 PWELL 空间电荷区内的电场开始变大，当电场强度增强到一定值后，PN 结内发生雪崩击穿。此时流经 R_{nwell} 和 R_{pwell} 的电流开始迅速增大，当在电阻两端产生 0.7 V 的压降时，Q1 和 Q2 的 BE 结打开（由于 R_{nwell} 和 R_{pwell} 的差异，可能其中一个先导通，然后通过正反馈促使另一个 BE 结导通）；Q1 和 Q2 一旦导通，大注入效应会使导通电阻急剧减小从而产生回滞。当电压回到最小值以后，电流以一个很大的斜率（取决于大注入调制后的电导）随电压基本呈线性增长（受到温度的影响，后来会有一定的弯曲）。随着电流和电压的增大，功率密度急剧增加，温度也随之上升，当温度达到硅熔点时，发生二次击穿（热击穿）。

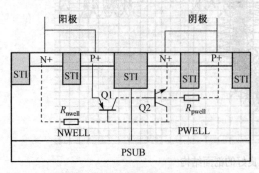

图 8.21 LSCR 剖面图及寄生元件

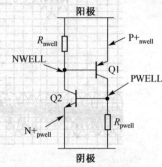

图 8.22 LSCR 等效电路图

从上述分析可知，对 ESD 防护结构的触发电压影响最大的是 PN 结的反向雪崩击穿电压。所谓雪崩击穿电压，就是在该电压下，载流子生成率开始急剧增大。决定载流子生成率的是电子和空穴的电离系数。以 vanOverstraeten-deMan 模型为例，减小 b 的值或增大 a 的值都能增大电离系数，因而能够减小雪崩击穿电压。

如图 8.23 所示为针对电子和空穴分别取不同 a 和 b 值时 LSCR 触发电压的变化。从图可以看出，不论是电子还是空穴，只要其 b 参数减小或其 a 参数增大，LSCR 的触发电压都会降低；反之，则 LSCR 的触发电压会升高。为避免上一节中所讲述的由模型参数设置不正确引起的不收敛现象，在做模型参数修正时，b 参数在高场和低场下的值最好等量减小或增大，a 参数值最好等倍数变化。

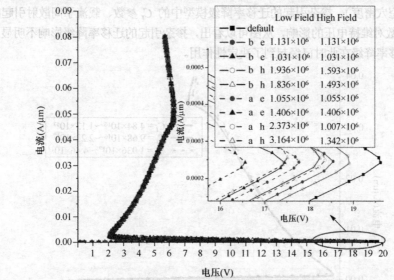

图 8.23 vanOverstraeten-deMan 模型中不同参数设置对触发电压的影响

维持电压是大注入后电压所能够回滞到的最小值，这与两个因素有关。

(1) 寄生管 Q1 和 Q2 的 β 值：两个寄生晶体管的 β 值越大，维持电压就越小；β 值越小，维持电压就越大。影响 Q1 和 Q2 的 β 值的主要因素是它们的基区少子寿命，在 DESSIS 中描述少子寿命的物理模型参量是 SRH 复合模型中的 τ 参量。回滞刚发生时的温度不是很高，还在 300 K 附近，此时温度对少子寿命的影响不大；同时，由于电压回滞以后，电压变得很低，相应电场也降低了，此时电场对少子寿命的影响也不大，因此在这一时刻少子寿命的主要影响因素是掺杂浓度。如图 8.24 所示为不同载流子寿命下 LSCR 的回滞曲线，从图可以看出，载流子寿命越小，维持电压就越高；反之，则维持电压越低。

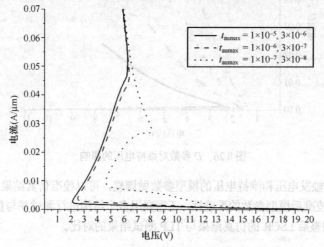

图 8.24 τ 参量对维持电压的影响

（2）电流主路径上（从 NWELL 里的 P+ 到 PWELL 里的 N+）的阻值大小。阻值越大，维持电压就越大；阻值越小，维持电压就越小。影响电阻值大小的主要因素是迁移率。在 SCR 产生回滞以后，影响迁移率的因素有两个：一是掺杂引起的迁移率降级，二是载流子间散射引起的迁移率降级。同样地，这时由于温度不是很高，电场强度又由于电压的回滞而降低，此时温度和电场引起的迁移率降级不是很明显。掺杂引起的迁移率降级贯穿整个工作过程，载流子间散射引起的迁移率降级主要在电压回滞以后大注入效应比较明显时才发生作用。如图 8.25 和图 8.26 所示分别是很高注入情况下（20 次方量级的电子及空穴密度），掺杂引起的迁移率降级模型中的 C_r 参数、载流子间散射引起的迁移率降级模型中的 D 参数对维持电压的影响，从图可以看出，掺杂引起的迁移率降级影响不明显，而载流子间散射引起的迁移率降级在此时已经起到了决定性作用。

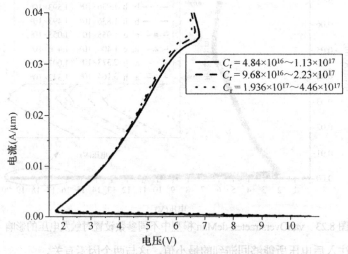

图 8.25 C_r 参数对维持电压的影响

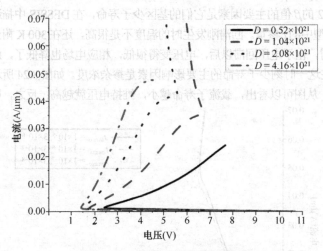

图 8.26 D 参数对维持电压的影响

通过对上述影响触发电压和维持电压的模型参数做调整，可以校准仿真结果，使之与测试结果相吻合（当然，要确保校准后模型参数的准确性，还需要用多个结构进行测试并与仿真结果做校准）。如图 8.27 所示为参数调整后 LSCR 的仿真结果与 TLP 测试结果的对比。

第 8 章 ESD 防护器件关键参数的仿真

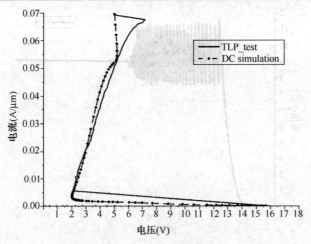

图 8.27 模型参数调整后 LSCR 仿真结果与 TLP 测试结果的对比

8.5 二次击穿电流的仿真

8.5.1 现有方法的局限性

二次击穿电流主要与维持电压、导通电阻及热传输模型的选择有关。然而，从图 8.27 中可以看出，虽然维持电压和导通电阻已经与测试值非常接近，但是直流仿真得到的二次击穿电流 I_{t2} 仍然与测试结果相去甚远。

其实，这是由于直流仿真本身的局限所致。直流仿真本身是基于热平衡态的，在每一个直流偏压之下，当结构中的每一点流入的热流量与流出的热流量相等之后，该点的温度才会被记录下来。然而，实际上 ESD 信号是一个很快的信号，一个 TLP 测试脉冲的信号上升沿只有 10 ns，脉冲宽度只有 100 ns，在如此短的时间内，器件结构中根本来不及建立热平衡态。因此，直流仿真所得到的温度值与实际温度有一定的差距，导致最终得到的二次击穿电流与实际测试值相差较大。因此，二次击穿电流的仿真只能基于瞬态仿真。瞬态仿真就是通过对时间进行扫描，观察不同时间下的电压及电流响应，主要有脉冲定义的仿真方式以及混合仿真的方式。脉冲定义的仿真方式在 ESD 中的应用主要是模拟 TLP 波形，这会在下节介绍；混合仿真的方式在 ESD 中的应用主要是模拟 HBM、MM 和 CDM 模式下的 ESD 放电，这在文献[3~7]中有介绍，此处不再予以详述。

针对此点，文献[8]将瞬态仿真得到的 V–t 曲线中电压的二次回滞作为二次击穿的标准。然而，在 SCR 的瞬态仿真中，V–t 曲线本身通常会出现两次回滞现象（如图 8.28 所示），有时还有可能出现振荡现象（如图 8.29 所示），如此就很难判断真正的二次击穿究竟发生在何处了。

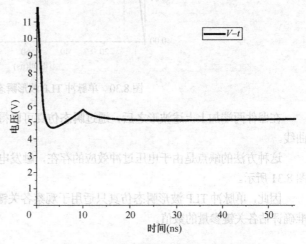

图 8.28 瞬态仿真中出现两次回滞现象

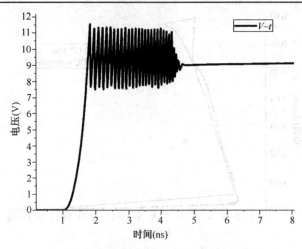

图 8.29 瞬态仿真中低电压下的振荡

8.5.2 单脉冲 TLP 波形瞬态仿真方法介绍

为解决上节中二次击穿电流仿真方法的局限性，本节提出一种完全模拟现实 TLP 测试过程的仿真方法，这种方法基于现在广泛使用的单脉冲 TLP 波形瞬态仿真，并做出了一定的改进。

为方便说明，先对现有的单脉冲 TLP 波形瞬态仿真进行介绍。现有的单脉冲 TLP 波形瞬态仿真在待仿真器件两端加一个上升沿为 10 ns、持续时间为 100 ns 的 TLP 电流脉冲，如图 8.30 所示。

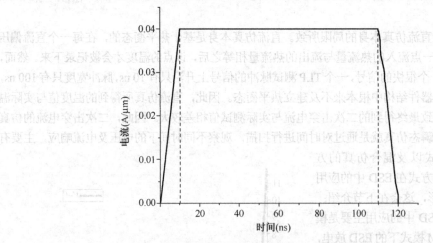

图 8.30 单脉冲 TLP 波形瞬态仿真电流波形

在器件两端加上上述波形之后，通过瞬态仿真可以得到电压响应，然后将电压和电流绘制成相关曲线。

这种方法的缺点是由于电压过冲效应的存在，触发电压和维持电压与实际值存在不小的差异，如图 8.31 所示。

因此，单脉冲 TLP 波形瞬态仿真只适用于观察各关键参量在不同情况下的变化趋势，而不能用于准确评估各关键参量的数值。

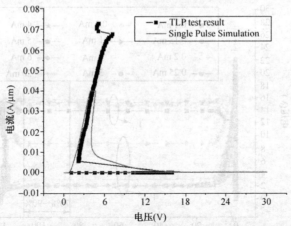

图 8.31 单脉冲 TLP 波形瞬态仿真结果与 TLP 实测结果的对比

8.5.3 多脉冲 TLP 波形仿真介绍

为解决直流仿真无法准确评估二次击穿电流的弊端,以及单脉冲 TLP 波形瞬态仿真受电压过冲效应的影响而无法准确评估各参量的弊端,现提出改进后的完全模拟现实 TLP 测试过程的仿真方式。首先验证其对触发电压和维持电压的仿真是否与测试结果相吻合,其步骤如下。

(1) 在待仿真器件(如图 8.32 所示)两端加一系列具有递增幅值的电流脉冲,每个电流脉冲的上升沿时间为 10 ns,持续时间为 100 ns,如图 8.33 所示(SCR 触发时电流大约在 10^{-4} 量级,SCR 回滞到电压最低点的时候,其电流大约在 10^{-3} 量级,因此在仿真触发电压和维持电压时分别施加 10^{-4} A/μm 量级的电流和 10^{-3} A/μm 量级的电流)。每个电流脉冲下分别通过瞬态仿真得到一系列的电压响应,如图 8.34 所示。

(2) 分别截取每个电流脉冲及其电压响应 70%~90%部分的平均值,将取得的每一对电压和电流平均值作为 I–V 曲线上的一点,分别如图 8.33 和图 8.34 所示。

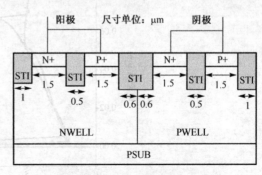

图 8.32 待仿真器件结构及尺寸

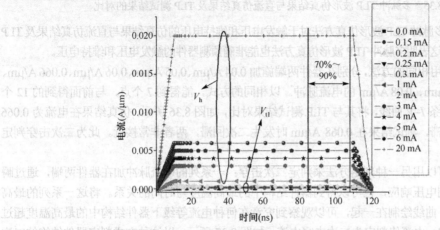

图 8.33 加到待仿真器件两端的电流脉冲,截取每个电流脉冲 70%~90% 部分的平均值作为曲线上一点的电流值

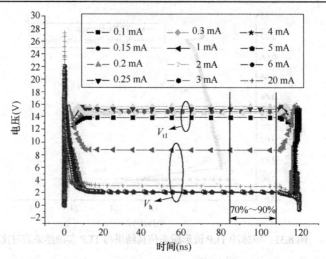

图8.34 通过瞬态仿真得到一系列的电压响应,截取每个电压响应70%~90%部分的平均值作为曲线上一点的电压值

(3) 将取得的一系列点用平滑曲线相连,得到 I–V 曲线,将其与TLP测试结果及直流仿真结果放在一起,如图8.35所示。

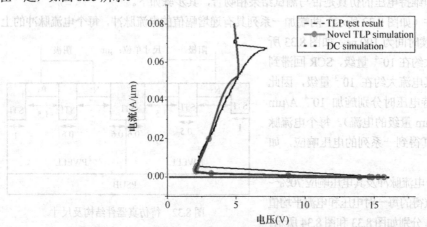

图8.35 多脉冲TLP波形仿真结果与直流仿真结果及TLP测试结果的对比

从图可以看出,多脉冲TLP波形仿真方法对于触发电压和维持电压的仿真结果与直流仿真结果及TLP测试结果都很吻合,这表明多脉冲TLP波形仿真方法也能准确预测器件的触发电压和维持电压。

在此基础上,利用相同的方法,分别在器件两端施加0.04 A/μm、0.05 A/μm、0.06 A/μm、0.066 A/μm、0.068 A/μm、0.07 A/μm、0.08 A/μm 的电流脉冲。以相同的方式,能得到7个点,与前面得到的12个点一起,可以绘出整条 I–V 曲线,将其与TLP测试结果对比,如图8.36所示,仿真结果在电流为0.066 A/μm 时发生二次回滞,测试结果在0.068 A/μm 时发生二次回滞,两者非常接近。此为二次击穿判定方法之一。

除此之外,也可以用另一种判定方法来判定二次击穿:一系列的电流脉冲加在器件两端,通过瞬态仿真不仅可以得到电压响应,也可以得到器件结构中的最高温度与时间的关系。将这一系列的最高温度-时间 (T_{max}-t) 曲线绘制在一起,可以观察到究竟在何种电流等级下器件结构中的最高温度超过了硅的熔点,并将这一电流值判定为二次击穿电流。如图8.37所示,以这种方式判定器件结构的二次击穿电流为0.064 A/μm,与测试结果的0.068 A/μm 的误差仅有5.9%。

第8章 ESD防护器件关键参数的仿真

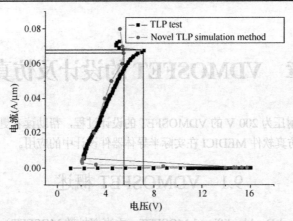

图8.36 多脉冲TLP波形仿真结果与TLP测试结果的比较

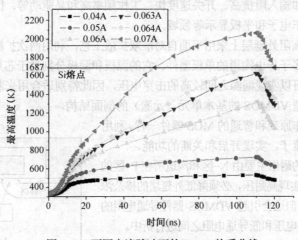

图8.37 不同电流脉冲下的 T_{max}-t 关系曲线

参考文献

1. Axelrad, V., et al., Investigations of Salicided and Salicide-Blocked MOSFETs for ESD Including ESD Simulation. Simulation of semiconductor processes and devices, 2001: SISPAD 01, 2001: p. 300.
2. Voldman, S.H., The state of the art of electrostatic discharge protection: physics, technology, circuits, design, simulation, and scaling. IEEE Journal of Solid-State Circuits, 1999, 34(9): p. 1272-1282.
3. Cui, Q., et al. Robustness evaluation of ESD protection devices in NEMS using a novel TCAD methodology. 2008.
4. Axelrad, V. and A. Shibkov. Mixed-mode circuit-device simulation of ESD protection circuits with feedback triggering. 2004.
5. Feng, H., A mixed-mode simulation-design methodology for on-chip ESD protection design. 2001, Illinois Institute of Technology.
6. Feng, H., et al. Mixed-mode ESD protection circuit simulation-design methodology. 2003.
7. Vashchenko, V., et al., LVTSCR structures for latch-up free ESD protection of BiCMOS RF circuits. Microelectronics Reliability, 2003, 43(1): p. 61-69.
8. Esmark, K., H. Gossner, and W. Stadler, Advanced simulation methods for ESD protection development. 2003: Elsevier Science Ltd.

第 9 章 VDMOSFET 的设计及仿真验证

本章通过介绍一款耐压为 200 V 的 VDMOSFET 的设计过程,帮助读者更深入地了解工艺仿真软件 TSUPREM-4 和器件仿真软件 MEDICI 在实际半导体器件设计中的应用。

9.1 VDMOSFET 概述

VDMOSFET(Vertical Double-diffused MOSFET,垂直双扩散 MOSFET)与双极型功率晶体管相比具有许多优良性能,如输入阻抗高、开关速度快、工作频率高和易驱动等,因此被广泛地应用于节能照明、开关电源、汽车电子和平板显示等领域。

VDMOS 器件是在高阻外延层上采用平面自对准双扩散工艺,利用两次扩散的横向结深差,在水平方向形成 MOS 结构多子导电沟道的单极器件。它的源极和漏极分别位于芯片的上下两面,形成垂直电流通道,这种结构可以实现漏源之间较高的击穿电压,因此特别适合用来制作高压 MOS 器件。如图 9.1 所示为一个 N 型 VDMOS 的基本单元(元胞)的剖面结构。

VDMOS 器件的工作原理和普通的 MOS 器件一样,利用电场控制表面沟道和载流子,实现开启和关断的功能。

由于 VDMOS 器件的耐压主要由 N–区和沟道所在 P–区的反偏 PN 结所承载,为了实现高耐压,必须降低外延层的掺杂浓度或增大外延层的厚度,但这会引起 VDMOS 器件导通电阻的增加,因而需要在高击穿电压和低导通电阻之间进行折中。

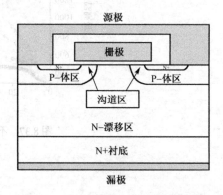

图 9.1 VDMOS 基本单元的剖面结构

为了得到一定的电流能力,一个 VDMOS 管芯往往由很多元胞组成,元胞的形状可以是四边形、六边形、条形等。由于边缘元胞处存在的曲率效应会使击穿电压降低,所以还需要有终端结构(称为分压环或降压环)。因此,VDMOS 的设计主要包括元胞的设计和边缘终端结构的设计。目前,很多产品为了增强抗 ESD(Electro-Static Discharge,静电放电)能力,专门设计了 ESD 防护结构。

VDMOS 的电学参数主要包括静态参数和动态参数,以及 ESD 方面的指标等。静态参数包括导通电阻、阈值电压和漏源击穿电压等;动态参数主要包括器件导通时的延迟时间和上升时间、器件关断时的延迟时间和下降时间等。

本例设计的 200 V/40 A VDMOSFET 的主要技术指标如表 9.1 所示。

表 9.1 200 V/40 A VDMOSFET 的主要技术指标

	符号	参数	测试条件	最小值	典型值	最大值	单位
on/off states	BV_{ds}	Drain-source breakdown voltage	$I_D = 1$ mA, $V_{GS} = 0$	200			V
	$V_{GS(th)}$	Gate threshold voltage	$V_{DS} = V_{GS}$, $I_D = 250$ μA	2	3	4	V
	$R_{DS(on)}$	Static drain-source on resistance	$V_{GS} = 10$ V, $I_D = 20$ A		0.038	0.045	Ω

第 9 章 VDMOSFET 的设计及仿真验证

(续表)

	符号	参 数	测试条件	最 小 值	典 型 值	最 大 值	单 位
Dynamic	$T_{\text{d-on}}$	Turn-on delay time	$V_{\text{DD}} = 100\text{ V}$ $I_{\text{D}} = 20\text{ A}$ $R_{\text{G}} = 9.4\ \Omega$ $V_{\text{GS}} = 10\text{ V}$		21		ns
	$T_{\text{d-off}}$	Turn-off delay time			72		ns
	T_{r}	Rise time			35		ns
	T_{f}	Fall time			44		ns
$V_{\text{ESD(G-S)}}$	HBM (人体模型)	Gate source ESD	HBM $C = 100\text{ pF}$, $R = 1.5\ \text{k}\Omega$		6000		V

下面分别就元胞设计、边缘终端结构设计和 ESD 防护结构设计这几部分进行描述，包括设计过程中软件的使用。

9.2 VDMOSFET 元胞设计

本节介绍元胞的设计过程：先利用工艺仿真软件 TSUPREM-4 进行工艺仿真，根据工艺流程、工艺参数获得器件；得到器件后，导入器件仿真软件 MEDICI 进行参数的仿真验证。整个流程就如同器件从实际制造到测试的整个过程一样。

9.2.1 结构参数及工艺参数

如图 9.2 所示为最基本的 VDMOS 元胞结构，它的结构参数主要包括外延层参杂浓度/厚度、P-Body 浓度/结深、源极 N+浓度/结深、多晶硅栅长度 W_{G} 和栅间距 D_{G} 等。横向尺寸参数（即实际版图参数）是在 TSUPREM-4 掩膜版文件（.tl1 文件）里设定的，而结深、浓度是通过工艺参数，如离子注入能量/剂量、退火时间等，在 TSUPREM-4 工艺文件里设定的。因此，设计时主要就是设计这些结构及工艺参数，以达到器件性能的最优化。

9.2.2 工艺流程

一般 VDMOS 的主要制造工艺流程如图 9.3 所示。

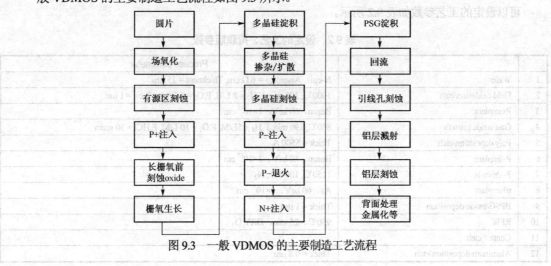

图 9.2 元胞结构剖面（1/2 个元胞）

图 9.3 一般 VDMOS 的主要制造工艺流程

各主要步骤形成的对应结构如图9.4所示。

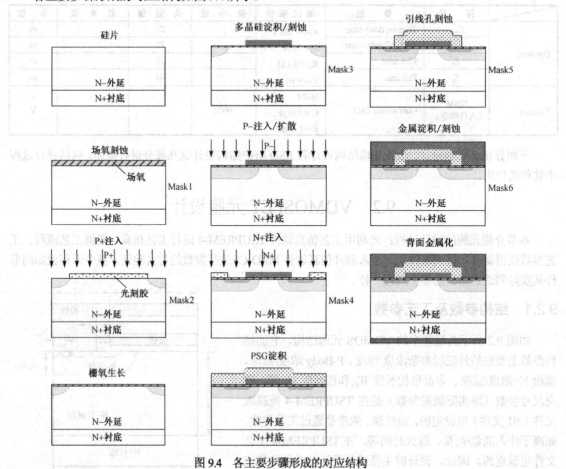

图 9.4 各主要步骤形成的对应结构

9.2.3 工艺仿真

1. 工艺及掩膜参数设定

可以设定的工艺参数如表9.2所示。

表 9.2 设定的工艺、掩膜版参数

		Process parameter
1	Wafer	N-epi：Arsenic,$\rho = 6\ \Omega \cdot cm$, Thickness = 15 μm
2	Field oxidation/etch	1000℃, 305 min, F.H_2 = 8 L/H, F.O_2 = 6 L/M；T-ox = 1 μm
3	P+implant	Boron、60 keV、1×10^{15} cm^{-2}
4	Gate oxide growth	850℃, 190 min, F.H_2 = 5L/M, F.O_2 = 10 L/M, F.HCl = 30 sccm
5	Poly deposition/etch	Thick = 6500 Å
6	P–implant	Boron、80 keV、3×10^{13} cm^{-2}
7	P–drive-in	1150℃, 100 min, N_2
8	n+implant	As、60 keV、1×10^{15} cm^{-2}
9	BPSG/oxide deposition	Thick = 1 μm
10	RFW	950℃、25 min、DRY O_2
11	Contact etch	
12	Aluminum deposition/etch	Thick = 0.8 μm

2. 仿真程序

根据以上工艺步骤及确定的工艺参数，编写 TSUPREM-4 工艺仿真程序如下。

```
$ TSUPREM-4   VDMOS Application
MASK  IN.FILE = mask_vdmos.tl1
ASSIGN  NAME = EPITHIC        N.VALUE = 15
ASSIGN  NAME = EPIRESSI       N.VALUE = 6
ASSIGN  NAME = PBODYENERGY    N.VALUE = 80
ASSIGN  NAME = PBODYDOSE      N.VALUE = 3E13
ASSIGN  NAME = PBODYTEMP      N.VALUE = 1150
ASSIGN  NAME = PBODYTIME      N.VALUE = 100
ASSIGN  NAME = PPENERGY       N.VALUE = 60
ASSIGN  NAME = PPDOSE         N.VALUE = 1E15

$ 1. Set mesh
MESH LY.SURF = 0.2 DY.SURF = 0.1 LY.ACTIV = @EPITHIC LY.BOT = @EPITHIC DX.MAX = 0.75
METHOD     ERR.FAC = 1.0

$ 2. Select models
METHOD     COMPRESS

$ 3. Initialize structure
INITIALIZE WIDTH = 9.5  IMPURITY = ARSENIC   I.RESIST = @EPIRESSI

$ 4. Plot initial mesh
SELECT     TITLE = "Initial Mesh"
PLOT.2D    SCALE  GRID C.GRID = 2

$ 5. Field oxide grow and active area etch
DIFFUSE    TEMP = 1000  TIME = 305  F.H2 = 8  F.O2 = 6
SAVEFILE   OUT.FILE = After_F-ox.tif TIF
SELECT     TITLE = "Field oxide grow"
SOURCE     PLOTFILE
ETCH       OXIDE

$ 6. P+ implantation
DEPOSIT    PHOTORES  NEGATIVE  THICK = 1  SPACES = 2
EXPOSE     MASK = PP
DEVELOP

IMPLANT    IMPURITY = BORON  ENERGY = @PPENERGY  DOSE = @PPDOSE
ETCH       PHOTORES

SAVEFILE   OUT.FILE = afterpp.tif TIF
SELECT     TITLE = "After P+ implant"
SOURCE     PLOTFILE

$ 7. Gate oxidation
DIFFUSE    TEMP = 850   TIME = 190  F.H2 = 5  F.O2 = 10  F.HCL = 0.03
SAVEFILE   OUT.FILE = After_G-ox.tif TIF
```

```
$ 8. Poly gate formation
DEPOSIT    POLY    THICK = 0.65    SPACES = 2

DEPOSIT    PHOTORES    NEGATIVE    THICK = 2    SPACES = 2
EXPOSE     MASK = POLY
DEVELOP
ETCH       POLY
ETCH       PHOTORES

SAVEFILE   OUT.FILE = After_Polygate.tif TIF
SELECT     TITLE = "Poly gate formation"
SOURCE     PLOTFILE

$ 9. P- implant and diffuse
IMPLANT    BORON    ENERGY = @PBODYENERGY    DOSE = @PBODYDOSE
DIFFUSE    TIME = @PBODYTIME    TEMP = @PBODYTEMP    F.N2 = 7    F.O2 = 0.3

SAVEFILE   OUT.FILE = afterpbody.tif TIF
SELECT     TITLE = "After P- implant "
SOURCE     PLOTFILE

$ 10. Source formation
DEPOSIT    PHOTORES    NEGATIVE    THICK = 2    SPACES = 2
EXPOSE     MASK = NP
DEVELOP
ETCH       OXIDE

DIFFUSE    TEMP = 900    TIME = 30    DRYO2
IMPLANT    ARSENIC    DOSE = 5E15    ENERGY = 60
ETCH       PHOTORES

SAVEFILE   OUT.FILE = afternp.tif TIF
SELECT     TITLE = "After source formation"
SOURCE     PLOTFILE

$ 11. PSG and RFW
DEPOSIT    OXIDE    THICK = 1
DIFFUSE    TEMP = 950    TIME = 25    DRYO2
SAVEFILE   OUT.FILE = afterpsg.tif TIF
SELECT     TITLE = "After PSG"
SOURCE     PLOTFILE

$ 12. Contact etch and Metallization
DEPOSIT    PHOTORES    NEGATIVE    THICK = 2    SPACES = 2
EXPOSE     MASK = CONTACT
DEVELOP
ETCH       OXIDE
ETCH       PHOTORES

DEPOSIT    ALUMINUM    THICK = 0.8
```

第9章 VDMOSFET 的设计及仿真验证

```
$ 13. Define electrode
ELECTRODE   NAME = GATE    X = 1   Y = 0
ELECTRODE   NAME = DRAIN   BOTTOM
ELECTRODE   NAME = SOURCE  X = 7

$ 14. Save/Plot final mesh and structure
SAVEFILE    OUT.FILE = TSUPREM-4_final.tif TIF
SELECT      TITLE = "Final Mesh"
PLOT.2D     SCALE GRID C.GRID = 2
SELECT      TITLE = "Final structure"
SOURCE      PLOTFILE
```

其中，掩膜版文件 mask_vdmos.tl1 和调用的画图文件 PLOTFILE 内容如下。

```
mask_vdmos.tl1:
TL1  0100
1e3
0  9500
4
PP           1
8500  9500
POLY         1
6000  9500
NP           1
6000  6500
CONTACT      1
6200  9500


PLOTFILE:
$$$$  PLOT FILE  $$$$
PLOT.2D     SCALE
COLOR       SILICON COLOR = 3
$ P-type and n-type
SELECT      Z = (BORON-PHOS-ARSENIC)
COLOR       MIN.V = 0      COLOR = 7
COLOR       MAX.V = 0      COLOR = 3
COLOR       OXIDE          COLOR = 5
COLOR       POLY           COLOR = 2
COLOR       ALUMINUM       COLOR = 2
```

程序说明：

（1）程序编写风格

① 由于器件工艺参数较多，而且经常会反复改变某些参数以观察结果是否满足设计要求，因此，为了方便修改参数，利用 TSUPREM-4 软件中的 DEFINE 命令或 ASSIGN 命令，把要经常反复修改的参数提出来放在程序开头，这样能一目了然。

② 为了简化程序，使整个程序看起来结构清晰，可以把程序经常要用到的语句段模块化，单独写个文件，当要用到这些语句时，直接采用 SOURCE 命令调用就可以了。如为了看到每个工艺步骤处理后的器件结构变化，经常会在每个工艺步骤后使用画图语句，但是在 TSUPREM-4 中画一幅颜色明朗、结构清晰的图往往要用很多个语句。因此把这些画图语句写成一个单独的画图文件，这样每次画图只需用 SOURCE 命令调用就可以了，大大简化了程序。

③ 软件仿真会进行大量的计算,非常耗时,若每次修改一个参数都要重头开始跑程序,就会很浪费时间。因此,一般建议在每个工艺步骤后都保存一下结果数据,这样只需要导入上一步骤的结果,然后从修改过的那个工艺步骤开始继续往下运行,就可以节省不少时间。

（2）版图层次

整个工艺流程共有 6 层掩膜版,但元胞的仿真不需要场氧化（field oxide）刻蚀版及金属（metal）刻蚀版,因此元胞仿真的掩膜版文件中只用了 4 层（在后面边缘终端结构的仿真中会用到其余两层）。

3. 工艺仿真结果

运行上述仿真文件,输出的图形如图 9.5～图 9.12 所示,从图可以看到每一个工艺步骤处理后的结构。

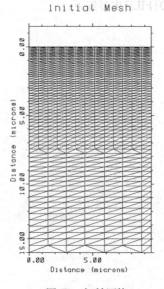

图 9.5 初始网格

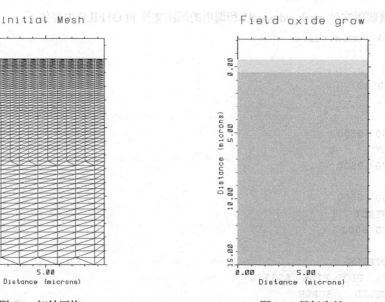

图 9.6 场氧生长

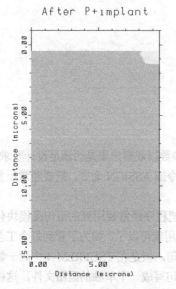

图 9.7 P+注入

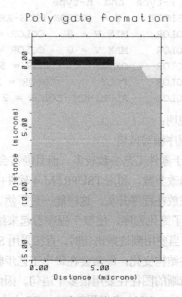

图 9.8 多晶硅淀积、刻蚀

第 9 章 VDMOSFET 的设计及仿真验证

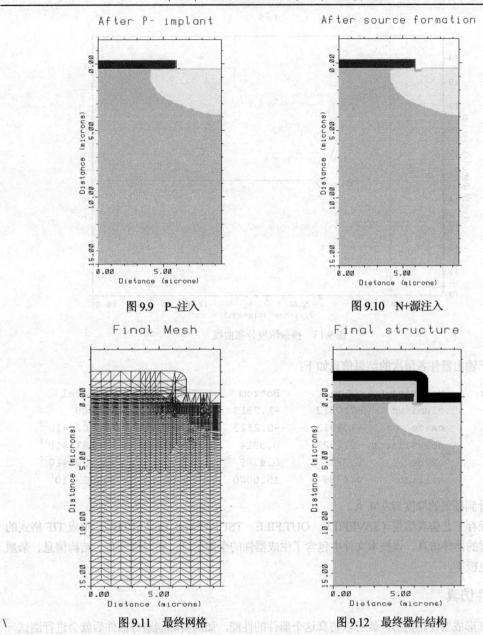

图 9.9 P-注入 　　　　　　　　　图 9.10 N+源注入

图 9.11 最终网格 　　　　　　　　图 9.12 最终器件结构

此外，在以上工艺文件中，还可加入一些语句，让 TSUPREM-4 工具输出一些其他信息，如掺杂浓度分布、各材料层次信息等，如下所示。

(1) 查看 $X=0$ 处的掺杂浓度分布

```
SELECT Z = LOG10(BORON-ARSENIC)   TITLE = "X = 0"
PLOT.1D  X.VALUE = 9.5  BOTTOM = 10
```

输出的掺杂浓度分布曲线图如图 9.13 所示。

(2) 查看栅氧厚度

```
SELECT Z = DOPING
PRINT.1D layers x.value = 0
```

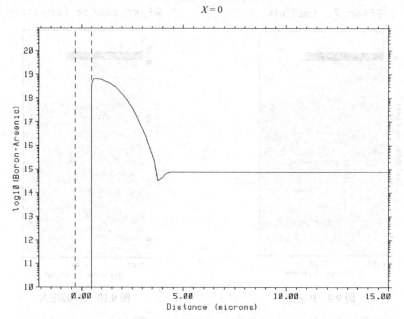

图9.13 掺杂浓度分布曲线

从上到下输出器件各层次的结果信息如下:

Num	Material	Top	Bottom	Thickness	Integral
1	aluminum	−2.0913	−1.2913	0.8000	0.0000
2	oxide	−1.2913	−0.2523	1.0391	−1.7021×10^{12}
3	polysilicon	−0.2523	0.3814	0.6337	−1.6874×10^{13}
4	oxide	0.3814	0.4789	0.0974	−3.7309×10^{12}
5	silicon	0.4789	15.0000	14.5211	1.1023×10^{12}

从中可看到栅氧的厚度为974 Å。

最后，保存工艺仿真结果（SAVEFILE OUT.FILE = TSUPREM-4_final.tif TIF），生成 TIF 格式的文件用于后续的器件仿真。该技术文件中包含了生成器件的全部信息，如网格分布、结构信息、杂质浓度分布和电极等。

9.2.4 器件仿真

工艺仿真形成器件结构后，就可以仿真这个器件的性能，如同实际制造好器件后就会进行测试一样，检测是否满足设定的性能指标要求。

器件电学参数的仿真就是模拟实际的器件测试过程。因此，每个电学参数的仿真条件都是根据该参数实际的测试条件来设定的，以保证仿真结果尽可能地接近实际测试结果。

VDMOSFET 的电学参数主要包括静态参数和动态参数，其中静态参数主要有击穿电压（Breakdown Voltage）、导通电阻（$R_{on-state}$）和阈值（V_{th}），动态参数主要有导通延时时间 t_{d-on}、关断延时时间 t_{d-off}、上升时间 t_r 和下降时间 t_f 等。

1. 击穿电压

实际中测量击穿电压的方法为：在器件关断时，不断增大漏源电压直至雪崩击穿，即从电流上看，电流骤然增大至某一可认为器件已击穿的电流值。在此，设定仿真条件：$V_{GS}=0$，击穿电流 $I_{DS}=1$ mA。

第9章 VDMOSFET 的设计及仿真验证

由于 TSUPREM-4 和 MEDICI 为二维仿真工具,无法指定第三维上的参数(即 MOS 的沟道宽度),软件计算时默认的第三维宽度为 1 μm,因此仿真得到的电流 I_D 都是在单位沟道宽度($W = 1$ μm)时的值。根据 MOS 器件的萨支唐(Sah)方程,电流 I_D 与沟道宽度 W 成正比,因此若要计算整个器件宽度的总电流,可近似认为总电流 = 单位宽度电流×器件沟道总宽度。采用 EXTRACT 命令计算总电流,如全部元胞的沟道总宽度为 $3×10^6$ μm,则相应的 EXTRACT 命令如下:

```
EXTRACT    NAME = ID    EXP = @I(drain)*(3E6)
```

(1)仿真程序

根据以上方法,击穿电压的仿真程序如下:

```
COMMENT   BV Analysis
MESH  IN.FILE = TSUPREM-4_final.tif  TIF

COMMENT   Electrode definition
CONTACT     NAME = GATE  N.POLY
COMMENT   Specify interface fixed charge density
INTERFAC    QF = 1E10

COMMENT   Specify physical models to use
MODELS    IMPACT.I CONMOB HPMOB CONSRH AUGER BGN
COMMENT   Initial solution, regrid and potential
SYMB      CARRIERS = 0
METHOD    ICCG DAMPED
SOLVE

COMMENT   Perform a 0-carrier solution at the initial bias
SYMB      CARRIERS = 0
SOLVE     V(Source) = 0.0  V(Gate) = 0  V(Drain) = 0  LOCAL
COMMENT   Obtain solutions using 2-carrier Newton with continuation
SYMB      CARRIERS = 2  NEWTON
METHOD    n.damp  itlimit = 40  n.dvlim = 15  stack = 40
LOG       OUT.FILE = bvds.log

EXTRACT   NAME = ID    EXP = @I(DRAIN)*(3E6)

SOLVE     ELEC = DRAIN  V(drain) = 0   NSTEP = 2  VSTEP = 75
SOLVE     ELEC = DRAIN  CONTINU  C.VMAX = 400  C.IMAX = 0.8E-8
+         C.VSTEP = 1  C.TOLER = 0.01

PLOT.2D   TITLE = "200V Simulation Structure"  FILL SCALE
COMMENT   Drain current vs. drain voltage
PLOT.1D   X.AXIS = V(Drain)  Y.AXIS = ID   POINTS COLOR = 2  ^ORDER CLEAR
+         RIGHT = 400  TOP = 1.0E-2
+         TITLE = "Breakdown Voltage"

COMMENT   Flowlines for last solution
PLOT.2D   BOUND JUNC DEPL TITLE = "Flowlines"  FILL SCALE
CONTOUR   FLOWLINES NCONT = 31 COLOR = 1
COMMENT   Potential contour and electric field lins for most recent solution
```

```
PLOT.2D    BOUND JUNC DEPL TITLE = "Poten-lines"  FILL SCALE
CONTOUR   POTENTIA MIN = -1  MAX = 1200  DEL = 10 COLOR = 6
```

程序说明：

① 模型选择（MODELS）

雪崩击穿的发生是在强电场下，半导体中的载流子会被电场加速，部分载流子可以获得足够高的能量，这些载流子有可能通过碰撞把能量传递给价带上的电子，使之发生电离，从而产生二次电子-空穴对，即所谓的"碰撞电离"。

软件要模拟这个过程就必须选择相应的计算模型，在 MEDICI 中提供了这种碰撞离化模型（IMPACT.I）。因此，通过计算电流来仿真击穿电压时，必须在 MODELS 语句中指定 IMPACT.I 模型，其他的指定模型一般为迁移率模型和复合模型。

② SOVLE 语句

程序中使用了两个 SOLVE 语句，第一个 SOLVE 扫描 drain 电压至 150 V（步长为 75 V，两步完成），这主要用来减少仿真时间，因为设计的击穿电压在 200 V 以上，因此可以减少 150 V 以前的仿真数据点，有助于减少仿真时间。第二个 SOLVE，采用 CONTINU 方法，软件自动设置扫描步长追踪 I-V 曲线，直至电流达到设定的仿真停止点，即达到可认为器件已击穿的电流值。

在 SOLVE 命令中有两种基本直流稳态扫描参数，一种为电压扫描，另一种为电流扫描。电流扫描较适合于电压变化较小而电流变化较大的情况，正如器件在击穿时的情况。器件在临界击穿时，电压增大很小一个步长也会使电流迅速增大，此时若采用电压扫描，仿真会较难收敛，因此软件会自动从电压扫描切换为电流扫描，并且自动根据电流的变化率设定扫描步长，以保证仿真的收敛性。

(2) 仿真结果

仿真输出的击穿电压曲线如图 9.14 所示，根据设定的击穿电流 I_{DS} = 1 mA，从图可以看出，击穿电压约为 230 V，满足 200 V 的设计要求（业界对应 200 V 耐压标称值的产品往往会要求有 10%的裕量，因此仿真设计值至少要高于 220 V）。

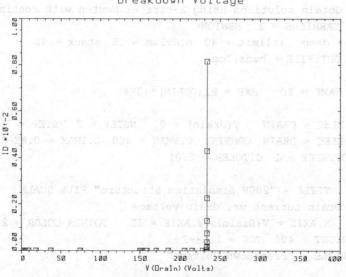

图 9.14 击穿电压曲线

如图 9.15 和图 9.16 所示分别为器件击穿时的电流图和电势分布图。从电流图可以看出，器件击穿点位于 P-Body 的最下方。

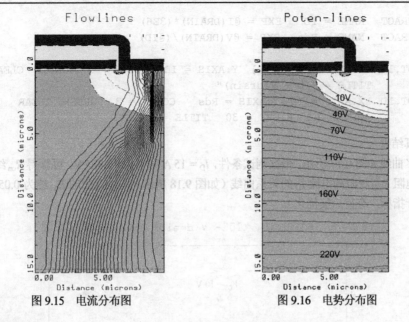

图 9.15 电流分布图　　　　图 9.16 电势分布图

2. 导通电阻 R_{on}

R_{on} 是指在特定的漏源电流、栅源电压和 25℃情况下测得的漏源电阻。

本例设定测试条件 $V_{GS} = 10\,\text{V}$，$I_D = 15\,\text{A}$，由于仿真默认的温度为室温 25℃，因此无须设定。

（1）仿真程序

```
COMMENT    Rds Analysis

MESH       IN.FILE = TSUPREM-4_final.tif TIF
COMMENT    Electrode definition
contact    name = gate  n.poly
COMMENT    Specify interface fixed charge density
INTERFAC   QF = 1E10

COMMENT    Specify physical models to use
MODELS     CONMOB  SRFMOB2  FLDMOB
COMMENT    Initial solution
SYMB       CARRIERS = 0
METHOD     ICCG DAMPED
SOLVE

SYMB       CARRIERS = 0
METHOD     ICCG DAMPED
SOLVE      V(Gate) = 10
SYMB       CARRIERS = 1 NEWTON ELECTRON
LOG OUT.FILE = RDS.log
SOLVE      ELEC = drain   V(drain) = 0   NSTEP = 30 VSTEP = 0.1

COMMENT    Drain current vs. drain voltage
PLOT.1D    X.AXIS = V(drain)  Y.AXIS = I(drain)  POINTS COLOR = 2 ^ORDER
+          TITLE = "V(drain) - I(drain)"   CLEAR
```

```
EXTRACT    NAME = ID    EXP = @I(DRAIN)*(3E6)
EXTRACT    NAME = Rds   EXP = @V(DRAIN)/(@ID)

PLOT.1D   X.AXIS = V(drain)  Y.AXIS = ID   COLOR = 2   ^ORDER CLEAR
+         TITLE = "ID - V(drain)"
PLOT.1D   X.AXIS = ID  Y.AXIS = Rds   COLOR = 3   ^ORDER CLEAR
+         LEFT = 0.1  RIGHT = 30   TITLE = "Rds"
```

(2) 仿真结果

输出 I–V 曲线如图 9.17 所示。根据测试条件，I_D = 15 A 时 V_{DS} = 0.825 V，可算得 R_{on} 约为 0.055 Ω。也可从源漏电阻 R_{DS} 与源漏电流 I_D 的关系曲线（如图 9.18 所示）读出对应的 R_{on} 约为 0.055 Ω（此结果尚未达到设计指标，有待后续优化）。

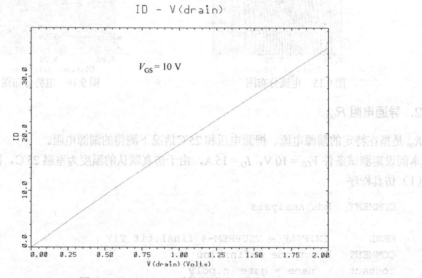

图 9.17　V_{GS} = 10 V 时的漏端 I–V 曲线

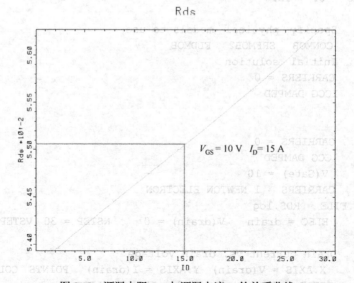

图 9.18　源漏电阻 R_{DS} 与源漏电流 I_D 的关系曲线

3. 阈值电压 V_{th}

测试条件为 $V_{DS} = V_{GS}$，$I_D = 250\ \mu A$。

由于在单个器件仿真中无法指定电极连接关系，因此无法设定 $V_{DS} = V_{GS}$，若要指定电极连接关系，需采用 MEDICI 的电路仿真模式，相对较麻烦，但是可以换种方法达到同样的效果。先设定 $V_{DS} = 3\ V$，再扫描 V_{GS}，因为阈值的设计值为 3 V 左右，所以当最终达到设定的电流条件 $I_D = 250\ \mu A$ 时，希望 $V_{GS} = 3\ V$，此时 $V_{DS} = V_{GS} = 3\ V$，与测试条件一致。

(1) 仿真程序

```
COMMENT   Vth
MESH  IN.FILE = TSUPREM-4_final.tif TIF

COMMENT   Electrode definition
Contact       name = gate  n.poly
COMMENT   Specify interface fixed charge density
INTERFAC      QF = 1E10

COMMENT   Specify physical models to use
MODELS    CONMOB  SRFMOB2  FLDMOB
COMMENT   Initial solution, regrid and potential
SYMB      CARRIERS = 0
METHOD    ICCG DAMPED
SOLVE

SYMB      CARRIERS = 0
METHOD    ICCG DAMPED
SOLVE     ELEC = drain  V(gate) = 1 NSTEP = 3  VSTEP = 1
SYMB      NEWTON    CARRIERS = 1  ELECTRON
SOLVE     ELEC = gate   V(gate) = 0 NSTEP = 45 VSTEP = 0.1
SOLVE     ELEC = gate   V(gate) = 5 NSTEP = 16 VSTEP = 0.5
EXTRACT   NAME = ID   EXP = @I(drain)*(3E6)

PLOT.1D   X.AXIS = V(gate)  Y.AXIS = ID  POINTS  COLOR = 2  CLEAR
+         TITLE = "I(drain)-Vgs"
PLOT.1D   X.AXIS = V(gate)  Y.AXIS = ID  POINTS  COLOR = 2
+         LEFT = 0 RIGHT = 4.5 BOTTOM = 0 TOP = 850*(1E-6) CLEAR
+         TITLE = "I(drain)-Vgs"
```

(2) 仿真结果

如图 9.19 所示为仿真得到的 VDMOSFET 转移特性曲线，即阈值曲线。

局部放大后的阈值曲线如图 9.20 所示，根据测试条件 $I_D = 250\ \mu A$，阈值电压 V_{th} 近似为 3 V。

4. 开关时间 $t_{d\text{-}on}$、$t_{d\text{-}off}$、t_r、t_f

对开关速度的评价主要有 4 个时间常数，即导通延时时间 $t_{d\text{-}on}$、关断延时时间 $t_{d\text{-}off}$、上升时间 t_r 和下降时间 t_f 如图 9.21 所示，各时间的定义如下。

① $t_{d\text{-}on}$：从栅电压上升 10% 额定驱动电压到漏电压下降 10% 所经历的时间；

② $t_{d\text{-}off}$：从栅电压下降到 90% 额定驱动电压到漏电压上升 10% 所经历的时间；

③ t_r：漏极电压从 90% 下降到 10% 所经历的时间（此时电流上升）。

④ t_f：漏极电压从 10% 上升到 90% 所经历的时间（此时电流下降）。

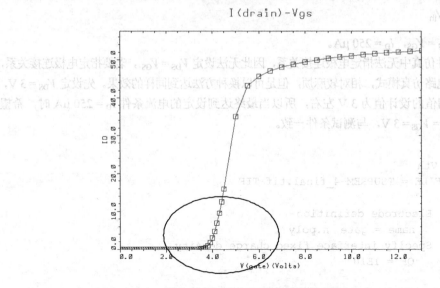

图 9.19　VDMOS FET 转移特性曲线（V_{th}）

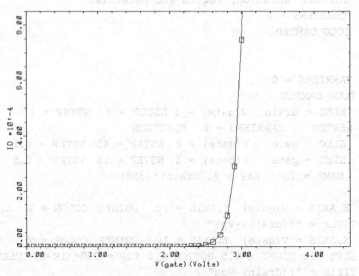

图 9.20　局部放大后的阈值曲线

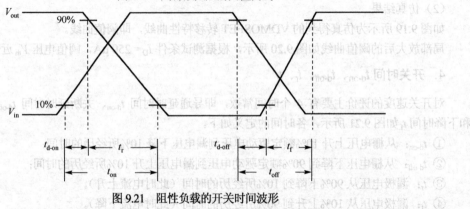

图 9.21　阻性负载的开关时间波形

开关时间的测试电路如图9.22所示。

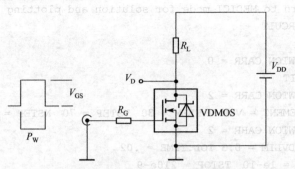

图9.22 阻性负载的开关时间测试电路

对开关时间的测定需采用测试电路，因此需用到 MEDICI 的电路仿真功能，即电路分析高级应用模块（Circuit Analysis Advanced Application Module, CA-AAM）。

高级应用模块（Advanced Application Module）是 Synopsys TCAD 商业模块的可选模块，能够给程序提供针对一些特殊应用的仿真能力，如器件在电路中的仿真分析、晶格温度分析等。它主要包括7个模块，即可编程器件、电路分析、晶格温度、异质结器件、陷阱电荷、光学器件和各向异性材料。

MEDICI 的电路仿真类似于 SPICE 电路仿真，它能提供全部的线性、非线性 SPICE 元器件。在电路仿真中，MEDICI 使用基尔霍夫电流/电压定律（KCL、KVL）来描述电路，使用半导体基本方程来描述器件（Poisson、Continuity、Energy Balance、Lattice Temperature），软件通过求解这些耦合集得到结果。

本例开关时间的测试条件为

$$V_{DD} = 100 \text{ V}, \quad I_D = 15 \text{ A}, \quad R_G = 9.4 \text{ }\Omega, \quad V_{GS} = 0 \text{ V}$$

（1）仿真程序

根据如图9.22所示搭建测试电路。

```
COMMENT Switch time Analysis
MESH IN.FILE = TSUPREM-4_final.tif TIF
CONTACT NAME = GATE  N.POLY
SAVE OUT.FILE = MD.TIF TIF ALL


COMMENT   Enter CIRCUIT mode
START     CIRCUIT
    $ Power supply
    VDD 4 0 20
    $ Input source
    VIN 1 0 PULSE 0 10 20n 10n 10n 60n 2000n
    $ Input resistance
    RG 1 2 9.4
    $ VDMOS T4 transistor
    PVDMOS  3 = Drain  2 = Gate  0 = Source
    +     FILE = MD.TIF TIF  WIDTH = 3E6
    $ resistance
    RL 3 4 6.67
    $ Initial guess at circuit node voltages
```

```
              .NODESET V(1) = 0 V(2) = 0 V(3) = 20 V(4) = 20
              $ Return to MEDICI mode for solution and plotting
    FINISH    CIRCUIT

    SYMBOL    NEWTON CARR = 0
    SOLVE     INIT
    SYMBOL    NEWTON CARR = 2
    SOLVE     ELEMENT = VDD V.ELEM = 30  VSTEP = 70  NSTEP = 1
    SYMBOL    NEWTON CARR = 2
    METHOD    N.DVLIM = 0.3  TOL.TIME = .02
    SOLVE     DT = 1e-10  TSTOP = 210e-9
    COMMENT   Plot the circuit voltages and currents
    PLOT.1D   X.AX = TIME  Y.AX = VC(1)
    +         TITLE = "Vin"
    PLOT.1D   X.AX = TIME  Y.AX = VC(3)
    +         TITLE = "V(DRAIN)"
```

程序说明：

① 输入信号波形

通过下面语句指定输入脉冲信号波形。

```
    VIN 1 0 PULSE 0 10 20n 10n 10n 60n 2000n
```

解释如下（对照如图9.23所示的输入脉冲信号波形）：

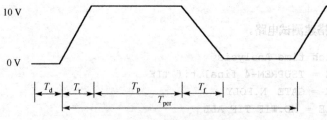

图9.23 输入脉冲信号波形

② 程序语句

```
    $ Input resistance
    RG 1 2 9.4
```

语句中的9.4为测试电路中的R_G和栅寄生电阻之和，而

```
    $ resistance
    RL 3 4 6.67
```

语句中的6.67为测试电路中R_L的值（如图9.22所示）。

(2) 仿真结果

输入、输出脉冲信号波形如图9.24、图9.25所示，根据上面对各时间常数的定义，从图可以看出，$t_{\text{d-on}} \approx 10$ ns，$t_{\text{d-off}} \approx 60$ ns，$t_r \approx 18$ ns，$t_f \approx 26$ ns。

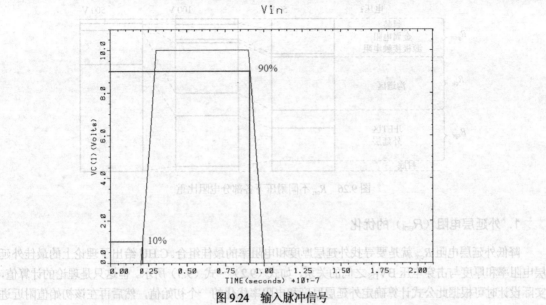

图 9.24 输入脉冲信号

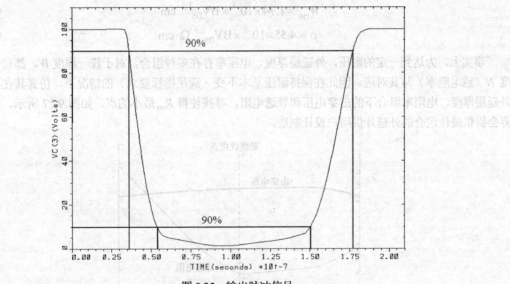

图 9.25 输出脉冲信号

9.2.5 器件优化

描述功率 VDMOS 器件的参数有很多，其中，击穿电压和导通电阻是最重要的两个参数。两者一般有如下关系：

$$R_{on} \approx BV^{2.4\sim2.6} \tag{9.1}$$

从关系式中可知，击穿电压的提高必然导致导通电阻的上升。因此，优化的核心就是在保证击穿电压满足要求的情况下尽可能地减小导通电阻。

如图 9.26 所示，导通电阻 R_{on} 主要包括外延层电阻 R_{epi}、JFET 区电阻 R_{JFET}、沟道电阻 R_{ch}、封装金属电阻和衬底电阻等。从图可以看出，在高压器件中，外延层电阻 R_{epi}、JFET 区电阻 R_{JFET} 占据了主要部分，因此，降低导通电阻主要就是降低 R_{epi}、R_{JFET} 这两部分电阻。

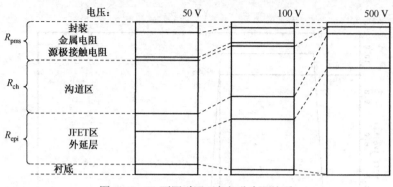

图 9.26 R_{on} 不同耐压下各部分电阻比重

1. 外延层电阻（R_{epi}）的优化

降低外延层电阻 R_{epi} 就是要寻找外延层厚度和电阻率的最佳组合。C.HU 给出了理论上的最佳外延层电阻率和厚度与击穿电压 BV_{DS} 之间的关系，如式（9.2）～式（9.3）所示。但这只是理论的计算值，实际设计时可根据此公式计算确定外延层厚度和电阻率优化的一个初始值，然后再在该初始值附近进行调整，看击穿电压和 R_{on} 的变化，寻找在击穿电压满足要求的情况下使得 R_{on} 最小的点。

$$W_{epi} = 1.74 \times 10^{-6} \times BV_{DS}^{1.2} \text{ cm} \tag{9.2}$$

$$\rho = 4.55 \times 10^{-3} \times BV_{DS}^{1.3} \text{ } \Omega \cdot \text{cm} \tag{9.3}$$

事实上，为达到一定的耐压，外延层厚度、电阻率存在多种组合，对于任一厚度 W，都有一个浓度 N（或电阻率）与其对应。因此在保持耐压基本不变（满足指标要求）的情况下，仿真其在不同的外延层厚度、电阻率组合下的击穿电压和导通电阻，寻找使得 R_{on} 最小的点，如图 9.27 所示。一般业界会提供最佳组合的外延片供用户设计制造。

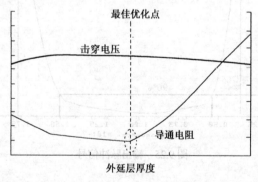

图 9.27 不同外延层厚度、电阻率时的击穿电压和导通电阻

2. JFET 区电阻 R_{JFET} 的优化

如图 9.28 所示，JFET 区域位于相邻 P-Body 之间，就像是一个结型场效应管（JFET）结构，由此而得名。为了降低 JFET 电阻，可在场氧刻蚀之后、P+注入之前，对 JFET 区进行一次与外延层掺杂类型相同的离子注入，以提高 JFET 区的浓度，从而降低电阻。

JFET 注入可分为整体 JFET 注入和局部 JFET 注入。整体 JFET 注入就是在外延层表面整体进行一次 JFET 注入，不需要掩膜版；局部 JFET 注入就是只在 JFET 区域（即多晶硅栅下面的部分）进行 JFET 注入，它需要掩膜版。

第 9 章　VDMOSFET 的设计及仿真验证

局部 JFET 注入由于需要掩膜版，因此在成本上较整体 JFET 注入高，但是它的好处在于只在电流通道（JFET 区域）上注入，不对 P-Body 产生影响，因此可以注得较深，有效降低了 JFET 区电阻。但如果注入得太深，超过了 P-Body 的结深，并且浓度较大，足以对 P-Body/N-epi 这一决定击穿电压的 PN 结造成影响时，耐压就会急剧下降，如图 9.29 所示。

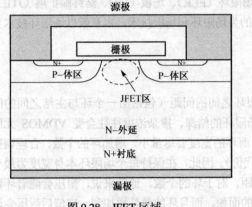 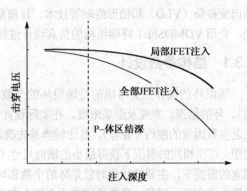

图 9.28　JFET 区域　　　　　图 9.29　两种 JFET 注入击穿电压比较

为了减小导通电阻，在本例 VDMOSFET 设计中增加了这一 JFET 注入，并且采用全部（整体）JFET 注入的方式。

这一工艺步骤应该在生长场氧之前进行，并且由于注入的剂量不能过大，为了达到一定的结深，在注入后必须进行较长时间的退火。

JFET 注入考虑的主要因素是注入剂量和退火时间。如选定退火时间 180 min，温度 1150℃，离子注入能量 80 keV，改变注入的剂量并仿真，观察击穿电压和导通电阻的变化，选择一较合适的 JFET 注入参数。

仿真结果如图 9.30 所示，从图可以看到，开始时导通电阻由于 JFET 注入而大大降低，而击穿电压降低较小；当 JFET 注入剂量增大到 2×10^{12} cm^{-2} 以后，导通电阻几乎不再降低，而击穿电压开始迅速下降。由此可知，2×10^{12} cm^{-2} 为最优剂量。

此时，击穿电压约为 220 V，导通电阻约为 0.038 Ω，满足设计要求。

与未采用 JFET 注入优化时相比，导通电阻降低了 36%，而击穿电压只下降了 5%，从中可以看到，JFET 注入对于器件性能的提高是相当有效的。

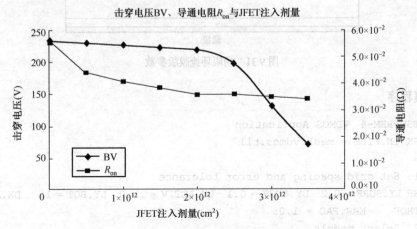

图 9.30　击穿电压、导通电阻随 JFET 注入剂量的变化

9.3 VDMOSFET 终端结构的设计

由于边缘元胞平面 PN 结存在曲率效应，会降低击穿电压，所以器件还需要有终端结构进行分压或降压保护。已开发的终端技术有很多，主要可分为场限环（FLR）、场板（FP）、结终端扩展（JTE）、横向变掺杂（VLD）和槽形终端等技术。目前最常用的为场限环和场板技术，本章就以场限环技术为例，介绍 VDMOSFET 终端结构的仿真设计过程。

9.3.1 结构参数设计

场限环的设计主要考虑的是场限环的个数、场限环之间的间距（包括第一个环与主结之间的间距）、环的结深、宽度及杂质浓度。在实际设计中，场限环的结深、掺杂浓度往往会受 VDMOS 元胞工艺参数因素的制约（兼容），是比较容易先确定的。而环的宽度要尽量小，增加环的个数，合理调整间距，可在相同的耐压下获得最小的横向尺寸（即硅代价）。因此，在保持每个场限环本身宽度为最小线宽的前提下，主要的优化对象是环的个数和环的间距。对于环的个数，通常来说，耐压会随着环数的增加而上升。但是，环数的增多也会增大芯片所占的面积，而且环的数量增加到一定值后耐压会达到饱和，因此设计时要综合考虑。对于环间距，在确定外延层的情况下总是存在一组最佳值，即在一定的环间距时（各环之间的环间距不一定相等），主结和各环的 PN 结处的电场峰值基本一致，都刚好同时到达临界击穿电场强度，此时可得到最高耐压。

9.3.2 工艺仿真

终端结构的设计流程与元胞一样，故不再详细说明，直接给出程序及结果。工艺步骤及参数也与元胞相同，如表 9.2 所示。初步设定掩膜版参数如图 9.31 所示，采用 3 个场限环，环宽都为 6 μm，间距 6 μm。

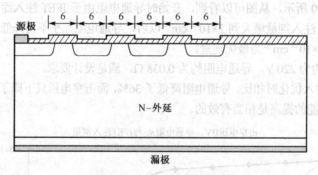

图 9.31 场限环掩膜版参数

1. 仿真程序

```
$ TSUPREM-4 VDMOS Application
MASK IN.FILE = mask_vdmos.tl1

$ 1. Set grid spacing and error tolerance
MESH LY.SURF = 0.2 DY.SURF = 0.1 LY.ACTIV = 15.0 LY.BOT = 15 DX.MAX = 0.75
METHOD    ERR.FAC = 1.05
$ 2. Select models
```

```
            METHOD      COMPRESS
$ 3. Initialize structure
INITIALIZE WIDTH = 10    IMPURITY = ARSENIC I.RESIST = 6
STRUCTURE  EXTEND RIGHT  WIDTH = 70  DX = 2  Y.ELIM = 7

SAVEFILE OUT.FILE = INI.tif TIF
SELECT      TITLE = "Initial Mesh"
PLOT.2D     SCALE  GRID C.GRID = 2
SELECT      TITLE = "Initial"
SOURCE      PLOTFILE

$ 4. JFET implant and drive in
DIFFUSE     TEMP = 950    TIME = 25  F.O2 = 4  F.HCL = 0.03
IMPLANT     PHOS  ENERGY = 80  DOSE = 2E12
DIFFUSE     TEMP = 1150   TIME = 180
ETCH        OXIDE

$ 5. Field oxide grow
DIFFUSE     TEMP = 1000   TIME = 305  F.H2 = 8  F.O2 = 6

SAVEFILE    OUT.FILE = After_F-ox.tif TIF
SELECT      TITLE = "Field oxide grow"
SOURCE      PLOTFILE

$ 6. Field oxide etch
DEPOSIT  NEGATIVE PHOTORES  THICKNESS = 2  SPACES = 2
EXPOSE      MASK = RING
DEVELOP
ETCH        OXIDE
ETCH        PHOTORES

SAVEFILE    OUT.FILE = After_F-ox2.tif TIF
SELECT      TITLE = "After FOX etch"
SOURCE      PLOTFILE

$ 9. P+ implantation
DEPOSIT  NEGATIVE PHOTORES  THICKNESS = 2  SPACES = 2
EXPOSE      MASK = PP
DEVELOP

IMPLANT  BORON  ENERGY = 60  DOSE = 1E15
ETCH        PHOTORES

SAVEFILE    OUT.FILE = afterpp.tif TIF
SELECT      TITLE = "After P+ implant"
SOURCE      PLOTFILE
```

```
$ 10. Gate oxidation
DIFFUSE     TEMP = 850    TIME = 190   F.H2 = 5   F.O2 = 10   F.HCL = 0.03
SAVEFILE    OUT.FILE = After_G-ox.tif TIF

$ 11. Poly gate formation
DEPOSIT     POLY  THICK = 0.65    SPACES = 2
ETCH        POLY

$ 12. p- implant and diffuse
IMPLANT     BORON    ENERGY = 80    DOSE = 3E13
DIFFUSE     TEMP = 1150  TIME = 100   F.N2 = 7   F.O2 = 0.3

SAVEFILE    OUT.FILE = afterpbody.tif TIF
SELECT      TITLE = "After P- implant "
SOURCE      PLOTFILE

$ 14. Source  formation

$ 15. PSG Depsition and RFW
DEPOSIT     OXIDE  THICK = 1
DIFFUSE     TEMP = 950 TIME = 25  DRYO2

SAVEFILE    OUT.FILE = afterpsg.tif TIF
SELECT      TITLE = "After PSG and RFW"
SOURCE      PLOTFILE

$ 17.Contact etch
DEPOSIT     PHOTORES NEGATIVE THICK = 2  SPACES = 2
EXPOSE      MASK = CONTACT
DEVELOP
ETCH        OXIDE
ETCH        PHOTORES

$ 18. Metallization  and etch
DEPOSIT     ALUMINUM  THICK = 0.8

DEPOSIT     PHOTORES NEGATIVE THICK = 2  SPACES = 2
EXPOSE      MASK = ETCHAL
DEVELOP
ETCH        ALUMINUM
ETCH        PHOTORES

SAVEFILE    OUT.FILE = AfterALETCH.tif TIF
SELECT      TITLE = "After Metallization"
SOURCE      PLOTFILE

$ 13. Define electrode
```

```
ELECTRODE  NAME = DRAIN  BOTTOM
ELECTRODE  NAME = SOURCE  X = 1

$ 14. Save/Plot final mesh and structure
SAVEFILE   OUT.FILE = TSUPREM-4_final.tif TIF
SELECT     TITLE = "Final Mesh"
PLOT.2D    SCALE  GRID C.GRID = 2
SELECT     TITLE = "Final structure"
SOURCE     PLOTFILE
```

其中,画图文件PLOTFILE内容与前面元胞工艺仿真中画图文件内容相同,掩膜版文件mask_vdmos.tl1内容如下。

```
TL1 0100
1e3
   0 70000
4
RING 4
   0 10000
   16000 22000
   28000 34000
   40000 46000
PP 4
   0 10000
   16000 22000
   28000 34000
   40000 46000
CONTACT 1
   0 4000
ETCHAL 1
   5000 70000
```

【注意】整个器件工艺共包括6层掩膜版,此处终端结构省略了未用到的Poly刻蚀版和N+注入版。

2. 仿真结果

运行上述程序,输出的图形如图9.32~图9.38所示,从图可以看到每一个工艺步骤处理后的结构。

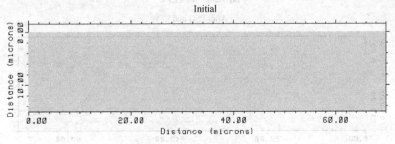

图9.32 初始外延层

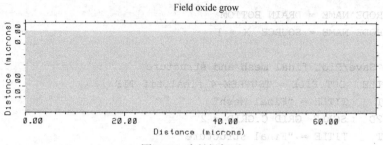

图 9.33 生长场氧后

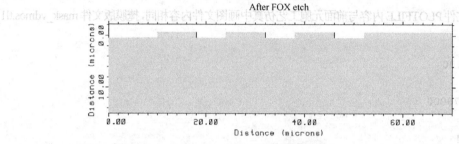

图 9.34 场氧刻蚀

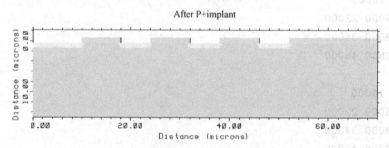

图 9.35 P+注入

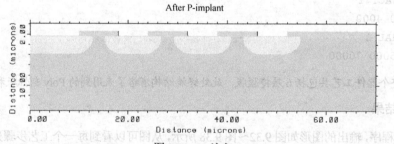

图 9.36 P−注入

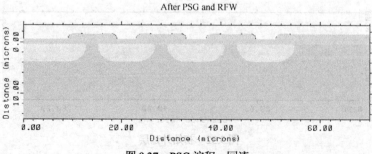

图 9.37 PSG 淀积、回流

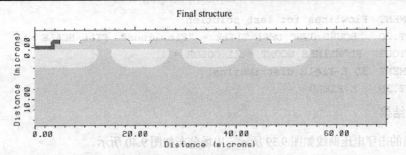

图 9.38 最终形成的终端结构

9.3.3 器件仿真

对于终端结构，主要考虑的是击穿电压 BV。

1. 仿真程序

```
COMMENT BV Analysis
MESH IN.FILE = TSUPREM-4_final.tif TIF

COMMENT Specify interface fixed charge density
INTERFAC QF = 1E10

COMMENT    Specify physical models to use
MODELS     IMPACT.I CONMOB HPMOB CONSRH AUGER BGN
COMMENT    Initial solution, regrid and potential
SYMB       CARRIERS = 0
METHOD     ICCG DAMPED
SOLVE

COMMENT    Perform a 0-carrier solution at the initial bias
SYMB       CARRIERS = 0
SOLVE      V(Source) = 0.0   V(Drain) = 0  LOCAL
COMMENT    Obtain solutions using 2-carrier Newton with continuation
SYMB       CARRIERS = 2   NEWTON
METHOD     n.damp  itlimit = 40  n.dvlim = 15  stack = 40
LOG        OUT.FILE = bvds.log

SOLVE      ELEC = DRAIN V(DRAIN) = 0 VSTEP = 90 NSTEPS = 2
SOLVE      ELEC = DRAIN CONTINU  C.VMAX = 400  C.IMAX = 0.8E-8
+          C.VSTEP = 1  C.TOLER = 0.01
PLOT.2D    GRID TITLE = "Simulation Mesh" FILL SCALE
PLOT.2D    TITLE = "Simulation Mesh" FILL SCALE

COMMENT    Drain current vs. drain voltage  LEFT = 200
PLOT.1D    X.AXIS = V(Drain) Y.AXIS = I(DRAIN)   POINTS COLOR = 2  ^ORDER
+          RIGHT = 270   TOP = 1.0E-8   CLEAR
+          TITLE = "Breakdown Voltage"
```

```
COMMENT    Flowlines for last solution
PLOT.2D    BOUND JUNC DEPL TITLE = "Flowlines"  FILL SCALE
CONTOUR    FLOWLINES NCONT = 21 COLOR = 1
COMMENT    3D E-Field distribution
PLOT.3D    E.FIELD
```

2. 仿真结果

仿真输出的击穿电压曲线如图 9.39 所示,电场分布如图 9.40 所示。

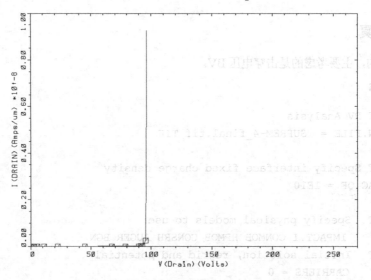

图 9.39　优化前的击穿电压曲线

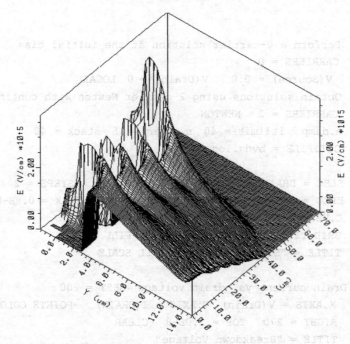

图 9.40　优化前的电场分布

第9章 VDMOSFET的设计及仿真验证

从图可以看出,击穿电压约为 95 V,不满足要求。同时,从电场分布图中可以看出,各个环 PN 结处的电场峰值不同,最后一个环上明显存在一个很高的电场,说明此时的终端结构不是优化的,因此,为了达到击穿电压 200 V 的要求,必须对场限环进行优化。

9.3.4 参数优化

如前所述,对于环间距,在确定外延层的情况下总是存在一组最佳值,即在一定的环间距时,主结和各环 PN 结处的电场峰值基本一致,都刚好同时到达临界击穿电场强度,此时可得到最高的耐压。因此可以不断调整环间距,查看击穿电压和电场分布的变化,以达到最优的电场分布。

由于仿真值与实际流片测试值会有偏差,设计时还需要给加工工艺留有一定的裕量。对于本款耐压标称值 200 V、实际测试值要求达到 220 V(工业界产品往往留有 10%的裕量)的器件,终端结构的击穿电压仿真设计值需要大于 220 V。同时,为了保证终端结构击穿电压的稳定性,再增加一个场限环,即采用 4 个场限环。最终选定优化环间距为 6.5 μm、6.5 μm、6.5 μm、7.0 μm。

如图 9.41 所示为优化后的电场分布,可以看到各电场峰值基本一致,刚好同时到达 Si 的临界击穿电场强度,约为 3×10^5 V/cm。

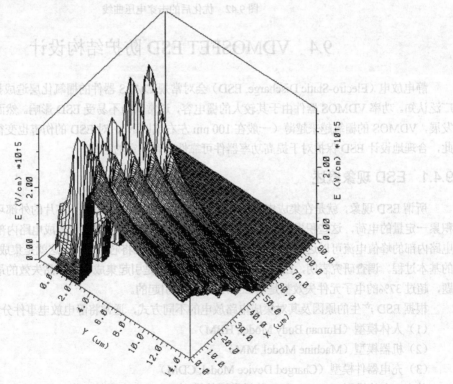

图 9.41 优化后的电场分布

优化后的击穿电压曲线如图 9.42 所示,从图中可知 BV 约为 240 V,达到了大于 220 V 的设计要求,给加工工艺预留了一定的裕量。

注意此实例中场限环的耐压设计得高于元胞耐压,这是希望击穿不要首先发生在场限环区,因为场限环的面积相较元胞而言较小,更容易被大电流热损毁。

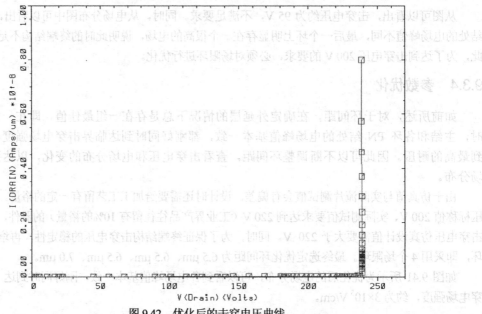

图 9.42 优化后的击穿电压曲线

9.4 VDMOSFET ESD 防护结构设计

静电放电（Electro-Static Discharge, ESD）会对常规 CMOS 器件的栅氧化层造成损坏，这一点已被广泛认知。功率 VDMOS 器件由于其较大的栅电容，通常认为不易受 ESD 影响。然而随着工艺技术的发展，VDMOS 的栅氧越来越薄（一般在 100 nm 左右或以下），对 ESD 的伤害也变得越来越敏感。因此，合理地设计 ESD 保护对于提高功率器件可靠性具有一定的意义。

9.4.1 ESD 现象概述

所谓 ESD 现象，就是在集成电路芯片的制造、运输和使用过程中，芯片的外部环境或内部结构会积累一定量的电荷，这些积累的电荷有可能会瞬间通过芯片的引脚进入集成电路内部。瞬间通过集成电路内部的峰值电流可以达到数安培，这个瞬态大电流足以将芯片烧毁，这就是集成电路中 ESD 现象的基本过程。调查研究表明，ESD/EOS（电应力）问题是引起集成电路产品失效的最主要的可靠性问题，超过 37% 的电子元件失效都是由 ESD/EOS 问题引起的。

根据 ESD 产生的原因及其对集成电路放电的不同方式，通常将静电放电事件分为以下 3 种模型：
（1）人体模型（Human Body Model, HBM）
（2）机器模型（Machine Model, MM）
（3）充电器件模型（Charged Device Model, CDM）

其中，人体模型（HBM）是目前最常用的模型，也是在产品的可靠性检验中一定要通过的检测项目。HBM 是指当已积累了静电的人体接触芯片时，人体上的静电便有可能会瞬间从芯片的某个端口进入芯片内部，再经由芯片的另一接地端口泄放至地，此放电过程会在短到几百纳秒（ns）的时间内产生数安培的瞬间电流，此电流会把芯片内部的器件烧毁。相关的标准有 MIL-STD-883C method 3015.7，其中人体的等效电容（C_{esd}）为 100 pF，等效电阻（R_{esd}）为 1500 Ω。

如图 9.43 所示为 ESD 现象发生的等效电路图。不同 ESD 泄放模式 HBM、MM、CDM 都可以等效为图 9.43 的形式，各模型之间的差别仅在于它们会有不同的等效电阻、电容和电感值。

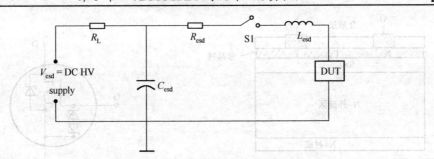

图 9.43 HBM、MM 和 CDM 模型下的 ESD 等效电路

9.4.2 VDMOSFET 中的 ESD 防护结构设计

目前,应用于 VDMOS 器件的 ESD 防护结构已经引起了广泛的研究,常用的 ESD 防护结构包括 SCR(可控硅)、ggNMOS(栅接地的 NMOS)、ggPMOS(栅接地的 PMOS)、多晶硅/体硅形成的二极管、单纯体硅二极管以及电阻等。SCR、ggNMOS 和 ggPMOS 结构在工艺实现上比较复杂,很难与 VDMOS 工艺兼容,会造成器件制造成本的上升。因此,此类 ESD 防护结构常用于集成电路的 I/O(输入/输出)防护结构中,而很少应用于分立元器件。

一般高压功率 VDMOS 中采用的 ESD 保护结构是在栅源之间加反偏二极管,如图 9.44 所示。此二极管通常采用的结构为体硅 PN 结二极管或 Poly 二极管,结构如图 9.45 和图 9.46 所示。体硅 PN 结二极管虽然工艺实现比较简单,但是存在漏源电流大、寄生效应明显、衬底耦合噪声大等缺点,易引起器件的损伤。而采用与体硅分开的多晶硅二极管保护结构,消除了衬底耦合噪声和寄生效应等,有效地减小了漏电流。因此,多晶硅二极管作为 VDMOS 器件的 ESD 保护结构,已逐渐成为目前的主流趋势。

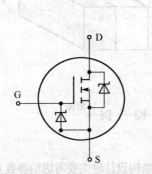

图 9.44 栅源电极间带有反偏二极管防护结构的 VDMOS

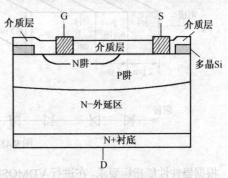

图 9.45 PN 结二极管 ESD 保护结构

因此,本例设计中采用 Poly 二极管作为 ESD 的保护结构,且在栅和源之间加一对背靠背的齐纳二极管,如图 9.47 所示。当 VDMOS 器件正常工作时,总有一个二极管处于反偏状态,不会影响栅、源电极上的电位。但是,当栅、源电极之间因静电产生瞬间高电压时,反偏二极管就会发生击穿,并迅速泄放静电电流,钳位栅源电压,从而防止由瞬间高压导致的栅氧层击穿,保护 VDMOS 的栅氧化层不被破坏。

在工艺实现上,为了与原 VDMOS 工艺兼容,此 Poly 二极管的 P、N 极性可以分别采用原 VDMOS 工序中的 P−和 N+注入,以减少掩膜版数量的增加。

该二极管构成的 ESD 防护结构的触发电压 V_{t1} 应小于栅氧的击穿电压,否则 ESD 结构无法起到保护栅氧的作用。同时,其触发电压应大于栅极的工作电压,使其不会在 V_{GS} 的正常工作电压下开启,导致 GS 短路而使器件无法工作。

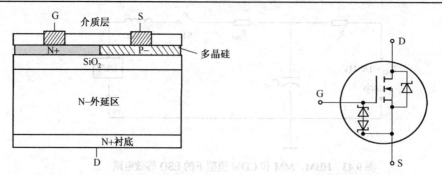

图 9.46 Ploy 二极管 ESD 保护结构   图 9.47 带有 ESD 防护结构的 VDMOS

如图 9.47 所示的齐纳二极管对可以为单个背靠背的二极管，也可以由若干个级连二极管对构成，这可根据实际的工艺参数、需要设计的触发电压等因素来设定。值得注意的是，不要忽略了 PN 区形成时的横向扩散对最终 PN 结结构尺寸的影响。

9.4.3 ESD 防护结构的参数仿真

Poly 二极管 P、N 区的形成分别采用原 VDMOS 工序中的 P−和 N+注入，即 P−注入剂量为 $3\times10^{13}\ cm^{-2}$，N+注入剂量为 $1\times10^{15}\ cm^{-2}$，换算成浓度为 $6\times10^{17}\ cm^{-3}$、$2\times10^{19}\ cm^{-3}$（假设多晶硅厚度为 0.5 μm）。

本例设计的级连 Poly 二极管 ESD 防护结构各参数如图 9.48 所示。

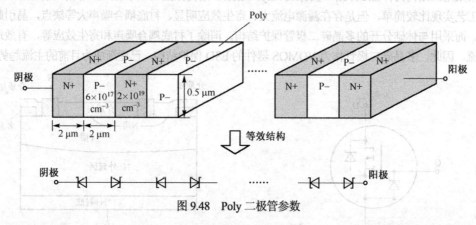

图 9.48 Poly 二极管参数

根据器件性能指标要求，在进行 VDMOSFET 的 ESD 防护结构设计时主要考虑的参数为触发电压 V_{t1} 和人体模型（HBM）下的失效电压，其中 HBM 失效电压的仿真可通过先仿真二次击穿电流（也称为失效电流）I_{t2}，再换算成 HBM 值。

由于是简单的二极管结构，此例直接采用 MEDICI 建立结构，而未从 TSUPREM-4 工艺仿真导入。

1. 开启电压 V_{t1} 的确定

如前所述，ESD 结构的开启电压 V_{t1} 应根据栅氧的击穿电压和 MOS 管的正常工作栅压 V_{GS} 来设定。本例设计的栅氧层厚度在 1000 Å 左右，栅氧击穿电压一般在 80 V 左右，栅极最大工作电压约为 20 V，因此设计的 ESD 结构触发电压 V_{t1} 应大于 20 V，小于 80 V。

二极管形式的 ESD 保护结构的触发电压即为该二极管（串）的反向击穿电压。击穿电压的仿真方法如前面仿真 VDMOSFET 击穿电压时所述。

为了确定达到触发电压时所需使用的二极管串的级数，先仿真一级二极管的击穿电压，编写程序如下。

(1) 仿真程序

```
TITLE      ESD Diode BV Simulation
COMMENT    Create an initial simulation mesh
MESH       ^DIAG.FLI
X.MESH     X.MAX = 4.0   H1 = 0.25
Y.MESH     Y.MAX = 0.5   H1 = 0.25

COMMENT    Region and electrode statements
REGION     NAME = BODY   POLYSILI
ELECTR     NAME = Anode   RIGHT
ELECTR     NAME = Cathode  LEFT

COMMENT    Specify impurity profiles
PROFILE    P-TYPE  N.PEAK = 6E17  UNIF  OUT.FILE = PROFILE
PROFILE    N-TYPE  N.PEAK = 2E19  UNIF  X.MIN = 0   X.MAX = 2

COMMENT    Refine the mesh with doping regrids
REGRID     DOPING  LOG  RAT = 3  SMOOTH = 1  IN.FILE = PROFILE
REGRID     DOPING  LOG  RAT = 3  SMOOTH = 1  IN.FILE = PROFILE
REGRID     DOPING  LOG  RAT = 3  SMOOTH = 1  IN.FILE = PROFILE
+          OUT.FILE = PROFILE

PLOT.2D    GRID  TITLE = "DIODE"   FILL  SCALE
PLOT.1D    DOPING  Y.START = 0.5  Y.END = 0.5  Y.LOG   POINTS
+          TITLE = "Y = 0.5"
SAVE       OUT.FILE = DIODE.tif  TIF

$$$$$$$$$$ BV $$$$$$$$$$
COMMENT    Specify physical models to use
MODELS     IMPACT.I  CONMOB  HPMOB  CONSRH  AUGER  BGN
COMMENT    Initial solution, regrid and potential
SYMB       CARRIERS = 0
METHOD     ICCG  DAMPED
SOLVE

SYMB       NEWTON  CARRIERS = 2
METHOD     n.damp  itlimit = 40  n.dvlim = 15  stack = 40
LOG        OUT.FILE = bvds.log

SOLVE      ELEC = cathode  CONTINU  C.VMAX = 100  C.IMAX = 0.8E-8
+          C.VSTEP = 0.1  C.TOLER = 0.01

PLOT.1D    X.AXIS = V(CATHODE)  Y.AXIS = I(CATHODE)  POINTS  COLOR = 2
+          ^ORDER  CLEAR
```

(2) 仿真结果

一级二极管的击穿电压曲线如图 9.49 所示，从图可以看出，击穿电压约为 6 V，因此可采用 6 级二极管串（36 V），也即用 6 对背靠背的二极管组成 ESD 防护结构（整个结构宽度为 26 μm）。

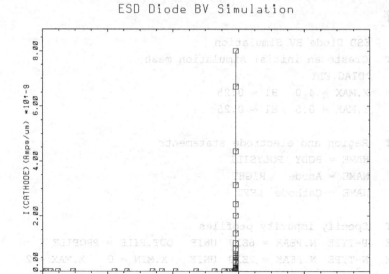

图 9.49 ESD 二极管的击穿电压曲线

2. 二次击穿电流 I_{t2}

二次击穿亦称为热电击穿,其发生是由于电流密度过大引起某些局部点的温度过高,最后导致过热点的晶体熔化,器件损坏。

判定二次击穿可用如下方法:在器件两端加一电流脉冲(TLP脉冲),通过瞬态仿真得到器件结构中的温度分布。不断加大电流脉冲幅值,观察在何种电流等级下,器件结构中的最高温度超过了硅的熔点,并将这一电流值判定为二次击穿电流。经研究,虽然以这种方式判定器件结构的二次击穿与仿真软件对模型温度有效范围的界定不符,但其仿真结果与测试结果的误差在 6%以内。由于此方法涉及温度,因此需要采用晶格温度仿真(Lattice Temperature AAM)。

编写 6 级二极管串的 I_{t2} 仿真程序如下。

(1) 仿真程序

```
        CALL FILE = 6DIODE
        SAVE OUT.FILE = MD.TIF TIF ALL

COMMENT   Enter CIRCUIT mode
START     CIRCUIT
    $ Input source
    ITLP 1 0 PULSE 0 20e-3 20n 10n 10n 100n 2000000n
    $ 6 diode string
    PDIODE   1 = Cathode   0 = Anode
    +        FILE = MD.TIF TIF  WIDTH = 1
FINISH    CIRCUIT

COMMENT   Specify physical models to use
MODELS    IMPACT.I II.TEMP TMPMOB CONMOB HPMOB CONSRH AUGER BGN
SYMBOL    NEWTON CARR = 0
METHOD    DAMPED ICCG
```

第9章 VDMOSFET的设计及仿真验证

```
SOLVE     INIT
LOG       OUT.FILE = It2.log

SYMBOL    NEWTON  CARR = 2   LAT.TEMP  COUP.LAT
METHOD    stack = 40  MAX.TEMP = 1687
SOLVE     DT = 1e-10  TSTOP = 130e-9

SAVE      OUT.FILE = It2.tif TIF
LOG       OUT.FILE = It2.log

COMMENT   Plot the circuit voltages and currents
PLOT.1D   X.AX = TIME  Y.AX = I(PDIODE.ANODE)  POINTS
+         TITLE = "I-TLP"
PLOT.1D   LAT.TEMP  COLOR = 2 POINTS
+         TITLE = "Lattice Temperature"
```

其中，CALL 命令调用的文件 6DIODE 是用来生成器件结构的文件，内容如下。

```
$*6DIODE
TITLE     ESD Diode String
COMMENT   Create an initial simulation mesh
MESH      ^DIAG.FLI
X.MESH    X.MAX = 26.0  H1 = 0.25
Y.MESH    Y.MAX = 0.5   H1 = 0.25

COMMENT   Region and electrode statements
REGION    NAME = BODY     POLYSILI
ELECTR    NAME = Anode    RIGHT
ELECTR    NAME = Cathode  LEFT
ELECTR    NAME = Heat1    LEFT    THERMAL
ELECTR    NAME = Heat2    RIGHT   THERMAL
ELECTR    NAME = Heat3    TOP     X.MIN = 0.01 X.MAX = 25.99   THERMAL
ELECTR    NAME = Heat4    BOTTOM  X.MIN = 0.01 X.MAX = 25.99   THERMAL

COMMENT   Specify impurity profiles
PROFILE   P-TYPE  N.PEAK = 6E17  UNIF  OUT.FILE = PROFILE
PROFILE   N-TYPE  N.PEAK = 2E19  UNIF  X.MIN = 0    X.MAX = 2
PROFILE   N-TYPE  N.PEAK = 2E19  UNIF  X.MIN = 4    X.MAX = 6
PROFILE   N-TYPE  N.PEAK = 2E19  UNIF  X.MIN = 8    X.MAX = 10
PROFILE   N-TYPE  N.PEAK = 2E19  UNIF  X.MIN = 12   X.MAX = 14
PROFILE   N-TYPE  N.PEAK = 2E19  UNIF  X.MIN = 16   X.MAX = 18
PROFILE   N-TYPE  N.PEAK = 2E19  UNIF  X.MIN = 20   X.MAX = 22
PROFILE   N-TYPE  N.PEAK = 2E19  UNIF  X.MIN = 24   X.MAX = 26

COMMENT   Refine the mesh with doping regrids
REGRID    DOPING LOG  RAT = 3  SMOOTH = 1  IN.FILE = PROFILE
REGRID    DOPING LOG  RAT = 3  SMOOTH = 1  IN.FILE = PROFILE
REGRID    DOPING LOG  RAT = 3  SMOOTH = 1  IN.FILE = PROFILE
+         OUT.FILE = PROFILE

CONTACT   NAME = Heat1  R.THERMA = 1E30
```

```
CONTACT    NAME = Heat2  R.THERMA = 1E30
CONTACT    NAME = Heat3  R.THERMA = 1E30
CONTACT    NAME = Heat4  R.THERMA = 1E30

PLOT.2D    GRID  TITLE = "DIODE"  FILL  SCALE
PLOT.2D          TITLE = "DIODE"  FILL  SCALE
PLOT.1D    DOPING  Y.START = 0.5  Y.END = 0.5
+          Y.LOG  POINTS  TITLE = "Y = 0.5"
```

程序说明：

① 热边界条件的设定

由于在 ESD 防护器件的仿真中涉及非等温仿真，所以必须定义热边界条件。所谓定义热边界条件，就是定义器件边界的环境温度及边界的导热情况（散热条件）。环境温度默认为 300 K，热边界条件通过在器件边界设置热电极来设定。设置热电极的边界条件通过以下公式来定义。

$$\kappa \frac{\partial T}{\partial N} = h(T_{\text{exe}} - T) \tag{9.4}$$

式中，h 表示表面热电导，$h = 1/R_{th}$；R_{th} 表示热阻，可以在 CONTACT 语句中设定每个热电极上的 R_{th} 值，从而确定每个热电极的热边界条件。默认情况下，R_{th} 值为 0，此时 $h = \infty$，导热能力无穷大，即边界上温度恒定为环境温度（如果 $h = 0$，$R_{th} = \infty$ 则是绝热面），如果要定义非理想热电极，可通过调整 R_{th} 的大小来调整特定热电极的导热能力。

本例 VDMOSFET 中，ESD 结构周围都为隔离氧化层，导热性较差，因此仿真时选择最差的情况，即四周边界完全绝热（设定 $R_{th} = 1 \times 10^{30} \to \infty$）。

② 物理模型选择

ESD 现象涉及的物理机制十分复杂，在一个具有回滞特性的 ESD 防护器件中（如 ggNMOS、SCR 等），其工作过程包括雪崩击穿、维持和热击穿。

由于涉及雪崩击穿，所以需选用 IMPACT.I 模型，而且是跟温度有关的热击穿，所以需要选用基于温度的碰撞离化模型 II.TEMP。同时，选择的迁移率模型除了常规的基于浓度的模型 CONMOB 外，还需要基于温度的模型 TMPMOB、高电场的惠普迁移率模型 HPMOB 以及复合模型。

③ 电流脉冲波形

使用的仿真电流脉冲为目前广泛采用的 TLP 电流脉冲波形，上升沿、下降沿各为 10 ns，脉冲宽度为 100 ns（HBM 模型），如图 9.50 所示。

仿真过程中，不断提高电流脉冲幅值，观察在何种电流幅值下器件结构中的最高温度超过硅的熔点 1687K，并将这一电流值判定为二次击穿电流。

(2) 仿真结果

脉冲电流幅值为 20 mA 时的仿真结果如图 9.51 所示。从电流脉冲仿真图中可以看出，约在 93 ns 时晶格温度被加热至超过硅的熔点 1687K，此时软件会自动停止后续仿真。对应的晶格温度如图 9.52 所示。

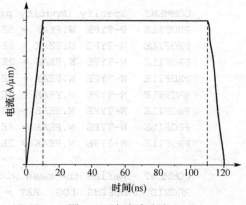

图 9.50 电流脉冲波形

降低脉冲电流幅值至 19.9 mA，同样地，约在 95 ns 时晶格温度被加热至超过 1687K；降至 19.8 mA，当整个电流脉冲结束时，晶格温度亦未超过 1687K，如图 9.53 所示。

第 9 章　VDMOSFET 的设计及仿真验证

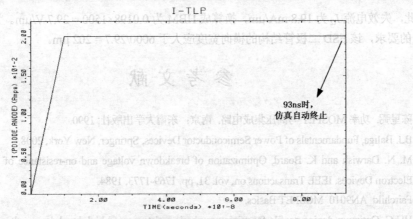

图 9.51　电流脉冲仿真图（20 mA）

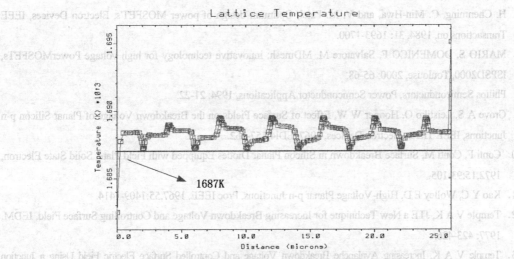

图 9.52　脉冲电流幅值为 20 mA 时的晶格温度分布

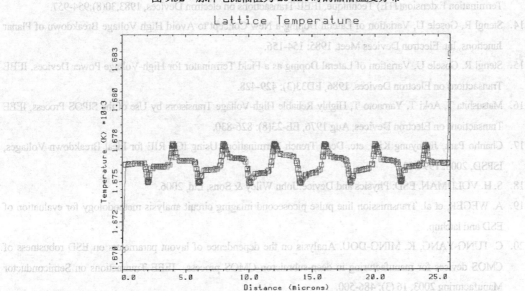

图 9.53　脉冲电流幅值为 19.8 mA 时的晶格温度分布

因此，失效电流 I_{t2} 为 19.8 mA/μm，换算成 HBM 为 0.0198×1500 = 29.7 V/μm。为了达到 HBM 电压 6 kV 的要求，该 ESD 二极管结构的横向宽度应大于 6000/29.7 = 202 μm。

参 考 文 献

1. 陈星弼. 功率 MOSFET 与高压集成电路. 南京：东南大学出版社，1990.
2. B.J. Baliga, Fundamentals of Power Semiconductor Devices, Springer, New York, 2008.
3. M. N. Darwish and K. Board, Optimization of breakdown voltage and on-resistance of VDMOS transistors, Electron Devices, IEEE Transactions on, vol. 31, pp. 1769-1773, 1984.
4. Fairchild_AN9010_MOSFET Basics.
5. HU C, Optimum doping profile for minimum ohmic resistance and high breakdown voltage, IEEE Trans Electr Dev, 1979, 26(3).
6. H. Chenming, C. Min-Hwa, and V. M. Patel, Optimum design of power MOSFET's, Electron Devices, IEEE Transactions on, 1984, 31: 1693-1700.
7. MARIO S, DOMENICO F, Salvatore M. MDmesh: innovative technology for high voltage PowerMOSFETs, ISPSD2000, Toulouse, 2000: 65-68.
8. Philips Semiconductors, Power Semiconductor Applications, 1994: 21-22.
9. Grove A S, Leistiko O, Hooper W W, Effect of Surface Fields on the Breakdown Voltage of Planar Silicon p-n Junctions, IEEE Trans, Electron Devices, 1967, ED14:157-162.
10. Conti F, Conti M, Surface Breakdown in Silicon Planar Diodes Equipped with Field Plate, Solid State Electron, 1972,15:93-105.
11. Kao Y C, Wolley E D, High-Voltage Planar p-n Junctions, Proc IEEE, 1967,55:1409-1414.
12. Temple V A K, JTE a New Technique for Increasing Breakdown Voltage and Controlling Surface Field, IEDM, 1977: 423-426.
13. Temple V A K, Increasing Avalanche Breakdown Voltage and Controlled Surface Electric Field Using a Junction Termination Extension(JTE) Technique, IEEE Transactions on electron Devices, 1983,30(8):954-957.
14. Stengl R, Gosele U, Variation of Lateral Doping-a New Concept to Avoid High Voltage Breakdown of Planar Junctions, Int. Electron Devices Meet, 1985: 154-156.
15. Stengl R, Gosele U, Variation of Lateral Doping as a Field Terminator for High-Voltage Power Devices, IEEE Transactions on Electron Devices, 1986, ED33(3): 429-428.
16. Matsushita T, Aoki T, Yamaoto T, Highly Reliable High-Voltage Transistors by Use of the SIPOS Process, IEEE Transactions on Electron Devices, Aug 1976, EE-23(8): 826-830.
17. Chanho Park, Jinmyung Kim, etc. Deep Trench Terminations Using ICP RIE for Ideal Breakdown Voltages, ISPSD, 2003: 199-202.
18. S. H. VOLDMAN. ESD: Physics and Device: John Wiley & Sons, Ltd, 2006.
19. A. WEGER, et al. Transmission line pulse picosecond imaging circuit analysis methodology for evaluation of ESD and latchup.
20. C. TUNG-YANG, K. MING-DOU. Analysis on the dependence of layout parameters on ESD robustness of CMOS devices for manufacturing in deep-submicron CMOS process IEEE Transactions on Semiconductor Manufacturing 2003, 16 (3): 486-500.

21. S. HYVONEN, et al. Combined TLP/RF testing system for detection of ESD failures in RF circuits Electronics Packaging Manufacturing, IEEE Transactions on, 2005, 28 (3): 224-230.
22. K. MING-DOU, et al. ESD test methods on integrated circuits: an overview.
23. A. Z. H. WANG. On-chip ESD Protection for Integrated Circuits an IC design perspective: Kluwer Academic 2002.
24. K. MING-DOU, et al. Capacitor-couple ESD protection circuit for deep-submicron low-voltage CMOS ASIC Very Large Scale Integration (VLSI) Systems, IEEE Transactions on, 1996, 4 (3): 307-321.
25. Y. W. HSIAO, M. D. KER. Bond Pad Design With Low Capacitance in CMOS Technology for RF Applications Electron Device Letters, IEEE, 2007, 28 (1): 68-70.
26. S. HYVONEN, et al. Comprehensive ESD protection for RF inputs Microelectronics and Reliability, 2005, 45 (2): 245-254.
27. K. MING-DOU, K. BING-JYE. Decreasing-size distributed ESD protection scheme for broad-band RF circuits IEEE Transactions on Microwave Theory and Techniques 2005, 53 (2): 582-589.
28. Y. MA, et al. ESD protection design considerations for InGaP/GaAs HBT RF power amplifiers ESD protection design considerations for InGaP/GaAs HBT RF power amplifiers Microwave Theory and Techniques, IEEE Transactions on, 2005, 53 (1): 221-228.
29. M. SUN, et al. Low capacitance ESD protection circuits for GaAs RF ICs Journal of Electrostatics, 2007, 65 (3): 189-199.
30. 黄大海. ESD 仿真技术研究[硕士学位论文]. 杭州：浙江大学, 2010.
31. User's Manual. TSUPREM-4 Version2007.03. Synopsys, USA.
32. User's Manual. MEDICI Version2007.03. Synopsys, USA.

第 10 章 IGBT 的设计及仿真验证

本章通过设计一款耐压为 1700 V 的 IGBT，帮助读者了解前面章节所述的工艺仿真软件 TSUPREM-4 和器件仿真软件 MEDICI 的模拟建立过程以及两个软件的配合使用方法。本章的安排如下：首先介绍 IGBT 的基本结构；然后给出一款 1700V IGBT 器件的电性指标，根据指标要求，设计 IGBT 的各项参数，用 MEDICI 软件直接定义（绘制）该结构并初步验证性能；最后用 TSUPREM-4 软件通过工艺步骤真实地形成该结构，将结果数据导入器件仿真软件 MEDICI 中做最后的检验，并不断改进完善，直至满足所有设计指标。

10.1 IGBT 结构简介

绝缘栅双极型晶体管（IGBT）集双极型器件（BJT）的大电流密度、低导通电阻和 MOS 器件的高输入阻抗等优点于一身，在各种功率转换、马达驱动及电力电子装置中得到了广泛的应用。

IGBT 可以看做是一个电压控制的 BJT 器件，如图 10.1 所示的是典型的 N 沟道工艺穿通型绝缘栅双极型晶体管（PT-IGBT）的基本结构剖面图。从图可以看出，其正面结构和纵向场效应晶体管（VDMOSFET）十分相似，不同之处是背面增加了一个 P+注入层，由此引出集电极 Collector，该区和其上的 N+缓冲层形成 PN 结（J1），N–漂移区与 P 阱形成另一个 PN 结（J2），这两个 PN 结构成了一个 PNP 型的双极型晶体管。靠近表面的 N+区称为发射区，附于其上的电极为发射极 Emitter，器件的控制区称为栅区，附于其上的电极称为栅极（Gate）。

当器件处于正向导通状态时，J1 结的正向偏压使得大量空穴从背面 P+集电区注入到 N–漂移区，使 N–漂移区的少子浓度大大增加，产生显著的电导调制效应，使 N–漂移区的电阻大大降低，电流密度大为提高。

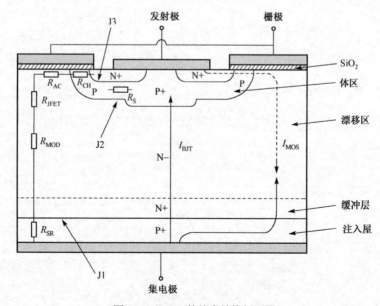

图 10.1 IGBT 的基本结构剖面图

第 10 章 IGBT 的设计及仿真验证

从图 10.2 的等效电路中可以看出，IGBT 器件实际上就是场效应晶体管 MOSFET 和双极型晶体管 BJT 的组合，也就是说，N 沟道 IGBT 的等效电路及工作机制相当于把 N 沟道 MOSFET 作为输入端，把 PNP 晶体管作为输出端的 MOS 型输入反向达林顿晶体管。IGBT 器件的总电流可以看做是来自沟道的 MOS 分量与含有 PN 结注入的双极分量之和，即

$$I_{IGBT} = I_{MOS} + I_{BJT} \tag{10.1}$$

对于耐压小于 500 V 的低压 IGBT 而言，MOS 分量和 BJT 分量在数值上相当接近，但对于耐压大于 500 V 的 IGBT 而言，通常 I_{MOS}/I_{BJT} 会在 5.5 以上，也就是说，MOS 电流分量在 IGBT 的总电流中会占到 85%以上。

常规的 IGBT 器件大致可分为穿通型（PT-IGBT）和非穿通型（NPT-IGBT）两类。这两类最大的区别就是在 N−漂移区和 P+集电区之间是否存在 N+缓冲层：有 N+缓冲层的为穿通型，没有 N+缓冲层的为非穿通型。N+缓冲层的存在有两个作用：首先，耗尽层截止在这一 N+缓冲层中，在特定的击穿电压下基区较薄，导通电阻小；其次，由 P+集电区注入的空穴在 N+缓冲层中会被多复合掉一些，通过抵销一部分集电极的注入效率，使得 IGBT 的关断时间不致变得太长。N+缓冲层减少了关断时的拖尾电流，缩短了电流下降时间，在导通电阻和开关损耗之间进行了折中。

IGBT 具有类似晶闸管 PNPN 的 4 层结构，从等效电路图 10.2 中可以看出其寄生有 NPN 晶体管，R_S 是 N+源区下方 P 阱区的扩散电阻，它连接在寄生 NPN 管的发射极与基极之间。IGBT 正向工作时，在 I_{BJT} 不大的情况下，寄生 NPN 管发射极与基极之间的压降较低，使 NPN 管处于关断状态。但是随着 I_{BJT} 不断增大，一旦寄生电阻 R_S 两端电压足够大，导致寄生 NPN 管开启，器件将处于晶闸管的导通状态，此时器件电流不再受其栅压控制，失去了关断能力，正反馈电流导致器件毁坏性失效，这就是器件的闩锁（Latch-up）效应。为了抑制闩锁效应的出现，有很多优化设计可以采用，如控制少数载流子寿命、P 阱分步扩散提高其表面掺杂浓度、减小 N+发射区横向长度和选择合理的元胞图形等。

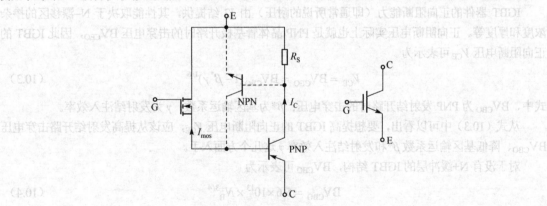

图 10.2 IGBT 等效电路及符号

10.2 IGBT 元胞结构设计

10.2.1 IGBT 的正向压降设计

IGBT 元胞的结构虽然看上去与 VDMOS 很相似，但由于背面 P+的存在，使得两者在性能上有很大的差异。在正向导通时，P+衬底将向器件内部 N 区注入大量的空穴，引起基区电导调制，从而大大降低了导通电阻。因而原本在优化 VDMOS 时重点考虑的优化 R_{ON} 的方法，此时已不再适用了。对 IGBT

进行优化设计，可以通过两个电流通路的几何参数（如 MOS 通路上的栅宽 L_G 和体区 P-阱宽 L_{well}，BJT 通路上的体区 P-阱宽 L_{well} 和体区 P+阱宽 L_{DP}）的合理设置，来调整这两部分的电流比例，使得 IGBT 器件具有最大的单位有源区导通电流容量。

以 IGBT 正向压降 V_F 最小化作为器件优化设计的目标，在 MOS-BJT 晶体管模型中，正向压降可以表示为

$$V_F = (R_{CH} + R_{AC} + R_{JFET} + R_{MOD})I_{MOS} + V_{BE} \tag{10.2}$$

式中，I_{MOS} 是 MOSFET 电流；R_{CH} 是 MOS 沟道电阻；R_{AC} 是载流子积累层电阻；R_{JFET} 是 P 阱之间寄生 JFET 电阻；R_{MOD} 是 N-漂移区调制电阻；V_{BE} 是 J1 结的压降，即 PNP 管的发射结压降。从式（10.2）中可以看到，要使得正向压降 V_F 变小，就是要使 R_{JFET}、R_{MOD}、V_{BE} 最小化。由于在高压 IGBT 总电流中，MOS 电流分量占 4/5 以上，因此可以将 MOS 通路的优化设计作为主要考虑因素，并以此为依据来构造高压 IGBT 元胞的分级优化步骤：①对与 MOS 通路相关的元胞参数栅宽 L_G 和 P-阱宽 L_{well} 进行优化，提取优化值，该步骤的目的主要是使得 MOS 通路电流密度 I_{MOS}/A_{CELL} 最大；②在栅宽 L_G 和 P-阱宽 L_{well} 确定之后，对 BJT 通路的另一相关参数 P+阱宽 L_{DP} 进行合理选取，使得器件的闩锁电流阈值尽量高。

一般来说，IGBT 设计的指导方针之一是要在正向压降和开关时间之间进行优化。减小正向压降可以采取的措施有：①使用穿通型结构；②提高少子寿命；③N-外延层尽量薄；④减小沟道电阻，降低栅氧厚度；⑤减小元胞之间的 JFET 电阻或使用沟槽栅结构。而要提高开关速度，则需要满足以下的要求：①降低少子寿命（如采取电子辐照方法）；②采用增加 N+缓冲层的 PT 型结构；③降低 PNP 晶体管电流增益。可以看出，开关速度和正向压降这两个参数优化有时存在着矛盾，因此必需根据设计者的需要进行折中考虑。

10.2.2 IGBT 的正向阻断电压的设计

IGBT 器件的正向阻断能力（即通常所说的耐压）由 J2 结提供，其性能取决于 N-漂移区的掺杂浓度和厚度等。正向阻断电压实际上也就是 PNP 晶体管基极开路时的击穿电压 BV_{CEO}，因此 IGBT 的正向阻断电压 V_{CE} 可表示为

$$V_{CE} = BV_{CEO} = BV_{CBO}(1 - \beta^* \gamma)^{1/6} \tag{10.3}$$

式中，BV_{CBO} 为 PNP 发射结开路时的击穿电压；β^* 为基区输运系数；γ 为发射结注入效率。

从式（10.3）中可以看出，要想提高 IGBT 的正向阻断电压 V_{CE}，应该从提高发射结开路击穿电压 BV_{CBO}、降低基区输运系数 β^* 和发射结注入效率 γ 这几个方面入手。

对于没有 N+缓冲层的 IGBT 结构，BV_{CBO} 可表示为

$$BV_{CBO} = 5.6 \times 10^{13} \times N_B^{-3/4} \tag{10.4}$$

式中，N_B 表示 N-层的掺杂浓度。

对于加入 N+缓冲层的 IGBT 结构，其耐压可表示为

$$BV_{CBO} = W_B \left[\left(2qN_B \times 5.6 \times 10^{13} \times N_B^{-3/4} \right) / \varepsilon \right] - q/2\varepsilon W_B^2 \cdot N_B \tag{10.5}$$

式中，W_B 为 N-层中非耗尽区的宽度；q 为电子电荷；ε 为硅介电常数。

加入 N+缓冲层的结构可降低 PNP 晶体管注入效率和基区输运系数，有利于提高 IGBT 器件的正向阻断电压。从式（10.5）中还可以看出，N-外延层的掺杂浓度 N_B 越低，耐压就越高，但器件的正向压降也会越大。因此设计时，应适当选择 N_B，以便在击穿电压与正向压降之间进行折中。

10.2.3 元胞几何图形的考虑

IGBT的元胞几何图形有许多种，如条形、方形、圆形和六角形等，各种几何图形的导通电阻、电流能力、高频性能和抗闩锁能力等略有差别。如正向导通压降随条形、方形、圆形而顺序减小，而在抗闩锁能力上，条形元胞却要优于方形和圆形元胞。但在计算机仿真时，通常只能进行二维结构的模拟，因此对简单的条形元胞可以进行比较准确的模拟元胞。如果是规则的正多边形元胞，如正方形和正六边形等，也可以采用在条形元胞的基础上乘以相应的调整系数来进行模拟。但对于有第三维复杂结构的器件来说，是很难进行精确模拟的。因此，本章中的模拟都是基于条形元胞来进行的。

10.2.4 IGBT元胞仿真实例

现以某款1700 V IGBT器件为例来进行IGBT器件设计仿真，器件的主要电参数设计指标如表10.1所示。

表10.1 IGBT参数设计指标与测试条件

参　数	设计指标	测试条件
阈值电压 $V_{GE(th)}$	4 V (3~5 V)	$I_C = 250\ \mu A$, $V_{CE} = V_{GE}$
击穿电压 V_{CES}	≥1870 V	$I_c = 250\ \mu A$, $V_{GE} = 0$
集电极电流 I_C	≥25 A	$T = 25℃$
饱和压降 $V_{CE(sat)}$	≤3 V	$V_{GE} = 15\ V$, $I_{GE} = 16\ A$
关断时间	1700 ns	感性负载，$V_{GE} = 15\ V$, $R_G = 33\ \Omega$

以下是根据设计指标所做的一个1870 V（10%裕量）硅平面栅型IGBT器件的MEDICI仿真例子。器件采用穿通型结构，半个元胞长度为10.25 μm，其中多晶硅长度为7 μm；背面P+集电极掺杂浓度为$1×10^{18}\ cm^{-3}$，结深0.4 μm；背面N+缓冲层厚度为30 μm，表面浓度为$1×10^{16}\ cm^{-3}$；N–基区的厚度为190 μm，电阻率为75 Ω·cm；正面P-阱结深为2.6 μm，掺杂浓度为$3×10^{17}\ cm^{-3}$；P+阱结深为3.2 μm，掺杂浓度为$10^{19}\ cm^{-3}$；N+源区的宽度为1 μm，结深为0.3 μm，掺杂浓度为$2×10^{20}\ cm^{-3}$。仿真程序首先描述器件元胞的基本结构，然后在此结构下仿真其正向阻断电压，同时得到器件内部电场及电势的分布，器件构造及仿真程序如下。

```
TITLE     MEDICI-IGBT
COMMENT   Create an initial simulation mesh
MESH      ^DIAG.FLI    ADJUST
X.MESH    X.MAX = 10.25    H1 = 0.5
Y.MESH    Y.MIN = -1.5     DEPTH = 0.8     H1 = 0.4
Y.MESH    Y.MIN = -0.7     DEPTH = 0.5     H1 = 0.1
Y.MESH    Y.MIN = -0.2     DEPTH = 0.25    H1 = 0.05
Y.MESH    Y.MIN = 0.05     DEPTH = 219.95  H1 = 0.5

ELIMINATE ROWS      Y.MIN = -0.78   Y.MAX = -0.16
ELIMINATE ROWS      Y.MIN = 7       Y.MAX = 218
ELIMINATE COLUMNS   Y.MIN = 7       Y.MAX = 218

COMMENT   Region and electrode statements
REGION    NAME = BULK SILICON
REGION    NAME = GATEOXIDE  OXIDE Y.MAX = 0
```

```
REGION    NAME = GATEPOLY  POLYSILI   X.MAX = 7  Y.MIN = -0.73  Y.MAX = -0.10

ELECTR    NAME = SOURCE    X.MIN = 7.5  X.MAX = 10.25   Y.MAX = 0
ELECTR    NAME = DRAIN     BOTTOM
ELECTR    NAME = GATE      REGION = GATEPOLY

COMMENT   Specify impurity profiles
PROFILE   N-TYPE  N.PEAK = 5.8E13  UNIF  Y.MIN = 0  OUT.FILE = PROFILE

$buffer layer
PROFILE   N-TYPE  N.PEAK = 7E13     UNIF  Y.MIN = 190.5
PROFILE   N-TYPE  N.PEAK = 8E13     UNIF  Y.MIN = 191
PROFILE   N-TYPE  N.PEAK = 9E13     UNIF  Y.MIN = 191.5
PROFILE   N-TYPE  N.PEAK = 1E14     UNIF  Y.MIN = 193
PROFILE   N-TYPE  N.PEAK = 2E14     UNIF  Y.MIN = 194.5
PROFILE   N-TYPE  N.PEAK = 2.8E14   UNIF  Y.MIN = 196
PROFILE   N-TYPE  N.PEAK = 3.5E14   UNIF  Y.MIN = 197.5
PROFILE   N-TYPE  N.PEAK = 5E14     UNIF  Y.MIN = 199
PROFILE   N-TYPE  N.PEAK = 6E14     UNIF  Y.MIN = 200.5
PROFILE   N-TYPE  N.PEAK = 8E14     UNIF  Y.MIN = 202
PROFILE   N-TYPE  N.PEAK = 1E15     UNIF  Y.MIN = 203.5
PROFILE   N-TYPE  N.PEAK = 1.5E15   UNIF  Y.MIN = 205
PROFILE   N-TYPE  N.PEAK = 2E15     UNIF  Y.MIN = 206.5
PROFILE   N-TYPE  N.PEAK = 2.5E15   UNIF  Y.MIN = 208
PROFILE   N-TYPE  N.PEAK = 3E15     UNIF  Y.MIN = 209.5
PROFILE   N-TYPE  N.PEAK = 4E15     UNIF  Y.MIN = 211
PROFILE   N-TYPE  N.PEAK = 5E15     UNIF  Y.MIN = 212.5
PROFILE   N-TYPE  N.PEAK = 6E15     UNIF  Y.MIN = 214
PROFILE   N-TYPE  N.PEAK = 7E15     UNIF  Y.MIN = 215.5
PROFILE   N-TYPE  N.PEAK = 8E15     UNIF  Y.MIN = 217
PROFILE   N-TYPE  N.PEAK = 9E15     UNIF  Y.MIN = 218.5
PROFILE   N-TYPE  N.PEAK = 1E16     UNIF  Y.MIN = 219.6

$P+ layer
PROFILE   P-TYPE  N.PEAK = 1E18  UNIF  Y.MIN = 219.6  Y.MAX = 220

$P-Body
PROFILE   P-TYPE  N.PEAK = 3E17  X.MIN = 7.5  WIDTH = 2.75  XY.RATIO = 0.85
+         Y.MIN = 0  Y.JUNC = 2.6

$P+ well
PROFILE   P-TYPE  N.PEAK = 1E19  X.MIN = 9.25  WIDTH = 1  XY.RATIO = 0.85
+         Y.MIN = 0  Y.JUNC = 3.2

$Source
PROFILE   N-TYPE  N.PEAK = 2E20  X.MIN = 7  WIDTH = 1  XY.RATIO = 1
+         Y.MIN = 0  Y.JUNC = 0.3
```

```
COMMENT     Refine the mesh with doping regrids
REGRID      DOPING  LOG   RAT = 3  SMOOTH = 1  IN.FILE = PROFILE
REGRID      DOPING  LOG   RAT = 3  SMOOTH = 1  IN.FILE = PROFILE
REGRID      DOPING  LOG   RAT = 3  SMOOTH = 1  IN.FILE = PROFILE
+           OUT.FILE = afterregrid
PLOT.2D     GRID  TITLE = "Simulation Mesh"  FILL  SCALE
PLOT.2D     GRID  TITLE = "Simulation Mesh (top)"  FILL  SCALE  Y.MAX = 10
PLOT.2D     GRID  TITLE = "Simulation Mesh (bottom)"  FILL  SCALE  Y.MIN = 210
PLOT.2D     TITLE = "Simulation Mesh"  FILL  SCALE  Y.MAX = 10
PLOT.2D     TITLE = "Simulation Mesh"  FILL  SCALE  Y.MIN = 210
PLOT.1D     DOPING  X.START = 0  X.END = 0  BOTTOM = 1E12  TOP = 4E18
+           Y.LOG   POINTS   TITLE = "X = 0"
PLOT.1D     DOPING  X.START = 10.25  X.END = 10.25  BOTTOM = 1E12  TOP = 4E18
+           Y.LOG   POINTS   TITLE = "X = 10.25"
PLOT.1D     DOPING  X.START = 10.25  X.END = 10.25  LEFT = 150
+           Y.LOG   POINTS   TITLE = "X = 10.25"
PLOT.1D     DOPING  X.START = 10.25  X.END = 10.25  RIGHT = 15
+           Y.LOG   POINTS   TITLE = "X = 10.25"
PLOT.1D     DOPING  Y.START = 0  Y.END = 0
+           Y.LOG   POINTS   TITLE = "Y = 0"

SAVE        OUT.FILE = IGBT  TIF

INTERFAC    QF = 1E10

COMMENT     Specify physical models to use
MODELS      IMPACT.I  CONMOB  HPMOB  CONSRH  AUGER  BGN
COMMENT     Initial solution , regrid and potential
SYMB        CARRIERS = 0
METHOD      ICCG  DAMPED
SOLVE


COMMENT     Perform a 0-carrier solution at the initial bias
SYMB        CARRIERS = 0
SOLVE       V(Source) = 0.0  V(GATE) = 0  V(Drain) = 0  LOCAL
COMMENT     Obtain solutions using 2-carrier Newton with continuation
SYMB        CARRIERS = 2   NEWTON
METHOD      n.damp  itlimit = 40  n.dvlim = 15  stack = 40
LOG         OUT.FILE = bvds

SOLVE       ELEC = DRAIN  V(DRAIN) = 0  VSTEP = 500  NSTEPS = 3
SOLVE       ELEC = DRAIN  CONTINU  C.VMAX = 2500  C.IMAX = 0.8E-8
+           C.VSTEP = 100  C.TOLER = 0.01
```

```
COMMENT    Drain current vs. drain voltage
PLOT.1D    X.AXIS = V(Drain)  Y.AXIS = I(DRAIN)   POINTS COLOR = 2 ^ORDER
+          LEFT = 1000 RIGHT = 2500  BOT = 1.0E-11  TOP = 1.0E-8  CLEAR
+          TITLE = "Breakdown Voltage(2000V)"

COMMENT    Flowlines for last solution
PLOT.2D    BOUND JUNC DEPL TITLE = "Flowlines"  FILL SCALE  Y.MAX = 10
CONTOUR    FLOWLINES NCONT = 31 COLOR = 1
PLOT.2D    BOUND JUNC DEPL TITLE = "Flowlines"  FILL SCALE  Y.MIN = 210
CONTOUR    FLOWLINES NCONT = 31 COLOR = 1

COMMENT    Potential contour and electric field lins for most recent solution
PLOT.2D    BOUND JUNC DEPL TITLE = "Poten-lines"  FILL SCALE   Y.MAX = 10
CONTOUR    POTENTIA MIN = -1  MAX = 1200  DEL = 30 COLOR = 6
PLOT.2D    BOUND JUNC DEPL TITLE = "Poten-lines"  FILL SCALE   Y.MIN = 210
CONTOUR    POTENTIA MIN = -1  MAX = 1200  DEL = 30 COLOR = 6

PLOT.2D    BOUND JUNC DEPL TITLE = "E.FIELD"  FILL SCALE  Y.MAX = 10
CONTOUR    E.FIELD MIN = 5E4 MAX = 6E5 DEL = 2E4 COLOR = 6
PLOT.2D    BOUND JUNC DEPL TITLE = "E.FIELD"  FILL SCALE  Y.MIN = 210
CONTOUR    E.FIELD MIN = 5E4 MAX = 6E5 DEL = 2E4 COLOR = 6
```

在器件构造和仿真过程中,器件剖面结构、网格、掺杂和正向阻断电压的数据文件分别被保存在名为 PROFILE、afterregrid、IGBT 和 bvds 的 4 个文件中。如图 10.3～图 10.8 所示为 MEDICI 运行后输出的图形。其中图 10.3 为器件正面和背面的网格生成图;图 10.4 为 $x = 0\ \mu m$ 和 $x = 10.25\ \mu m$ 处的纵向掺杂浓度分布图;图 10.5 为器件表面($Y = 0$ 处)掺杂浓度的横向分布图;图 10.6 为器件正向阻断电压的仿真结果图,从图中可以看出在此器件结构和掺杂分布下,正向阻断电压约为 2000 V,从输出文件(*.out)可以读出,其耐压达到 2003 V,能够满足大于 1870 V 的设计要求;图 10.7 为 IGBT 器件正面与背面的电力线分布图;图 10.8 为器件正面电场分布图。

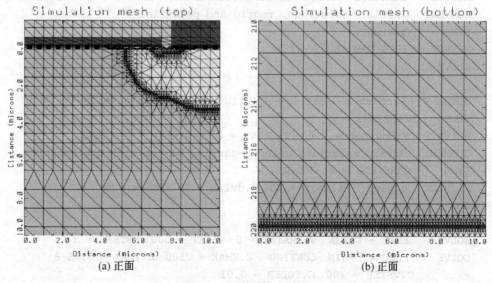

(a) 正面   (b) 正面

图 10.3　器件网格分布图

第 10 章 IGBT 的设计及仿真验证

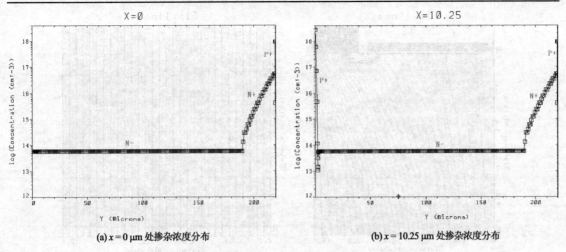

(a) $x = 0\ \mu m$ 处掺杂浓度分布 (b) $x = 10.25\ \mu m$ 处掺杂浓度分布

图 10.4 器件纵向掺杂（含 N 型和 P 型杂质）浓度分布图

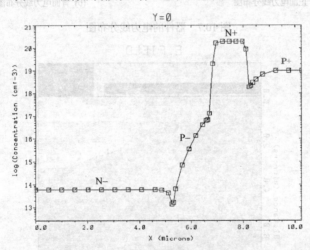

图 10.5 器件表面掺杂（含 N 型和 P 型杂质）浓度的横向分布图

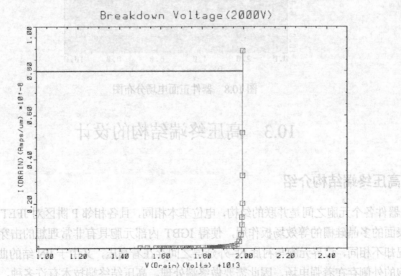

图 10.6 在特定测试条件下器件正向阻断电压仿真图

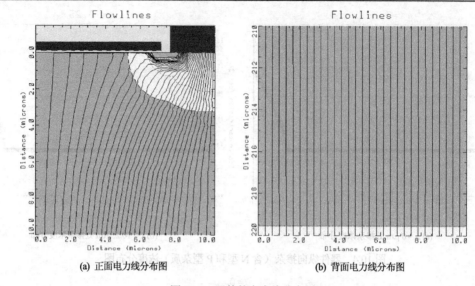

(a) 正面电力线分布图　　　　　　(b) 背面电力线分布图

图 10.7　器件的电力线分布图

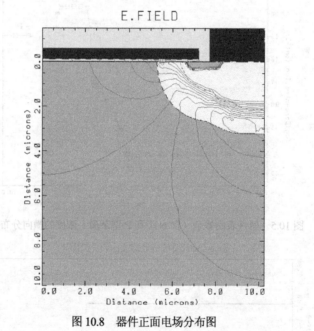

图 10.8　器件正面电场分布图

10.3　高压终端结构的设计

10.3.1　高压终端结构介绍

IGBT 器件各个元胞之间是并联的结构，电位基本相同，且各相邻 P 阱区对 JFET 区有电场屏蔽作用，加之表面的多晶硅栅的等效场板作用，使得 IGBT 内部元胞具有非常理想的击穿特性。但在边界元胞处情况却不相同，边界元胞与衬底 N–外延层之间存在着高压，又由于 PN 结的曲率半径问题，使得边界元胞的外侧存在着强电场，因此需要做终端处理。高压结终端技术有许多种，其中使用最多的是场限环（俗称分压环）技术和场板技术。

第 10 章 IGBT 的设计及仿真验证

如图 10.9 所示，场限环结构在扩散形成内部 PN 结（主结）的同时，在其外围做上若干个 P+环把主结包围起来。这些环与主结及其他电极并没有电接触，因此又称为浮空场限环。这些浮空场限环能抑制最外侧主结边缘曲率效应引起的电场集中，将高压以分压的方式逐渐环降低，从而维持整个 IGBT 器件的击穿电压在较高水平。

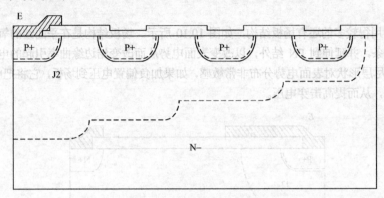

图 10.9 场限环结构示意图

当主结加反向电压时，主结与环结的电场及电位分布可用半导体表面的二维泊松方程求解

$$\left.\frac{\partial E_x}{\partial x}\right|_{x, y_S} = \frac{q}{\varepsilon_S}\left(N^- - \frac{\varepsilon_S}{q}\left.\frac{\partial E}{\partial y}\right|_{x, y_S}\right) \tag{10.6}$$

式中，ε_S 为硅介电常数；N^- 为 N-区净掺杂浓度，表面方向为 x 方向，结深方向为 y_S 方向，原点取在主结中心。

简化并求解式（10.6），可以得到环分压比及环间距的计算式，如式（10.7）和式（10.8）所示。可以看出，场限环分压比及环间距只与归一化结深有关。

$$U_i - U_{i-1} = \left(1 + \eta_i \frac{\sqrt{U_{i-1}}}{g}\right)^{-\alpha} \tag{10.7}$$

$$L_i = (U_i - U_{i-1})^{(1-\frac{1}{\alpha})/2} \tag{10.8}$$

式中，$U_i = V_i / \text{BV}_{PP}$ 为第 i 环的归一化电压；$L_i = dR_i / W_{PP}$ 为归一化环间距（dR_i 为环间距）；$g = r_i / W_{PP}$ 称为归一化结深；r_i 为 P+环结深；$(r_i + dR_i)$ 为光刻掩膜版上的环间距（假设横向扩散系数为 0.5）；α 取值 0.75；η_i 为耦合因子，取 0.7；BV_{PP} 为理想平面结构的击穿电压，W_{PP} 为击穿时的势垒宽度，分别如式（10.9）和式（10.10）所示。

$$\text{BV}_{PP} = 5.34 \times 10^{13} N_B^{-3/4} \tag{10.9}$$

$$W_{PP} = 2.67 \times 10^{10} N_B^{-7/8} \tag{10.10}$$

式中，N_B 为 P+N 结低掺杂侧的掺杂浓度，公式适用于不同衬底的掺杂和不同结深的 P+N 结。

对于多个环，环数可按下式选取

$$\sum_{i=1}^{n}(U_i - U_{i-1}) \approx 1 \tag{10.11}$$

式中，n 为环数，即各环的归一化压降总和为 1。

采用场限环结构是否能达到理想的击穿电压，这取决于环结深、环间距和环数的选取。结深浅，则环数应增加。从以上推导还可以知道，场限环的间距为不等距设计，从主结往外，场限环间距会依次递增。从最里面的第一个环到最外面的最后一个环，总的距离意味着终端结构占用的硅片面积。从产品角度看，这就是经济成本问题。合理的设计对耐压相同的器件而言，所需终端结构的硅代价是差不多的。

终端技术中用得较多的还有场板结构，如图 10.10 所示。场板结构是在平面结的氧化层上方放置金属条或多晶硅条，并延伸到 PN 结外，以改变表面电势从而改变结边缘曲率引起的电场集中，抑制表面低击穿。耗尽层形状对表面电势分布非常敏感，如果加负偏置电压到场板，它将把电子推离表面，导致耗尽层扩展，从而提高击穿电压。

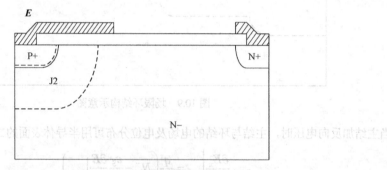

图 10.10　场板结构示意图

但是，对一个实际的功率器件来说，加一个独立偏置电压来控制场板是不可能的。实际上为了获得最佳效果，往往考虑采用场限环和场板的混合结构，在浮空场限环上叠加浮空场板。该技术可使击穿电压对环间距、氧化层厚度及表面电荷的敏感程度大大降低，减少工艺波动对器件性能的影响。

10.3.2　高压终端结构的仿真

为获得尽可能高的耐压，需要多个场限环来分担器件上的高电压，虽然通过理论计算可以获得理想的场限环结构，但由于实际工艺中不可避免地存在各种偏差，如光刻套偏、侧向腐蚀等，获得的实际环间距和仿真结果不可能完全一致，而耐压对环间距又非常敏感，特别是在临界最佳值附近，所以为了保证足够的耐压，应在理论所需环个数的基础上多加 1～2 个环。

本例采用 18 个环的结构（用 MEDICI 直接构造），每个环与上一个环的间距如表 10.2 所示（第一个环间距是与主结的间距）。

表 10.2　环间距

环 n	1	2	3	4	5	6	7	8	9
间距（μm）	8	8	8	8	9	9.5	10	10	11
环 n	10	11	12	13	14	15	16	17	18
间距（μm）	12	13	13	13.5	14	15	15.5	16	17.5

为了方便调整环间距，可用 ASSIGN 命令把每个间距都用一个参量来表示，列在仿真文件开始处。而在场限环的描述处同样可使用 ASSIGN 命令来指代若干个环的横向尺寸描述等式，以此来降低横向尺寸描述等式的长度。以下是高压终端结构场限环的 MEDICI 仿真程序。

```
$Medici Field limiting rings
ASSIGN  NAME = SPACE1   N.VALUE = 8    DELTA = 1
```

```
ASSIGN    NAME = SPACE2    N.VALUE = 8       DELTA = 1
ASSIGN    NAME = SPACE3    N.VALUE = 8       DELTA = 1
ASSIGN    NAME = SPACE4    N.VALUE = 8       DELTA = 1
ASSIGN    NAME = SPACE5    N.VALUE = 9       DELTA = 1
ASSIGN    NAME = SPACE6    N.VALUE = 9.5     DELTA = 1
ASSIGN    NAME = SPACE7    N.VALUE = 10      DELTA = 1
ASSIGN    NAME = SPACE8    N.VALUE = 10      DELTA = 1
ASSIGN    NAME = SPACE9    N.VALUE = 11      DELTA = 1
ASSIGN    NAME = SPACE10   N.VALUE = 12      DELTA = 1
ASSIGN    NAME = SPACE11   N.VALUE = 13      DELTA = 1
ASSIGN    NAME = SPACE12   N.VALUE = 13      DELTA = 1
ASSIGN    NAME = SPACE13   N.VALUE = 13.5    DELTA = 1
ASSIGN    NAME = SPACE14   N.VALUE = 14      DELTA = 1
ASSIGN    NAME = SPACE15   N.VALUE = 15      DELTA = 1
ASSIGN    NAME = SPACE16   N.VALUE = 15.5    DELTA = 1
ASSIGN    NAME = SPACE17   N.VALUE = 16      DELTA = 1
ASSIGN    NAME = SPACE18   N.VALUE = 17.5    DELTA = 1

TITLE     MEDICI-IGBT
COMMENT   Create an initial simulation mesh
MESH      ^DIAG.FLI   ADJUST
X.MESH    X.MIN = 0     WIDTH = 40    H1 = 1
X.MESH    X.MIN = 40    WIDTH = 400   H1 = 2

Y.MESH    Y.MIN = -1.5   DEPTH = 0.8      H1 = 0.4
Y.MESH    Y.MIN = -0.7   DEPTH = 0.5      H1 = 0.1
Y.MESH    Y.MIN = -0.2   DEPTH = 0.25     H1 = 0.05
Y.MESH    Y.MIN = 0.05   DEPTH = 219.95   H1 = 0.5

ELIMINATE   ROWS      Y.MIN = -0.78   Y.MAX = -0.16
ELIMINATE   ROWS      Y.MIN = 7       Y.MAX = 218
ELIMINATE   COLUMNS   Y.MIN = 7       Y.MAX = 218
ELIMINATE   ROWS      Y.MIN = 7       Y.MAX = 218
ELIMINATE   COLUMNS   Y.MIN = 7       Y.MAX = 218
ELIMINATE   ROWS      Y.MIN = 7       Y.MAX = 218
ELIMINATE   COLUMNS   Y.MIN = 7       Y.MAX = 218

COMMENT   Region and electrode statements
REGION    NAME = BULK    SILICON
REGION    NAME = GATEOXIDE  OXIDE   Y.MAX = 0
REGION    NAME = GATEPOLY   POLYSILI  X.MAX = 7  Y.MIN = -0.73  Y.MAX = -0.1

ELECTR    NAME = SOURCE   X.MIN = 7.5   X.MAX = 11   Y.MAX = 0
ELECTR    NAME = DRAIN    BOTTOM
ELECTR    NAME = GATE     REGION = GATEPOLY

COMMENT   Specify impurity profiles
```

```
              PROFILE    N-TYPE   N.PEAK = 5.8E13   UNIF  Y.MIN = 0   OUT.FILE = PROFILE

         $Buffer layer
              PROFILE    N-TYPE   N.PEAK = 7E13     UNIF  Y.MIN = 190.5
              PROFILE    N-TYPE   N.PEAK = 8E13     UNIF  Y.MIN = 191
              PROFILE    N-TYPE   N.PEAK = 9E13     UNIF  Y.MIN = 191.5
              PROFILE    N-TYPE   N.PEAK = 1E14     UNIF  Y.MIN = 193
              PROFILE    N-TYPE   N.PEAK = 2E14     UNIF  Y.MIN = 194.5
              PROFILE    N-TYPE   N.PEAK = 2.8E14   UNIF  Y.MIN = 196
              PROFILE    N-TYPE   N.PEAK = 3.5E14   UNIF  Y.MIN = 197.5
              PROFILE    N-TYPE   N.PEAK = 5E14     UNIF  Y.MIN = 199
              PROFILE    N-TYPE   N.PEAK = 6E14     UNIF  Y.MIN = 200.5
              PROFILE    N-TYPE   N.PEAK = 8E14     UNIF  Y.MIN = 202
              PROFILE    N-TYPE   N.PEAK = 1E15     UNIF  Y.MIN = 203.5
              PROFILE    N-TYPE   N.PEAK = 1.5E15   UNIF  Y.MIN = 205
              PROFILE    N-TYPE   N.PEAK = 2E15     UNIF  Y.MIN = 206.5
              PROFILE    N-TYPE   N.PEAK = 2.5E15   UNIF  Y.MIN = 208
              PROFILE    N-TYPE   N.PEAK = 3E15     UNIF  Y.MIN = 209.5
              PROFILE    N-TYPE   N.PEAK = 4E15     UNIF  Y.MIN = 211
              PROFILE    N-TYPE   N.PEAK = 5E15     UNIF  Y.MIN = 212.5
              PROFILE    N-TYPE   N.PEAK = 6E15     UNIF  Y.MIN = 214
              PROFILE    N-TYPE   N.PEAK = 7E15     UNIF  Y.MIN = 215.5
              PROFILE    N-TYPE   N.PEAK = 8E15     UNIF  Y.MIN = 217
              PROFILE    N-TYPE   N.PEAK = 9E15     UNIF  Y.MIN = 218.5
              PROFILE    N-TYPE   N.PEAK = 1E16     UNIF  Y.MIN = 219.6

         $P+ layer
              PROFILE    P-TYPE   N.PEAK = 1E18  UNIF  Y.MIN = 219.6   Y.MAX = 220

         $P-Body
              PROFILE    P-TYPE   N.PEAK = 3E17  X.MIN = 7.5  WIDTH = 22.5  XY.RATIO = 0.85
              +          Y.MIN = 0   Y.JUNC = 3.2

         $Source
              PROFILE    N-TYPE   N.PEAK = 2E20  X.MIN = 7    WIDTH = 1.5   XY.RATIO = 1
              +          Y.MIN = 0   Y.JUNC = 0.3

         $Rings
              PROFILE    P-TYPE   DOSE = 1E15   X.MIN = 30+@SPACE1   WIDTH = 6   XY.RATIO = 0.85
              +          Y.MIN = 0   Y.JUNC = 3.2

              PROFILE    P-TYPE   DOSE = 1E15   X.MIN = 30+@SPACE1+6+@SPACE2  WIDTH = 6  XY.RATIO = 0.85
              +          Y.MIN = 0   Y.JUNC = 3.2

              PROFILE    P-TYPE   DOSE = 1E15   X.MIN = 30+@SPACE1+6+@SPACE2+6+@SPACE3  WIDTH = 6
              +          XY.RATIO = 0.85  Y.MIN = 0  Y.JUNC = 3.2
```

```
PROFILE  P-TYPE  DOSE = 1E15  X.MIN = 30+@SPACE1+6+@SPACE2+6+@SPACE3+6+
         @SPACE4  WIDTH = 6
+       XY.RATIO = 0.85  Y.MIN = 0  Y.JUNC = 3.2

PROFILE  P-TYPE  DOSE = 1E15  X.MIN = 30+@SPACE1+6+@SPACE2+6+@SPACE3+6+@SPACE4
                 +6+@SPACE5
+       WIDTH = 6  XY.RATIO = 0.85  Y.MIN = 0  Y.JUNC = 3.2

ASSIGN  NAME = T5  N.VALUE = 30+@SPACE1+6+@SPACE2+6+@SPACE3+6+@SPACE4
                 +6+@SPACE5
PROFILE  P-TYPE  DOSE = 1E15  X.MIN = @T5+6+@SPACE6  WIDTH = 6  XY.RATIO = 0.85
+       Y.MIN = 0  Y.JUNC = 3.2

PROFILE  P-TYPE  DOSE = 1E15  X.MIN = @T5+6+@SPACE6+6+@SPACE7  WIDTH = 6  XY.RATIO = 0.85
+       Y.MIN = 0  Y.JUNC = 3.2

PROFILE  P-TYPE  DOSE = 1E15  X.MIN = @T5+6+@SPACE6+6+@SPACE7+6+@SPACE8  WIDTH = 6
+       XY.RATIO = 0.85  Y.MIN = 0  Y.JUNC = 3.2

PROFILE  P-TYPE  DOSE = 1E15  X.MIN = @T5+6+@SPACE6+6+@SPACE7+6+@SPACE8+6
                 +@SPACE9
+       WIDTH = 6  XY.RATIO = 0.85  Y.MIN = 0  Y.JUNC = 3.2

PROFILE  P-TYPE  DOSE = 1E15
+       X.MIN = @T5+6+@SPACE6+6+@SPACE7+6+@SPACE8+6+@SPACE9+6+@SPACE10
+       WIDTH = 6  XY.RATIO = 0.85  Y.MIN = 0  Y.JUNC = 3.2

ASSIGN  NAME = T10  N.VALUE = @T5+6+@SPACE6+6+@SPACE7+6+@SPACE8+6+@SPACE9
                 +6+@SPACE10

PROFILE  P-TYPE  DOSE = 1E15  X.MIN = @T10+6+@SPACE11  WIDTH = 6  XY.RATIO = 0.85
+       Y.MIN = 0  Y.JUNC = 3.2

PROFILE  P-TYPE  DOSE = 1E15  X.MIN = @T10+6+@SPACE11+6+@SPACE12
+       WIDTH = 6  XY.RATIO = 0.85  Y.MIN = 0  Y.JUNC = 3.2

PROFILE  P-TYPE  DOSE = 1E15  X.MIN = @T10+6+@SPACE11+6+@SPACE12+6+@SPACE13
+       WIDTH = 6  XY.RATIO = 0.85  Y.MIN = 0  Y.JUNC = 3.2

PROFILE  P-TYPE  DOSE = 1E15
+ X.MIN=@T10+6+@SPACE11+6+@SPACE12+6+@SPACE13+6+@SPACE14  WIDTH=6  XY.RATIO=0.85
+       Y.MIN = 0  Y.JUNC = 3.2

PROFILE  P-TYPE  DOSE = 1E15
+ X.MIN = @T10+6+@SPACE11+6+@SPACE12+6+@SPACE13+6+@SPACE14+6+@SPACE15
+       WIDTH = 6  XY.RATIO = 0.85  Y.MIN = 0  Y.JUNC = 3.2
```

```
ASSIGN NAME = T15
+       N.VALUE = @T10+6+@SPACE11+6+@SPACE12+6+@SPACE13+6+@SPACE14+6+@SPACE15

PROFILE   P-TYPE  DOSE = 1E15   X.MIN = @T15+6+@SPACE16  WIDTH = 6   XY.RATIO = 0.85
+         Y.MIN = 0  Y.JUNC = 3.2

PROFILE   P-TYPE  DOSE = 1E15   X.MIN = @T15+6+@SPACE16+6+@SPACE17
+         WIDTH = 6  XY.RATIO = 0.85   Y.MIN = 0  Y.JUNC = 3.2

PROFILE   P-TYPE  DOSE = 1E15   X.MIN = @T15+6+@SPACE16+6+@SPACE17+6+@SPACE18
+         WIDTH = 6  XY.RATIO = 0.85   Y.MIN = 0  Y.JUNC = 3.2

COMMENT   Refine the mesh with doping regrids
REGRID    DOPING  LOG   RAT = 3   SMOOTH = 1   IN.FILE = PROFILE
REGRID    DOPING  LOG   RAT = 3   SMOOTH = 1   IN.FILE = PROFILE
REGRID    DOPING  LOG   RAT = 3   SMOOTH = 1   IN.FILE = PROFILE
+         OUT.FILE = afterregrid

PLOT.2D   GRID  TITLE = "Simulation Mesh"   FILL  SCALE
PLOT.2D   TITLE = "Simulation Structure"   FILL  SCALE

INTERFAC  QF = 1E10

COMMENT   Specify physical models to use
MODELS    IMPACT.I  CONMOB  HPMOB  CONSRH  AUGER  BGN
COMMENT   Initial solution , regrid and potential
SYMB      CARRIERS = 0
METHOD    ICCG  DAMPED
SOLVE

COMMENT   Perform a 0-carrier solution at the initial bias
SYMB      CARRIERS = 0
SOLVE     V(SOURCE) = 0.0  V(GATE) = 0  V(Drain) = 0  LOCAL
COMMENT   Obtain solutions using 2-carrier Newton with continuation
SYMB      CARRIERS = 2   NEWTON
METHOD    n.damp  itlimit = 40  n.dvlim = 15  stack = 40
LOG       OUT.FILE = bvds

SOLVE     ELEC = DRAIN  V(DRAIN) = 0  VSTEP = 500  NSTEPS = 3
SOLVE     ELEC = DRAIN  CONTINU   C.VMAX = 2500  C.IMAX = 0.8E-8
+         C.VSTEP = 100  C.TOLER = 0.02

COMMENT   Drain current vs. drain voltage
PLOT.1D   X.AXIS = V(Drain)  Y.AXIS = I(DRAIN)   POINTS  COLOR = 2  ^ORDER
+         LEFT = 100  RIGHT = 2200  BOT = 1.0E-11  TOP = 1.0E-8  CLEAR
+         TITLE = "Breakdown Voltage"

COMMENT   Flowlines for last solution
PLOT.2D   BOUND  JUNC  DEPL  TITLE = "Flowlines"  FILL  SCALE
```

```
CONTOUR    FLOWLINES NCONT = 31 COLOR = 1
COMMENT    Potential contour and electric field lins for most recent solution
PLOT.2D    BOUND JUNC DEPL TITLE = "Poten-lines"  FILL SCALE
CONTOUR    POTENTIA  MIN = -1   MAX = 1200  DEL = 30 COLOR = 6

PLOT.3D    E.FIELD   THETA = 0  PHI = 90
3D.SURF    COLOR = 4
PLOT.3D    E.FIELD   THETA = 0  PHI = 0
3D.SURF    COLOR = 4
```

如图 10.11 所示显示了 18 个场限环结构的击穿电压超过了 1800 V，从输出文件可以读出其击穿电压为 1875 V（根据测试条件和元胞数的换算）。

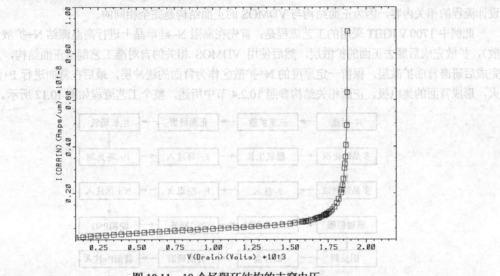

图 10.11 18 个场限环结构的击穿电压

虽然从 MEDICI 仿真可以得出符合耐压要求的场限环个数及环的间距，但要想得到更准确的结果，还是要从 TSUPREM-4 工艺模拟开始。

10.4 IGBT 工艺流程设计

10.4.1 使用材料的选择

对于设计 IGBT 或设计所有的功率器件来说，制造材料的选择是需要首先考虑的问题。目前，生产 IGBT 产品的半导体材料主要还是硅。硅晶圆按加工工艺可以分为直拉（Czochralski，CZ）型和区熔（Float-Zone，FZ）型。与直拉型硅单晶相比，区熔型硅单晶电阻率可以做得更高，且具有更低的氧、碳含量，因此硅单晶内的微沉淀物更少，使得高压器件不会因此降低击穿电压。

IGBT 器件通常采用 VDMOS 工艺制成。对于设计高性能的 IGBT 器件而言，衬底材料的选择或外延层的设计也是很重要的。对于生产耐压在 600 V 左右的 IGBT 器件来说，使用厚外延的技术是合理且可取的。但对于耐压要求更高（耐压大于 1000 V）的器件来说，要形成高电阻率而又很厚的外延层在工艺和成本上均难以接受，因此往往会采用其他方式，如三重扩散的方式。

如果使用外延工艺，一般使用 P 型衬底作为 IGBT 的集电极，然后在其上使用 N 型外延作为基区。

而 1000 V 以上的高压器件则直接使用高阻 N 型硅单晶作为基区，然后在正面和背面先后制作发射极、栅极和集电极。由于 IGBT 是由 MOS 栅进行开启控制的，因此通常使用<100>晶向的硅单晶，因为<100>晶向的表面态密度 Q_{SS} 大约为 $1.5×10^{10}$ cm^{-2}，比<111>晶向要低一到两个数量级，因此可以得到更低的阈值电压，从而减小器件的驱动损耗。对于有缓冲层结构的 IGBT，硅单晶的电阻率（或掺杂浓度）和 N–基区所需的厚度则可根据式（10.3）与式（10.5）得出；对于没有缓冲层结构的 IGBT，其单晶的掺杂浓度可根据式（10.4）得到，基区的厚度可参考公式 $BV = \dfrac{qN_D}{2\varepsilon_S}W_N^2$ 来获得。

10.4.2 工艺参数及工艺流程

由于要考虑一些技术条件的限制，如加工工艺所能达到的特征尺寸、生产成本等，功率器件工艺流程的设计应该是和器件结构设计同时进行的。IGBT 的工艺流程设计可以参考第 9 章中关于 VDMOS 设计流程的相关内容，因为正面结构与 VDMOS 的正面结构是完全相同的。

此例中 1700 V IGBT 采用的工艺流程是：首先在高阻 N–硅单晶上进行高温深结 N+扩散（三重扩散），扩散完成后磨去正面的扩散层，然后使用 VDMOS 相关的自对准工艺制造正面结构，正面结构完成后研磨背面扩散层，保留一定厚度的 N+扩散区作为背面的缓冲层，最后在背面进行 P+注入和退火，形成背面的集电极。正面相关结构参照 10.2.4 节中所述，整个工艺流程如图 10.12 所示。

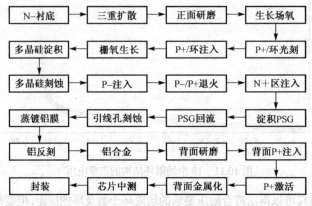

图 10.12　1700 V IGBT 的工艺流程示意图

由于相关软件不能同时对硅单晶的正反两面进行工艺加工仿真，因此背面结构采用外延生长的方式形成（代替真实的硅单晶以及扩散形成的缓冲层）：先定义一个 P+型衬底（作为集电区），把事先通过深结扩散得到的 30 μm N+扩散层的浓度分布，以外延的方式逐层生长出来，再生长 190 μm 厚的固定电阻率的 N–外延层作为漂移区，然后进行正面工艺的仿真。完整工艺仿真的 TSUPREM-4 程序如下（未包含分压环结构部分）。

```
$ TSUPREM-4 IGBT
$1. SPECIFY X MESH
    LINE X LOCATION = 0        SPACING = 0.25    TAG = LEFT
    LINE X LOCATION = 5        SPACING = 0.25
    LINE X LOCATION = 10.25    SPACING = 0.25    TAG = RIGHT

$2. SPECIFY Y MESH
    LINE Y LOCATION = 0        SPACING = 40     TAG = SITOP
    LINE Y LOCATION = 0.4      SPACING = 40     TAG = SIBOTTOM
```

```
$3. DEFINE ISOLATION OXIDE AND SILICON SUBSTRATE
REGION SILICON XLO = LEFT XHI = RIGHT YLO = SITOP YHI = SIBOTTOM
INITIALIZE <100>  BORON = 5E17

$4. DEPOSIT EPI WITH NONUNIFORM VERTICAL GRID SPACING
DEPOSIT SILICON   PHOS = 1E16     THICKNESSS = 1.5 SPACES = 1 DY = 0.01 YDY = 0.1
DEPOSIT SILICON   PHOS = 9E15     THICKNESSS = 1.5 SPACES = 1 DY = 0.01 YDY = 0.1
DEPOSIT SILICON   PHOS = 8E15     THICKNESSS = 1.5 SPACES = 1 DY = 0.01 YDY = 0.1
DEPOSIT SILICON   PHOS = 7E15     THICKNESSS = 1.5 SPACES = 1 DY = 0.01 YDY = 0.1
DEPOSIT SILICON   PHOS = 6E15     THICKNESSS = 1.5 SPACES = 1 DY = 0.01 YDY = 0.1
DEPOSIT SILICON   PHOS = 5E15     THICKNESSS = 1.5 SPACES = 1 DY = 0.01 YDY = 0.1
DEPOSIT SILICON   PHOS = 4E15     THICKNESSS = 1.5 SPACES = 1 DY = 0.01 YDY = 0.1
DEPOSIT SILICON   PHOS = 3E15     THICKNESSS = 1.5 SPACES = 1 DY = 0.01 YDY = 0.1
DEPOSIT SILICON   PHOS = 2.5E15   THICKNESSS = 1.5 SPACES = 1 DY = 0.01 YDY = 0.1
DEPOSIT SILICON   PHOS = 2E15     THICKNESSS = 1.5 SPACES = 1 DY = 0.01 YDY = 0.1
DEPOSIT SILICON   PHOS = 1.5E15   THICKNESSS = 1.5 SPACES = 1 DY = 0.01 YDY = 0.1
DEPOSIT SILICON   PHOS = 1E15     THICKNESSS = 1.5 SPACES = 1 DY = 0.01 YDY = 0.1
DEPOSIT SILICON   PHOS = 8E14     THICKNESSS = 1.5 SPACES = 1 DY = 0.01 YDY = 0.1
DEPOSIT SILICON   PHOS = 6E14     THICKNESSS = 1.5 SPACES = 1 DY = 0.01 YDY = 0.1
DEPOSIT SILICON   PHOS = 5E14     THICKNESSS = 1.5 SPACES = 1 DY = 0.01 YDY = 0.1
DEPOSIT SILICON   PHOS = 3.5E14   THICKNESSS = 1.5 SPACES = 1 DY = 0.01 YDY = 0.1
DEPOSIT SILICON   PHOS = 2.8E14   THICKNESSS = 1.5 SPACES = 1 DY = 0.01 YDY = 0.1
DEPOSIT SILICON   PHOS = 2E14     THICKNESSS = 1.5 SPACES = 1 DY = 0.01 YDY = 0.1
DEPOSIT SILICON   PHOS = 1E14     THICKNESSS = 1.5 SPACES = 1 DY = 0.01 YDY = 0.1

DEPOSIT SILICON   PHOS = 9E13     THICKNESSS = 0.5 SPACES = 1 DY = 0.01 YDY = 0.1
DEPOSIT SILICON   PHOS = 8E13     THICKNESSS = 0.5 SPACES = 1 DY = 0.01 YDY = 0.1
DEPOSIT SILICON   PHOS = 7E13     THICKNESSS = 0.5 SPACES = 1 DY = 0.01 YDY = 0.1

DEPOSIT SILICON ARSENIC = 5.8E13 THICKNESSS = 180 SPACES = 60 DY = 0.01 YDY = 0.1
DEPOSIT SILICON ARSENIC = 5.8E13 THICKNESSS = 10  SPACES = 20 DY = 0.01

$ PLOT INITIAL MESH
SELECT Z = 1 TITLE = "Initial Mesh"
PLOT.2D GRID  SCALE C.GRID = 2
PRINT.1D X.VALUE = 0.0 LAYERS


SELECT  Z = LOG10(PHOS)  TITLE = "STRUCTURE N+ buffer"
PLOT.1D BOTTOM = 13 TOP = 17 LEFT = -30 RIGHT = 0 LINE.TYP = 1 color = 2 X.VALUE = 0.1

$ 5. P+ FORMATION
DEPOSIT    PHOTORES   THICK = 1.25  SPACES = 2
ETCH       PHOTORES RIGHT P1.X = 9.4
ETCH       OXIDE
DIFFUSE    TEMP = 950   TIME = 25    F.O2 = 4 F.HCL = 0.03
SELECT     Z = DOPING
```

```
        PRINT.1D    LAYERS    X.VALUE = 10.25
        IMPLANT    BORON   ENERGY = 60   DOSE = 1E15   TILT = 7

    $ CONTOUR PLOTS
        SELECT    TITLE = "After P+ Diffusion"
        PLOT.2D   SCALE  Y.MAX = -220
        COLOR     SILICON  COLOR = 7
        COLOR     OXIDE    COLOR = 5
        COLOR     POLY     COLOR = 2
        SELECT    Z = LOG10(BORON)
        FOREACH   VAL (16 TO 21 STEP 1)
          CONTOUR    VALUE = VAL  LINE = 5  COLOR = 2
        END
        ETCH     PHOTORES

        SELECT  Z = lOG10(BORON)  TITLE = "STRUCTURE X = 10.25"
        PLOT.1D  BOTTOM = 13  RIGHT = -220  LINE.TYP = 1  COLOR = 2  X.VALUE = 10.25
        SELECT  Z = lOG10(BORON)  TITLE = "STRUCTURE Y = -219.6"
        PLOT.1D  BOTTOM = 8  RIGHT = 10.25  LINE.TYP = 1  COLOR = 2  Y.VALUE = -219.8

    $ 6. GATE OXIDATION
        DIFFUSE   TEMP = 1000   TIME = 17  F.H2 = 5  F.O2 = 10  F.HCL = 0.03
        SELECT Z = DOPING
        PRINT.1D  LAYERS   X.VALUE = 0.2

    $ 7. POLY GATE FORMATION
        DEPOSIT   POLY  THICK = 0.63   PHOS = 1E19  SPACES = 2
        ETCH      POLY  RIGHT  P1.X = 7
        SELECT    TITLE = "after poly deposition 2"
        PLOT.2D   SCALE  Y.MAX = -180
        COLOR     SILICON  COLOR = 7
        COLOR     OXIDE    COLOR = 5
        COLOR     POLY     COLOR = 2
        SELECT    Z = LOG10(BORON)
        FOREACH   VAL (15 TO 21 STEP 1)
          CONTOUR    VALUE = VAL  LINE.TYP = 5  COLOR = 2
        END
        PLOT.2D   ^AX  ^CL

    $ 8. P- BODY FORMATION
        IMPLANT   BORON   ENERGY = 80   DOSE = 4E13  TILT = 7

        SELECT    TITLE = "After P- Diffusion 1 "
        PLOT.2D   SCALE  Y.MAX = -180
        COLOR     SILICON  COLOR = 7
        COLOR     OXIDE    COLOR = 5
        COLOR     POLY     COLOR = 2
```

```
      SELECT      Z = LOG(BORON)
      FOREACH     VAL (14.40 TO 21 STEP 1)
        CONTOUR   VALUE = VAL  LINE = 5  COLOR = 2
      END
      DIFFUSE     TIME = 65   TEMP = 1150   F.N2 = 7   F.O2 = 0.3

    $ CONTOUR PLOTS
      SELECT      TITLE = "After P- Diffusion 2 "
      PLOT.2D     SCALE   Y.MAX = -180
      COLOR       SILICON  COLOR = 7
      COLOR       OXIDE    COLOR = 5
      COLOR       POLY     COLOR = 2
      SELECT      Z = LOG10(BORON)
      FOREACH     VAL (14.40 TO 21 STEP 1)
        CONTOUR   VALUE = VAL  LINE = 5  COLOR = 2
      END

      SELECT Z = DOPING
      PRINT.1D   LAYERS   X.VALUE = 4
      SELECT     Z = LOG10(BORON)   TITLE = "STRUCTURE X = 7.75"
      PLOT.1D    BOTTOM = 13  RIGHT = -180  LINE.TYP = 1  COLOR = 2  X.VALUE = 7.75
      SELECT     Z = LOG10(BORON)   TITLE = "STRUCTURE X = 10.25"
      PLOT.1D    BOTTOM = 13  RIGHT = -210  LINE.TYP = 1  COLOR = 2  X.VALUE = 10.25
      SELECT     Z = LOG10(BORON)   TITLE = "STRUCTURE Y = -219.5"
      PLOT.1D    BOTTOM = 8   RIGHT = 7.75  LINE.TYP = 1  COLOR = 2  Y.VALUE = -219.5

    $ 9. SOURCE FORMATION
      ETCH       OXIDE   START   X = 7     Y = -300
      ETCH       OXIDE   CONT    X = 7     Y = 10
      ETCH       OXIDE   CONT    X = 8     Y = 10
      ETCH       OXIDE   END     X = 8     Y = -300
      DIFFUSE    TEMP = 900   TIME = 30   DRYO2
      DEPOSIT    PHOTORES  THICK = 0.70  SPACES = 2
      ETCH       PHOTORES  START   X = 7     Y = -300
      ETCH       PHOTORES  CONT    X = 7     Y = 10
      ETCH       PHOTORES  CONT    X = 8     Y = 10
      ETCH       PHOTORES  END     X = 8     Y = -300
      SELECT Z = DOPING
      PRINT.1D   LAYERS   X.VALUE = 7.4

      IMPLANT    ARSENIC  DOSE = 5E15  ENERGY = 60  TILT = 7

      SELECT     TITLE = "after source formation"
      PLOT.2D    SCALE   Y.MAX = -210
      COLOR      SILICON  COLOR = 7
      COLOR      OXIDE    COLOR = 5
```

```
COLOR      POLY      COLOR = 2
SELECT     Z = LOG10(ARSENIC)
FOREACH    VAL (14 TO 21 STEP 1)
  CONTOUR  VALUE = VAL LINE.TYP = 4 COLOR = 4
END
PLOT.2D    ^AX  ^CL

ETCH       PHOTORES   ALL

SELECT     Z = LOG10(ARSENIC)  TITLE = "STRUCTURE X = 7.5"
PLOT.1D    BOTTOM = 15 RIGHT = -218 LINE.TYP = 1 COLOR = 1 X.VALUE = 7.5

$ ETCH THE CONTACTS
DEPOSIT    PHOTORES   THICK = 0.70  SPACES = 2

ETCH       PHOTORES   START   X = 9.25    Y = -300
ETCH       PHOTORES   CONT    X = 9.25    Y = 10
ETCH       PHOTORES   CONT    X = 10.25   Y = 10
ETCH       PHOTORES   END     X = 10.25   Y = -300
ETCH       OXIDE      START   X = 9.25    Y = -300
ETCH       OXIDE      CONT    X = 9.25    Y = 10
ETCH       OXIDE      CONT    X = 10.25   Y = 10
ETCH       OXIDE      END     X = 10.25   Y = -300
ETCH       PHOTORES

$ 10. PSG AND METALLIZATION
DEPOSIT    OXIDE   THICK = 0.9
DIFFUSE    TEMP = 950  TIME = 40

ETCH       OXIDE   RIGHT P1.X = 7.3
DEPOSIT    ALUMINUM  THICK = 0.8

DIFFUSE    TEMP = 950  TIME = 25  DRYO2

$DOPING CONTOUR PLOTS
SELECT   Z = LOG10(BORON)   TITLE = "STRUCTURE X = 7.75 P-well"
PLOT.1D BOTTOM = 13 LEFT = -220 RIGHT = -210 LINE.TYP = 1 COLOR = 2 X.VALUE = 7.75
SELECT   Z = LOG10(BORON)   TITLE = "STRUCTURE Y.VALUE = -219.7 P-well"
PLOT.1D BOTTOM = 13 LEFT = 0 RIGHT = 10.75 LINE.TYP = 1 color = 2 Y.VALUE = -219.7
SELECT   Z = LOG10(ARSENIC)  TITLE = "STRUCTURE X = 7.5 N+-well"
PLOT.1D BOTTOM = 13 LEFT = -220 RIGHT = -210 LINE.TYP = 1 color = 2 X.VALUE = 7.5
SELECT   Z = LOG10(PHOS)   TITLE = "STRUCTURE N+ buffer"
PLOT.1D BOTTOM = 13 TOP = 17 LEFT = -30 RIGHT = 0 LINE.TYP = 1 COLOR = 2 X.VALUE = 0.1
SELECT   Z = LOG10(BORON)   TITLE = "STRUCTURE P+-substrate "
PLOT.1D BOTTOM = 12 TOP = 18 LEFT = -30 RIGHT = 0.4 LINE.TYP = 1 COLOR = 2 X.VALUE = 0.1

$ 11. PLOT FINAL MESH
```

```
SELECT      TITLE = "Final Mesh"
PLOT.2D     SCALE   GRID C.GRID = 2   Y.MAX = -210

$ 12. BORON AND PHOSPHORUS CONTOUR PLOTS
SELECT      Z = LOG10(BORON)   TITLE = "FF Final structure"
PLOT.2D     SCALE
COLOR       SILICON     COLOR = 7
COLOR       OXIDE       COLOR = 5
COLOR       POLY        COLOR = 4
COLOR       ALUMINUM    COLOR = 2

FOREACH     VAL (14 TO 21 STEP 1)
  CONTOUR   VALUE = VAL  LINE.TYP = 5  COLOR = 2
END
SELECT      Z = LOG10(ARSENIC)
FOREACH     VAL (13 TO 21 STEP 1)
  CONTOUR   VALUE = VAL  LINE.TYP = 4  COLOR = 4
END

SELECT      Z = LOG10(ARSENIC)
COLOR MIN.V = 13 MAX.V = 16 COLOR = 3

SELECT      Z = LOG10(BORON)
COLOR MIN.V = 14.1   MAX.V = 21 COLOR = 7
COLOR MIN.V = 17.5   MAX.V = 21 COLOR = 4

SELECT      Z = LOG10(ARSENIC)
COLOR MIN.V = 17 MAX.V = 21 COLOR = 3
COLOR       POLY        COLOR = 2
COLOR       OXIDE       COLOR = 5
COLOR       ALUMINUM    COLOR = 1

PLOT.2D     ^AX  ^CL
LABEL       X = 9     Y = -1.2   LABEL = "Aluminum" RIGHT
LABEL       X = 1     Y = -0.9   LABEL = "PSG"
LABEL       X = 1     Y = -0.2   LABEL = "Poly"
LABEL       X = 7     Y = 6      LABEL = "n-"
LABEL       X = 10.0  Y = 0.7    LABEL = "p+"    RIGHT
LABEL       X = 7.2   Y = 0.6    LABEL = "p-"
LABEL       X = 7.0   Y = 0.3    LABEL = "n+"

SELECT Z = DOPING
PRINT.1D LAYERS X.VALUE = 0
PRINT.1D LAYERS X.VALUE = 7.25
PRINT.1D LAYERS X.VALUE = 10.25
PRINT.1D LAYERS X.VALUE = 0.2
PRINT.1D LAYERS X.VALUE = -0.2
```

```
ELECTRODE    X = 9   Y = -220.4   NAME = SOURCE
ELECTRODE    BOTTOM   NAME = DRAIN
ELECTRODE    X = 3   Y = -220.4   NAME = GATE

SAVEFILE     OUT.FILE = t4_igbt.tif   TIF
```

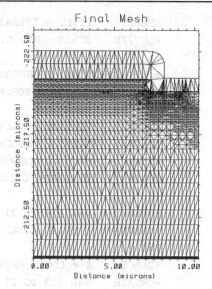

工艺仿真后正面的最终网格分布图如图 10.13 所示，应用以上的仿真文件进行工艺仿真，获得的结果（网格和器件结构）保存在 t4-igbt.tif 文件中。把这一文件导入到 MEDICI 中，即可对阈值电压、正向阻断电压和导通压降以及集电极电流等进行精确的器件级仿真了。

在仿真阈值电压时，由于阈值的测试条件是 $V_{CE} = V_{GE}$，$I_C = 250\ \mu A$，因此通过在发射极 E 上加负电压（维持栅压和集电极电压为零）的方式来仿真，仿真程序如下。

图 10.13 工艺仿真后正面的网格分布图

```
COMMENT     Vth Analysis
MESH IN.FILE = t4_igbt.tif   TIF   POLY.ELEC   ELEC.BOT
PLOT.2D     GRID   TITLE = "Simulation Mesh" FILL SCALE Y.MAX = -215
PLOT.2D     TITLE = "Simulation Mesh" FILL SCALE Y.MAX = -215

COMMENT     SPECIFY   PHYSICAL   MODELS   TO USE
MODELS      CONMOB   SRFMOB2   FLDMOB
COMMENT     INITIAL SOLUTION, REGRID AND POTENTIAL
SYMB        CARRIERS = 0
METHOD      ICCG DAMPED
SOLVE
SOLVE       V(DRAIN) = 0   V(GATE) = 0
SYMB        CARRIERS = 2   NEWTON   ELECTRONS
SOLVE       ELEC = SOURCE   V(SOURCE) = 0   NSTEP = 50   VSTEP = -0.1

EXTRACT     NAME = ID   EXP = @I(DRAIN)*6400000

PLOT.1D     X.AXIS = V(SOURCE)   Y.AXIS = I(DRAIN)   POINTS   COLOR = 2   ^ORDER
+           LEFT = -5   RIGHT = 0   TOP = 1E-9   CLEAR
+           TITLE = "no plate ring-Drain Current Snapback"
PLOT.1D     X.AXIS = V(SOURCE)   Y.AXIS = ID   POINTS   COLOR = 2   ^ORDER
+           LEFT = -5   RIGHT = 0   TOP = 600E-6   CLEAR
+           TITLE = "no plate ring-Drain Current Snapback"
```

仿真结果如图 10.14 所示，从图中可以得到，在 $250\ \mu A$ 的测试条件下，其阈值电压为 3.2 V 左右。模拟正向阻断电压的 MEDICI 程序如下。

```
COMMENT BV ANALYSIS
MESH IN.FILE = t4_igbt.tif   TIF
PLOT.2D         TITLE = "Simulation Mesh" FILL SCALE
PLOT.2D   GRID   TITLE = "Simulation Mesh" FILL SCALE y.max = -210

COMMENT   Specify   physical   models   to use
MODELS    IMPACT.I   CONMOB   HPMOB   CONSRH   AUGER   BGN
```

```
COMMENT    Initial solution , regrid and potential
SYMB       CARRIERS = 0
METHOD     ICCG DAMPED
SOLVE
PLOT.2D    GRID    TITLE = "Nop Avalanche Simulation Mesh1"  FILL SCALE

COMMENT    Perform a 0-carrier solution at the initial bias
SYMB       CARRIERS = 0
SOLVE      V(Source) = 0.0   V(Gate) = 0  V(Drain) = 0  LOCAL
COMMENT    Obtain solutions using 2-carrier Newton with continuation
SYMB       CARRIERS = 2    NEWTON
METHOD     n.damp    itlimit = 40  n.dvlim = 15  stack = 40
LOG        OUT.FILE = exer70
SOLVE      ELEC = DRAIN  CONTINU  C.VMAX = 2200  C.IMAX = 0.8E-8
+          C.VSTEP = 0.01  C.TOLER = 0.01
COMMENT    Drain current vs. drain voltage

PLOT.1D    X.AXIS = V(Drain)  Y.AXIS = I(DRAIN)  POINTS COLOR = 2 ^ORDER
+          LEFT = 1000  RIGHT = 2200  BOT = 0  TOP = 1.0E-8  CLEAR
+          TITLE = "Breakdown Voltage"
LABEL      LABEL = "Vgs = 0V"   X = 30   Y = 200

COMMENT    FLOWLINES FOR LAST SOLUTION
PLOT.2D     BOUND JUNC DEPL TITLE = "Flowlines"  FILL SCALE
CONTOUR    FLOWLINES NCONT = 31 COLOR = 1
LABEL      LABEL = "Vgs = 0.0V"    X = 30   Y = 100
LABEL      LABEL = "Id = 1.6E-8A"
COMMENT    POTENTIAL CONTOUR AND ELECTRIC FIELD LINE
PLOT.2D     BOUND JUNC DEPL TITLE = "Poten and e-lines"  FILL SCALE
CONTOUR    POTENTIA  MIN = -1  MAX = 1200  DEL = 5 COLOR = 6
PLOT.2D     BOUND JUNC DEPL TITLE = "E.FIELD and e-lines"  FILL SCALE
CONTOUR    E.FIELD  MIN = 5E4  MAX = 6E5  DEL = 1E4  COLOR = 6
```

仿真结果如图 10.15 所示，耐压超过 2000 V，从输出结果的文件中可读出其耐压为 2045 V。

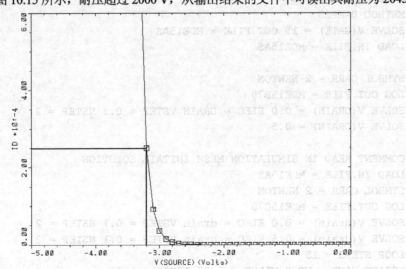

图 10.14　阈值电压仿真结果图

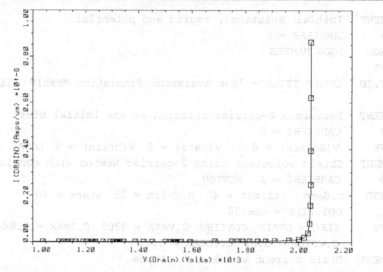

图 10.15 器件正向阻断电压仿真结果图

为了得到正向导通压降和集电极电流的结果,以 TO-247 封装条件下允许的最大芯片尺寸来定义器件面积,并以此计算默认宽度为 1 μm 的元胞数量,约为 6 425 600 个。因此在计算总电流时会采用 EXTRACT 命令,乘以元胞的个数,MEDICI 仿真程序如下。

```
COMMENT   RDS AND Id ANALYSIS
mesh IN.FILE = t4_igbt.tif TIF
PLOT.2D     TITLE = "Simulation Mesh" FILL SCALE

COMMENT MODIFY DEFAULT CARRIER LIFETIMES
MATERIAL SILICON TAUN0 = 1E-6 TAUP0 = 1E-6 PRINT

COMMENT SPECIFY PHYSICAL MODELS TO USE
MODELS ANALYTIC PRPMOB FLDMOB CONSRH AUGER BGN
COMMENT CREATE AND SAVE AN INITIAL SOLUTION WITH Vg = 15V
SYMB CARRIERS = 0
METHOD DAMPED
SOLVE V(GATE) = 15 OUT.FILE = MDE15AS
LOAD IN.FILE = MDE15AS


SYMBOL CARR = 2 NEWTON
LOG OUT.FILE = MDE15B70
SOLVE V(DRAIN) = 0.0 ELEC = DRAIN VSTEP = 0.1 NSTEP = 2
SOLVE V(DRAIN) = 0.5

COMMENT READ IN SIMULATION MESH INITAIL SOLUTION
LOAD IN.FILE = MDE15AS
SYMBOL CARR = 2 NEWTON
LOG OUT.FILE = MDE15C70
SOLVE V(drain) = 0.0 ELEC = drain VSTEP = 0.1 NSTEP = 2
SOLVE V(drain) = 0.5 ELEC = drain VSTEP = 0.1 NSTEP = 3
LOOP STEPS = 15
ASSIGN NAME = VC N.VALUE = 0.85 RATIO = 1.25
ASSIGN NAME = SOLFIL C.VALUE = "MD15D01" DELTA = 1
```

第 10 章 IGBT 的设计及仿真验证

```
         SOLVE V(drain) = @VC SAVE.BIA OUT.FILE = @SOLFIL
         L.END

         EXTRACT MOS.PARA
         COMMENT    DRAIN CURRENT VS. DRAIN VOLTAGE
         PLOT.1D   X.AXIS = V(DRAIN)  Y.AXIS = I(DRAIN)  POINTS  COLOR = 2  ^ORDER
         +         LEFT = 0  RIGHT = 5  CLEAR
         +         TITLE = "no plate ring-Drain Current Snapback"
         LABEL     LABEL = "VGS = 15V"   X = 2  Y = 1E-7

         EXTRACT   NAME = ID    EXP = @I(DRAIN)*(6425600)
         EXTRACT   NAME = Rds   EXP = @V(DRAIN)/(@I(DRAIN)*6425600)

         PLOT.1D   X.AXIS = V(DRAIN)  Y.AXIS = ID  POINTS  COLOR = 2  ^ORDER
         +         LEFT = 0  RIGHT = 5  CLEAR
         +         TITLE = " Drain current vs. drain voltage"
         LABEL     LABEL = "VGS = 15V"   X = 15  Y = 10
         PLOT.1D   X.AXIS = V(DRAIN)  Y.AXIS = ID  POINTS  COLOR = 2  ^ORDER
         +         LEFT = 0  RIGHT = 3.5  CLEAR
         +         TITLE = " Drain current vs. drain voltage"
         LABEL     LABEL = "VGS = 15V"   X = 15  Y = 10
         PLOT.1D   X.AXIS = ID  Y.AXIS = Rds  POINTS  COLOR = 2  ^ORDER
         +         LEFT = 1  RIGHT = 20  CLEAR
         +         TITLE = "RON&I(DRAIN)"
         LABEL     LABEL = "VGS = 15V"   X = 17  Y = 0.28
```

如图 10.16 所示为集电极电压与集电极电流的变化示意图，从图可以看出，在 $V_{GE} = 15\,\text{V}$，$I_D = 16\,\text{A}$ 的测试条件下，导通压降约为 2.5 V，集电极电流（饱和压降 3 V 时）约为 30 A。

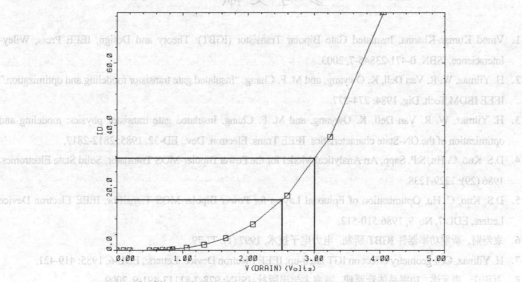

图 10.16　25℃时集电极电压与集电极电流的变化示意图（V_{GE}=15 V）

以上的导通压降与集电极电流都是在室温下得到的结果，但在实际工作时，由于环境温度和本身的发热，器件通常运行在一个比较高的温度之下。在器件本身温度升高时，其电流能力就会有一定程度的下降。对于高温下器件的仿真，可以在物理模型 MODELS 中使用 TEMPERAT 参数直接定义其工作温度，同时用 TMPMOB 这一参数替换 FLDMOB 参数。如要在 90℃下仿真其集电极电流，其物理模型的定义应该用以下一行来替换：

```
MODELS ANALYTIC PRPMOB TMPMOB CONSRH AUGER BGN TEMPERAT = 363
```

如图 10.17 所示即为工作温度为 90℃时集电极电压与集电极电流的变化示意图，从图可以看出，其集电极电流（饱和压降 3 V 时）约为 10.6 A。

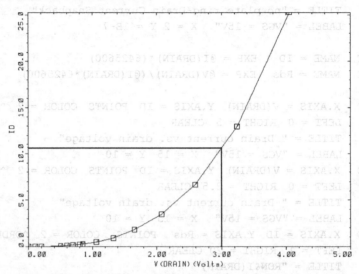

图 10.17　90℃时集电极电压与集电极电流的变化示意图（$V_{GE}=15\ V$）

参 考 文 献

1. Vinod Kumar Khanna, Insulated Gate Bipolar Transistor (IGBT): Theory and Design, IEEE Press, Wiley-Interscience, ISBN: 0-471-23845-7, 2003.
2. H. Yilmaz, W. R. Van Dell, K. Owyang, and M. F. Chang. "Insulated gate transistor modeling and optimization." IEEE IEDM Tech. Dig, 1984: 274-277.
3. H. Yilmaz, W. R. Van Dell, K. Owyang, and M. F. Chang. Insulated gate transistor physics: modeling and optimization of the ON-State characteristics. IEEE Trans. Electron. Dev., ED-32, 1985: 2812-2817.
4. D.S. Kuo, C. Hu, S.P. Sapp, An Analytical Model for the Power Bipolar-MOS Transistor, Solid State Electronics, 1986 (29): 1229-1238.
5. D.S. Kuo, C. Hu, Optimization of Epitaxial Layers for Power Bipolar-MOS Transistor, IEEE Electron Device Letters, EDL-7, No. 9, 1986:510-512.
6. 袁寿财. 新型功率器件 IGBT 研制. 电力电子技术, 1997 (1): 77-79.
7. H. Yilmaz, Cell geometry effect on IGT latch-up, IEEE Electron Device. Letters., EDL-6, 1985: 419-421.
8. 万积庆, 唐元洪. 功率晶体管原理. 湖南大学出版社, ISBN: 978-7-81113-491-9, 2009.
9. M.S. Adler, Theory and breakdown voltage for planar devices with a single field limiting ring, IEEE Trans. Electron. Dev., 24(2), 1977: 107-113.
10. 万积庆, 陈迪平. 场限环与场板复合结构浅平面结高压器件设计. 微细加工技术, 1996 (2): 49-52.
11. 吴滔. 绝缘栅双极晶体管（IGBT）的研究与设计. 浙江大学硕士学位论文, 2005.